U0315604

基于机器视觉的钢铁冶金过程智能感知技术及应用

Intelligent Detection Technology of Ironmaking and Steelmaking Industry by Machine Vision

周东东　徐　科　郭福建　王海波　编著

北　京
冶　金　工　业　出　版　社
2023

内 容 提 要

本书主要介绍了基于机器视觉的智能感知技术在钢铁行业应用技术和部分研究成果，具体包括通过机器视觉基础理论、典型应用场景、行业智能感知需求分析、高温钢铁冶金过程的温度在线检测、缺陷在线检测、表面质量评价、粒度在线检测、工艺评价等基础理论及应用。

本书可供机器视觉、人工智能、图像处理、钢铁冶金领域相关科研人员及生产技术人员阅读，也可供钢铁冶金等相关领域大专院校师生参考。

图书在版编目(CIP)数据

基于机器视觉的钢铁冶金过程智能感知技术及应用/周东东等编著．—北京:冶金工业出版社，2023.3

ISBN 978-7-5024-9395-0

Ⅰ.①基… Ⅱ.①周… Ⅲ.①智能技术—应用—钢铁冶金—冶金过程 Ⅳ.①TF4-39

中国国家版本馆 CIP 数据核字(2023)第 024777 号

基于机器视觉的钢铁冶金过程智能感知技术及应用

出版发行	冶金工业出版社	**电　　话**	(010)64027926
地　　址	北京市东城区嵩祝院北巷 39 号	**邮　　编**	100009
网　　址	www.mip1953.com	**电子信箱**	service@mip1953.com

责任编辑　卢　敏　美术编辑　吕欣童　版式设计　郑小利
责任校对　郑　娟　责任印制　禹　蕊

三河市双峰印刷装订有限公司印刷

2023 年 3 月第 1 版，2023 年 3 月第 1 次印刷

710mm×1000mm　1/16；16.75 印张；326 千字；254 页

定价 102.00 元

投稿电话　(010)64027932　投稿信箱　tougao@cnmip.com.cn

营销中心电话　(010)64044283

冶金工业出版社天猫旗舰店　yjgycbs.tmall.com

(本书如有印装质量问题，本社营销中心负责退换)

编 委 会

主　　编：周东东

副 主 编：徐　科　郭福建　王海波

编写人员：（以姓氏笔画排序，排名不分先后顺序）

王军舰　王　利　甘　伟　安秀伟

孙志华　田信灵　李海扬　刘光磊

刘　洋　延　柱　张建卫　张学民

张俊升　高　峰　杨领芝　赵立峰

袁福胜　钱经纬　葛　葳　蔡浩宇

黄三傲　焦建鹏　谭秋生

前　言

智能感知技术是智能制造落地应用及生产过程控制、预报及工艺优化的基础，近年来随着机器视觉及人工智能技术的快速发展，在钢铁领域已有大量基于机器视觉的典型应用案例，如温度检测、表面缺陷检测、尺寸检测、粒度检测、废钢识别、辅助定位、物流字符识别等，对提高质量检测智能化、提高生产效率及产品质量、推动智能制造生根落地起到了重要的推动作用。为了介绍目前热门的机器视觉智能感知技术在钢铁行业的应用情况，本书首次成体系介绍基于机器视觉的智能感知技术在钢铁行业应用的多学科理论和部分研究成果。从机器视觉基础理论、典型应用场景、行业智能感知需求分析、钢铁冶金过程的温度在线检测基础理论、原燃料粒度检测、表面质量在线检测及评价方法的基础理论等方面出发，系统阐述基于机器视觉的智能感知技术内涵；并对涉及的光学成像、图像处理、温度检测、缺陷检测、粒度检测、质量评级等多学科交叉知识体系及技术落地典型案例进行详细介绍。在章节安排上，为了更好地培养多学科交叉领域的复合型人才，方便读者更好理解本书内容，前面章节介绍了相关的冶金、机器视觉、成像、机器学习、图像处理、检测模型等多学科基本知识作为机器视觉智能感知技术的预备知识。随后介绍机器视觉系统的原理及功能，并顺序介绍钢铁行业典型的应用，如温度在线检测、粒度在线检测、表面缺陷在线检测、表面质量评级等原理及研究成果，最后总结基于机器视觉的智能感知技术未来发展趋势。

目前市面上常见的机器视觉的书籍往往只介绍成像原理的基础理论，其他介绍人工智能、深度学习等算法及图像处理的方法均以各自的学科体系进行单独介绍，缺乏专门针对钢铁行业智能感知技术体系及应用的多学科交叉阐述的专门书籍；且由于涉及多个学科的交叉，读者往往很难在短期内及时掌握冶金、机器视觉、成像、机器学习、图像处理等多学科交叉的相关知识。目前学术界及产业界亟需深入研究及了解机器视觉、图像处理、人工智能、典型行业交叉应用的情况。本书系统介绍基于机器视觉的智能感知技术在钢铁行业的应用。以上基础理论及技术成果均为作者多年来的研发及应用成果，兼具学术性和实用性的特点，对推动基于机器视觉的智能感知技术在钢铁行业落地应用，培养跨学科及多学科交叉的复合型人才，开阔钢铁行业生产、技术及管理人员的视野具有一定的作用。同时可为温度检测、表面缺陷检测、尺寸检测、废钢识别、辅助定位、物流字符识别等钢铁行业应用提供参考。目前机器视觉与人工智能等技术交叉研究及应用是整个学术界及产业界的研究及应用的热点领域，国内外均无相关的类似书籍。本书不仅在钢铁领域存在大量的潜在读者，同时还可为其他制造行业提供参考资料。

感谢北京科技大学钢铁共性技术协同创新中心、阳江合金材料实验室、华为技术有限-北京科技大学“5G+工业视觉联合实验室”、建龙集团-北京科技大学“绿色低碳冶炼与资源综合利用联合实验室”全力培养和大力支持。在本书的撰写过程中，还得到了河钢集团、青岛特殊钢有限公司、宝钢股份中央研究院、新兴工程有限公司、山东钢铁集团、中国航发北京航空材料研究院、中国航天科技集团北京控制工程研究所、钢研纳克检测股份有限公司、建龙集团、黑龙江建龙钢铁有限公司、内蒙古建龙包钢万腾特殊钢有限责任公司、中广核检测有限公司、宝武马钢集团、安徽工业大学、煤炭科学研究总院、中国航天科技集团西安航天化学动力有限公司等多个单位的支持，在此一并表示感谢。感谢北京科技大学钢铁共性技术协同创新中心各位领导及同事的大力支持和帮助，感谢材料检测与智能制造团队首席科学家徐金梧教授，以及本团队吕志民教授、黎敏教授、何飞教授等全体师生对本书编著工作的支持，感谢北京科技大学冶金学院程树森教授及冶金 520 实验室全体师兄师姐师弟师妹们的鼎力支持和帮助。

周东东

写于北京科技大学科技楼

2022 年 10 月

目　录

1 预 备 知 识

基于机器视觉的钢铁冶金过程智能感知技术及应用涉及光学成像、图像处理、温度检测、缺陷检测、质量评级等多学科交叉知识体系，本章首先介绍光学成像、图像处理、黑体辐射定律、机器学习、深度学习等基本概念，为深入理解温度检测、粒度检测及质量评价等技术奠定良好的基础。

1.1 光学成像基础知识

（1）光轴。光学系统由一系列折射或者反射表面组成，各个表面的曲率中心通常位于同一直线上，这条直线就叫光轴，这样的光学系统称为共轴光学系统。目前应用于工业系统的大部分光学系统都属于共轴光学系统[1]。

（2）理想光学系统。就是能对任意宽空间内的点以任意宽的光束成完善像的光学系统（图 1-1）。

1）共轭点：物空间中一点对应于像空间中唯一的一点，这一对应点称为共轭点；

2）共轭线：物空间中一条直线对应于像空间中唯一的一条直线，这一对应的直线称为共轭线。

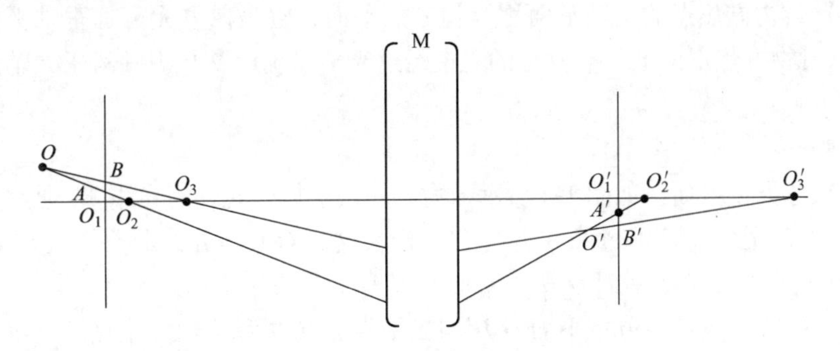

图 1-1 理想光学系统示意图

如物空间中一点位于直线上，其在像空间中的共轭点必位于该直线的共轭直线上。由此可知物空间中任意同心光束对应于像空间中的一共轭的同心光束，物空间中的任意平面对应于像空间中有一共轭的平面。在实际的光学系统中，由于各种像差的存在，不可能得到完善的像，因此需要严格精细的计算和设计，校正其各类像差，使其对应于一定大小的物体以一定宽的光束所成的像尽量完善。

（3）焦点与焦平面（图 1-2）。

1）像方焦点：物方所有平行于光轴入射的光线经过光学系统后都将通过像方光轴上的一点 F'，该点称为光学系统的像方焦点或后焦点，这是物方无穷远轴上点的共轭点。

2）物方焦点：如果物方光轴上的一点 F 所发出的光线经过光学系统后，平行于光轴出射，则该点称为光学系统的物方焦点或前焦点，这是像方无穷远轴上点的共轭点。

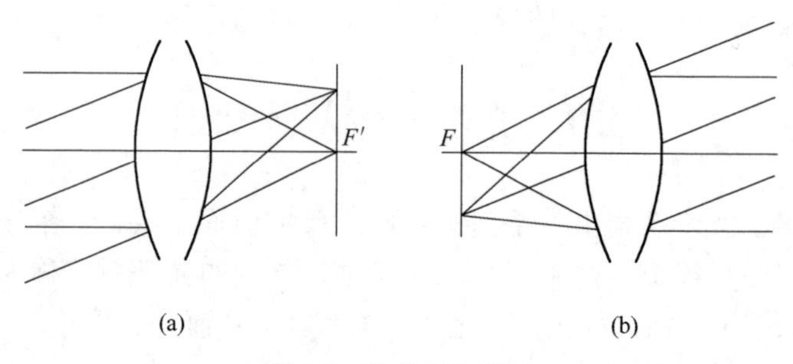

图 1-2　焦点与焦平面

（a）光学系统的像方焦点示意；（b）光学系统物方焦点示意

3）像方焦平面：过像方焦点的垂轴平面称为像方焦平面，它是物方无穷远垂轴平面的共轭面。即自物方无穷远轴外点发出的倾斜于光轴的平行光束经过光学系统后必会交于像方焦平面上。

4）过物方焦点的垂轴平面称为物方焦平面，它是像方无穷远垂轴平面的共轭面。自物方焦平面上一点发出的光束经过光学系统后，必为倾斜于光轴的平行光束。

（4）主点与主平面。

1）像方主平面：如图 1-3 所示，物方一条平行于光轴的光线 AE 通过光学系统后，出射光线 $G'F'$通过像方焦点 F'，延长这一对共轭光线相交于一点 Q'，通过 Q'作垂直于光轴的平面 $Q'H'$，平面 $Q'H'$称为像方主平面。

2）像方主点：像方主平面 $Q'H'$与光轴的焦点 H'称为像方主点。

3）物方主平面：自物方焦点 F 发出的一条光线 FG 通过光学系统后，出射光线 $E'A'$平行于光轴，延长这一对共轭光线相交于一点 Q，过点 Q 作垂直于光轴的平面 QH，平面 QH 称为物方主平面。

4）物方主点：物方主平面 QH 与光轴的焦点 H 称为物方主点。

（5）物像关系和放大率公式。对于一个光学系统，物面与像面的位置是一

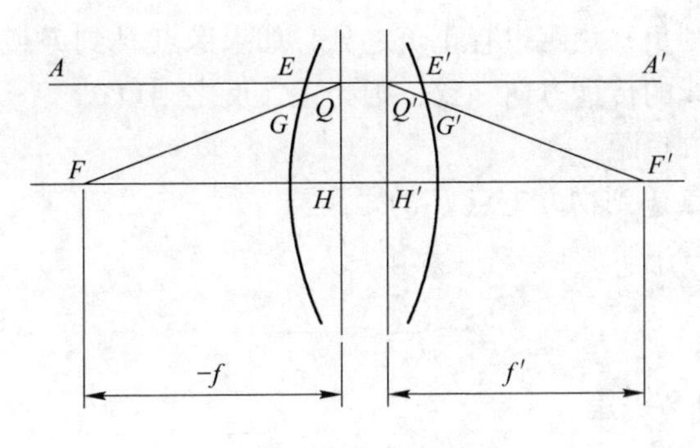

图 1-3 主点与主平面

一对应的，放大倍率随物像位置而异。如图 1-4 所示，有一大小为 y 的垂轴物体 AB 经光学系统成一倒像 $A'B'$，像的大小为 y'，像的位置和大小可以由物点 B 分别作平行于光轴的光线 BQ 和通过物方焦点的光线 BF，利用焦点和主面的性质来确定。

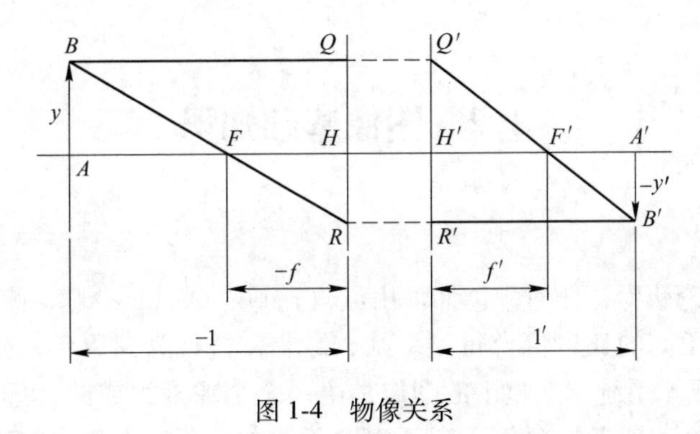

图 1-4 物像关系

1）几条特殊线：平行于光轴的 BQ 线：该光线经过光学系统后进入像方一侧时，经过像方焦点 F'，最终到达 CCD 图像传感器的 B'点。

经过物方焦点 F 的 BR 线：该光线经过光学系统后进入方向一侧时，其光线 $R'B'$平行于光轴，最终到达 CCD 图像传感器的 B'点。

在光轴上传播的光线 AA'，经过光学系统后，光线的传播方向不发生改变，依然沿着光轴传播，最终到达 CCD 图像传感器的 A'点。

2）物像位置的确定：由高斯公式得出

$$\frac{f'}{l'} + \frac{f}{l} = 1$$

式中 f' ——像方焦距；

l' ——像点 A'到像方主点 H'的距离，其正负以主点为远点来决定，如果像点 H 到 A 或 H'到 A'的方向与光线的传播方向一致，则为正，反之则负，焦距也有正负之分，如果像点 H 到 F 或 H' 到 F' 的方向与光线的传播方向一致，则为正，反之则负；

f——物方焦距；

l——物点 A 到物方主点 H 的距离。

3）垂轴放大率：

$$\beta = \frac{y'}{y} = -\frac{f}{f'}\ \frac{l'}{l}$$

式中 β——垂轴放大率；

y'——所成像的尺寸（一般取像面区域的半径）；

y——实际物体的尺寸。

当物方与像方的介质相同时，有 $f' = -f$，则有垂轴放大率为

$$\frac{1}{l'} + \frac{1}{l} = \frac{1}{f'}$$

$$\beta = \frac{l'}{l}$$

1.2 图像基础知识

1.2.1 像素

色度学理论认为，任何颜色都可由红（red）、绿（green）、蓝（blue）三种基本颜色按照不同的比例混合得到。红、绿、蓝被称为三原色，简称 RGB 三原色。在 PC 的显示系统中，显示的图像是由一个个像素组成的，每一个像素都有自己的颜色属性，像素的颜色是基于 RGB 模型的，每一个像素的颜色由红、绿、蓝三原色组合而成。三种颜色值的结合确定了在图像上看到的颜色。人眼看到的图像都是连续的模拟图像，其形状和形态表现由图像各位置的颜色决定[2]。因此，自然界的图像可用基于位置坐标的三维函数来表示，即：

$$f(x,y,z) = \{f_{\text{red}}(x,y,z), f_{\text{green}}(x,y,z), f_{\text{blue}}(x,y,z)\}$$

式中 f——空间坐标为（x，y，z）位置点的颜色；

$f_{\text{red}}, f_{\text{green}}, f_{\text{blue}}$——分别为该位置点的红、绿、蓝三种原色的颜色分量值。它们都是空间的连续函数，即连续空间的每一点都有一个精确的值与之相对应。

为了研究的方便，主要考虑平面图像。平面上每一点仅包括 2 个坐标值，因此，平面图像函数是连续的二维函数，即：

$$f(x,y) = \{f_{\text{red}}(x,y), f_{\text{green}}(x,y), f_{\text{blue}}(x,y)\}$$

数字图像是连续图像 $f(x, y)$ 的一种近似表示，通常用由采样点的值所组成

的矩阵来表示：

$$\begin{bmatrix} f(0,0) & f(0,1) & \cdots & f(0,M-1) \\ f(1,0) & f(1,1) & \cdots & f(1,M-1) \\ \vdots & \vdots & & \vdots \\ f(N-1,0) & f(N-1,1) & \cdots & f(N-1,M-1) \end{bmatrix}$$

每一个采样单元叫做一个像素（pixel），上式中，M、N 分别为数字图像在横（行）、纵（列）方向上的像素总数。在计算机内通常用二维数组来表示数字图像的矩阵，把像素按不同的方式进行组织或存储，就得到不同的图像格式；把图像数据存成文件就得到图像文件。图像文件按其数字图像格式的不同一般具有不同的扩展名。最常见的图像格式是位图格式，其文件名以 BMP 为扩展名。图像数字化的精度包括两个部分，即分辨率和颜色深度。

1.2.2　分辨率

分辨率指图像数字化的空间精细程度，有图像分辨率和显示分辨率两种不同的分辨率。

(1) 图像分辨率是数字化图像划分图像的像素密度，即单位长度内的像素数，其单位是每英寸的点数 DPI（dots per inch）。

(2) 显示分辨率是把数字图像在输出设备（如显示屏或打印机等）上能够显示的像素数目和所显示像素之间的点距。显示分辨率是用户在屏幕上观察图像时所感受到的分辨率。一般显示分辨率是由计算机的显示卡决定的。例如标准的 VGA 显示卡的分辨率是 640×480，即宽 640 点（像素），高 480 点（像素）。

图像分辨率说明了数字图像的实际精细度，显示分辨率说明了数字图像的表现精细度。具有不同的图像分辨率的数字图像在同一输出设备上的显示分辨率相同。

1.2.3　图像的种类

数字图像的颜色深度表示每一像素的颜色值所占的二进制位数。颜色深度越大则能表示的颜色数目越多。颜色深度不同，就产生不同种类的图像文件，在计算机中常使用如下类型的图像文件。

对于 2 色位图，1 位表示一个像素颜色，一个字节表示 8 个像素；对于 16 色位图，4 位表示一个像素颜色，一个字节表示 2 个像素；对于 256 色位图，1 个字节表示 1 个像素；对于真彩色图，3 个字节表示一个像素。

1.2.4　图像质量

(1) 灰度级为像素明暗程度的整数量，例如，像素的取值范围为 0~255，就称该图像为256个灰度级的图像。

（2）层次为图像实际拥有的灰度级的数量，例如，对具有32种不同取值的图像，可称该图像具有32个层次。图像数据的实际层次越多，视觉效果就越好。

（3）对比度是指一幅图像中灰度反差的大小。对比度=最大亮度/最小亮度。

（4）清晰度，影响清晰度的主要因素包括亮度、对比度、尺寸大小、细微层次、颜色饱和度。

1.3 辐射定律基础知识

辐射是物质所固有的属性。受热物体内部原子的相对振动、晶体中原子的振动及分子的转动都会随温度的升高而加剧[3]。按照物理学概念，热就是这些运动的表现。物体受热之后其内的原子或分子能量增加，就会从低能态向高能态跃迁，再次回到低能态时会发射出多种频率的辐射能，以上的辐射过程就称为“热辐射”。辐射热源的热辐射无需经过其他媒介物便可把热传递给其他物体，其光谱是连续的，波长范围理论上为0~∞，热辐射电磁波主要由红外线、可见光以及紫外线组成。它们的波长范围为$10^{-3}\sim10^{-8}$ m，而可见光谱的波长范围为380~780nm。

维恩定律描述了最大波长随温度变化的位移定律，即

$$\lambda_{\max} T = 2897.6\mu\text{m} \cdot \text{K}$$

基于数字图像处理技术的温度检测的主要原理是热辐射理论，如普朗克定律、维恩公式、斯蒂芬-玻耳兹曼定律等。

1.3.1 普朗克定律

黑体在半球面方向上单位面积及单位时间的光谱辐射通量为

$$M(\lambda, T) = \varepsilon_{\lambda} \frac{C_1}{\lambda^5}\left(e^{C_2/(\lambda T)} - 1\right)^{-1}$$

式中 $M(\lambda, T)$——光谱辐射出射度，W/m^3；

ε_{λ}——光谱发射率；

C_1——普朗克第一辐射常数，$W \cdot m^2$；

C_2——普朗克第二辐射常数，$m \cdot K$；

λ——辐射电磁波波长，m；

T——温度，K。

1.3.2 维恩公式

当被检测的温度小于3000K时，一般采用维恩公式代替普朗克定律，即

$$M_{\lambda}(\lambda,T)=\varepsilon_{\lambda}\frac{C_1}{\lambda^5}\mathrm{e}^{-C_2/(\lambda T)}$$

1.3.3 斯蒂芬-玻耳兹曼定律

普朗克公式确定了黑体单色辐射通量与波长的关系，在波长从零到无穷大范围内对普朗克公式进行积分，可得到单位面积绝对温度为 T 的黑体向球空间发射的全波长范围内的辐射通量：

$$M_{\mathrm{T}}=\int_0^{\infty}M(\lambda,T)\,\mathrm{d}\lambda=\sigma T^4$$

式中 M_{T}——单位面积向球空间发射的全波长范围内的辐射通量，W/m^3；

σ——黑体辐射常数，W/(m^3 · K^4)。

1.4 深度学习基础知识

传统神经网络如图 1-5 所示，主要包括输入层，隐含层和输出层。在图像分类问题中，输入层通常为从图像中提取到特征向量，而输出层表示为 one-hot 编码的类别信息[4]。

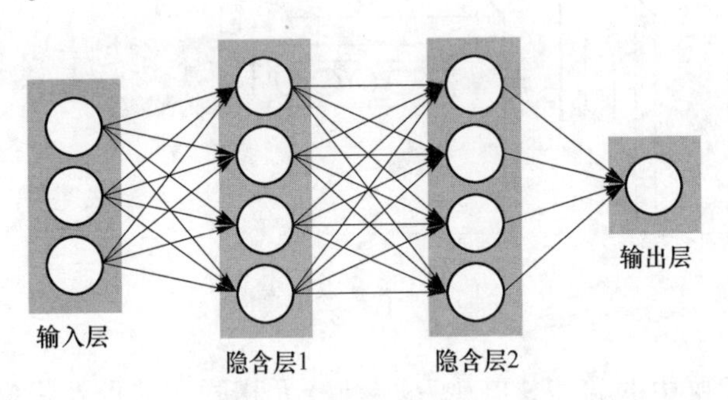

图 1-5 传统神经网络示意图

传统的神经网络最大的问题在于网络的识别精度很大程度上依赖于图像特征的选取，并且特征选取并没有有效的先验知识进行指导。对于复杂的背景图像，这种方法识别率不高，主要原因就在于特征选取十分困难。

图 1-6 所示为卷积神经网络的模型，由卷积层和下采样层交替出现，末尾通过光栅化输入到全链接网络，这种深度结构能够有效地减少计算时间并建立特征在图像空间结构上的不变性。输入图像在网络中进行层层映射，最终得到各层对输入图像的不同表示形式，并通过各层的非线性激活函数，如线性整流函数(RELU，Rectified Linear Unit)，实现图像特征的非线性深度表示。

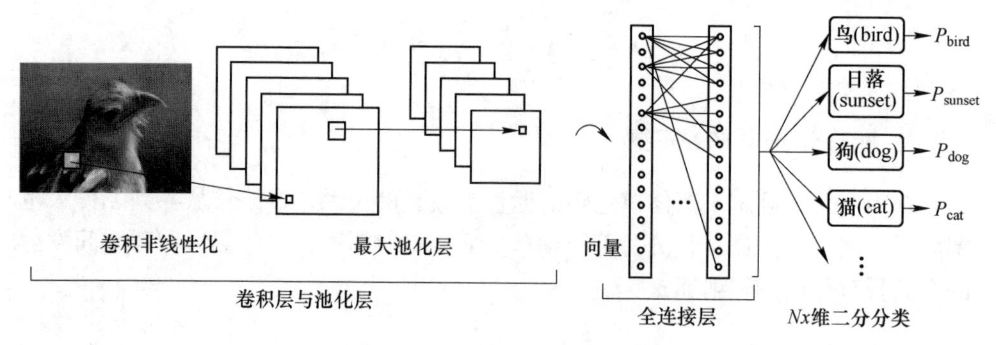

图 1-6　卷积神经网络示意图

1.4.1　卷积层

卷积神经网络主要包括输入层、卷积层、池化层与全连接层。与传统的神经网络相比，卷积神经网络最大的优势在于不需要对图像进行复杂的特征提取，网络的输入为原始图像，特征提取工作由卷积层和池化层在训练过程中优化完成。卷积层的计算方式如图 1-7 所示。

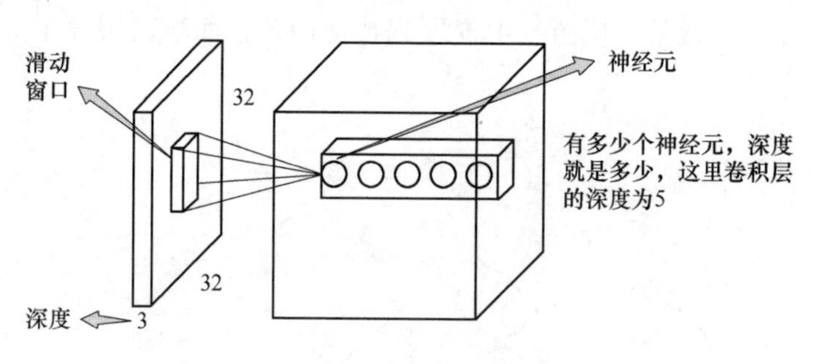

图 1-7　卷积层示意图

每一个卷积层中的卷积核与上一层神经元相联，进行卷积操作，再加上偏置，经过激活函数就可得到本层卷积结果的输出。该过程可表示为：

$$X_i^l = f\left(\sum_{j \in c^{l-1}} y_j^{l-1} \otimes k_{ij}^l + b_i^l\right)$$

式中　X_i^l——第 l 层输出的第 i 个特征图；

c^{l-1}——$l-1$ 层输出的特征图的个数；

y_j^{l-1}——第 $l-1$ 层输出的第 j 个特征图；

k_{ij}^l——第 $l-1$ 层中第 j 个特征图与 l 层中第 i 特征图所对应的卷积核；

b_i^l——第 l 层中第 i 个特征图的偏置；

$f(*)$——激活函数；

$\otimes$——卷积操作。

1.4.2 池化层

通过池化层，可以有效地对网络输出的信息进行压缩，提高网络的鲁棒性，同时加速网络的收敛过程。图 1-8 所示为池化层的示意图。

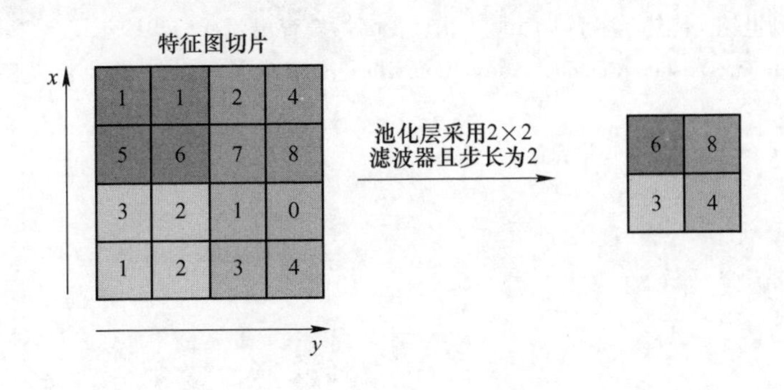

图 1-8 池化层示意图

池化层可以具体表示为：

$$X_i^l = \beta_i^l \mathrm{Down}(X_i^{l-1}) + b_i^l$$

式中 β_i^l——第 l 层的第 i 个特征图乘法比例因子；

b_i^l——第 l 层的第 i 个特征图的偏置；

Down(*)——下采样函数，Down(*) 主要包含两种：一种是求取 $m \times n$ 区域内最大值，另一种是求取 $m \times n$ 区域内的平均值。

由于原始图像在相邻位置存在相似特征，且卷积层在图像中的不同位置采用了权值共享的方法，因此通过在池化层输出每一个子区域中的最大值，可以有效降低特征图维数，提升网络的平移不变性。

1.4.3 全链接层

全链接层本质上就是传统的前向神经网络，它将上一层输出的特征图转化为向量后首尾相接，作为该图像的分类特征，其具体过程可以表示为：

$$h_{w,b} = f(w^{\mathrm{T}} x + b)$$

式中 $h_{w,b}$——神经元的输出；

w^{T}——权值矩阵；

b——神经元对应的偏置。

卷积神经网络各层参数一般采用零均值的高斯初始化，并采用反向传播算法对各层之间的卷积核参数与偏置进行优化。通过优化网络输出结果与标定结果之间的误差，实现卷积神经网络对于图像特征的自适应提取与分类过程。

参考文献

[1] 张洪欣. 物理光学［M］. 北京：清华大学出版社，2010.
[2] Rafael C Gonzalez，Richard E Woods. Digital Image Processing［M］. 2ed. Prentice Hall，2003.
[3] 陶文铨，杨世铭. 传热学［M］. 5版. 北京：高等教育出版社，2019.
[4] Ian Goodfellow，Yoshua Bengio，Aaron Courville. 深度学习［M］. 北京：人民邮电出版社，2017.

2 机器视觉智能感知技术需求与发展现状

智能制造基于新一代信息通信技术与先进制造技术深度融合，具有“状态感知-实时分析-自主决策-精准执行-学习提升”功能，是优化配置资源的一种制造范式。加快发展智能制造，是培育我国经济增长新动能的必由之路，对于推动我国制造业供给侧结构性改革，打造我国制造业竞争新优势，实现制造强国具有重要战略意义。

当前，瞬息万变的市场需求和激烈竞争的复杂环境，要求制造系统表现出更高的灵活性、敏捷性和智能性。纵览全球，各国政府均将智能制造列入国家发展计划，大力推动实施，以抢占未来制造业核心竞争力的制高点。工业 4.0 是由德国政府在《德国 2020 高技术战略》中提出的十大未来项目之一，旨在提升制造业的智能化水平，建立具有适应性、资源效率及基因工程学的智慧工厂，在商业流程及价值流程中整合客户及商业伙伴。2011 年美国宣布了一项超过 5 亿美元的“先进制造业伙伴关系”计划（AMP），以期通过政府、高校及企业的合作来强化美国制造业，重新获得全球制造领导地位。日本更是早于 1994 年即启动了先进制造国际合作研究项目，包括公司集成和全球制造、制造知识体系、分布智能系统控制、快速产品实现的分布智能系统技术等。2016 年 12 月，日本工业价值链参考框架 IVRA（Industrial Value Chain Reference Architecture）正式发布，标志着日本智能制造策略正式完成落地。我国也于 2015 年 5 月印发了《中国制造 2025》计划，全面部署推进实施制造强国战略。

钢铁行业作为我国国民经济的支柱性产业，在我国工业现代化中发挥着不可替代的作用。近 30 年，我国大中型钢企自动化、信息化取得了长足的进步，有力地提高了生产效率、产品质量和企业经营管理水平。随着国内钢铁企业在前 10 年产能的迅速扩张与技术及装备快速升级，年产钢量已占到全球的一半以上。在取得优异成绩的同时，也要看到我国钢铁行业面临的“大而不强”及产能过剩、高端产品供应不足、新产品研发周期长、劳动生产率底下、质量不稳定及整体微利等新挑战。

前几十年世界钢铁工业发展的趋势为模式化生产，在新的互联网、大数据时代下，如何将钢铁制造转向个性化、定制化、多批量、小品种的生产模式已经成为钢铁业发展的重点方向，特别在高端钢种领域，面临着订单多样性及市场复杂性等，要实现上述目标将面临十分严峻的挑战。

智能感知技术是智能制造及闭环控制的数据基础，受钢铁冶金过程高温、高压及复杂的物理及化学反应的影响，实时在线检测冶炼关键参数（诸如温度、成分、粒度、表面质量等）已经成为目前钢铁行业亟需解决的共性难题。本章介绍机器视觉智能感知技术在钢铁行业的需求及应用现状。

2.1　钢铁行业对智能感知技术需求分析

钢铁流程中各工序（如铁前、高炉炼铁、炼钢、连铸、轧钢）之间的关系是，前一个流程为后续流程提供原材料，如铁前工序为后续的高炉炼铁工序提供烧结矿、球团矿、焦炭等原料，高炉炼铁工序为炼钢工序提供铁水，炼钢工序为连铸工序提供质量合格的钢水。钢铁全流程质量检测具有紧迫性及必要性，比如各子流程的产品质量检验多采用化学分析等方法，由于化学分析等方法具有滞后性，导致钢铁冶炼各工序还依靠人工经验判断产品的质量。由于个人经验及工作状态容易造成误判，因此要实现钢铁行业智能制造的落地，钢铁全流程质量检测及工艺优化是基础。本节首先介绍钢铁全流程各工序的质量检测及工艺优化的研究现状，然后展望推进钢铁全流程质量检测及工艺优化的具体措施。

2.1.1　铁前工序

铁前工序主要包括烧结及球团工艺，其质量控制可为后续的炼铁工序打下良好的基础。李雪银等在引进新兴的基于 PGNAA 技术的带式输送式烧结矿物料成分在线检测装置基础上[1]，设计并开发了一种烧结矿成分波动实时监测系统。范旭红提出了用 X 射线荧光光谱仪快速测定铁矿石及烧结矿主次成分的方法[2]，但该方法检测烧结矿成分速度较慢。范晓慧等研究了烧结料层的料层温度分布，根据温度分布规律开发了烧结矿质量预测指导专家系统[3-4]。汪清瑶等利用基于瞬发 γ 中子活化分析成分技术的工业物料在线检测仪器检测烧结矿成分[5]，在此基础上提出了一种基于人工神经网络的烧结矿转鼓强度在线预测的方法。刘征建等通过对烧结机尾特征断面图像采集算法的研究[6]，对烧结矿质量进行判断。Meng 和 Liao 采用双向模糊神经网络预测了烧结矿的质量[7]。江山等提出了基于非线性主成分分析与自适应小波神经网络的球团质量预测模型[8]。Dwarapudi 等研究了烧结过程化学成分对烧结矿质量的影响[9]。

2.1.2　高炉炼铁工序

郜传厚等利用数据驱动建模的思想，建立了基于多元时间序列的高炉生铁含硅量数据驱动预测模型，连续预测 167 炉次高炉生铁含硅量，命中率高达 83.23%[10]。崔桂梅等针对高炉炉温及生铁含硅量为预测对象的不确定性和高炉炉温单变量时间序列模型所含炉温输入信息量少、难以揭示各个变量之间的相互关系及变化规律的特点，建立 BP 神经网络多元时间序列模型和 T-S 模糊神经网络多元时间序列模型[11]。Gao 等分别采用最小二乘支持向量机及短期时间离散的黑盒模型的方法预测了高炉的生铁硅元素含量，预测得到的含硅量与实际生产数据吻合较好[12-13]。Chen 等用数学模型预测了高炉生铁中的含硅量，数学模型包括自学习、预测及控制三个子模块，首先将该模型训练为自学习型的人工神经网络遗传模型，再利用专家数据库预测对应高炉炉况下的生铁含硅量[14]。重庆大学温良英、张生富及欧阳奇等利用 CCD 辐射测温技术检测了高炉回旋区的温度场分布[15-16]，但由于该系统采集到的风口图像存在过饱和现象，同时其标定温度为 1300~1500℃，因此计算得出的结果存在误差。Taylor 等采用波长范围为 0.7~1.08μm 的光谱仪对高炉风口燃烧带温度进行了检测[17]。周东东、程树森等对高炉风口燃烧带温度场进行了检测[18]，得出了温度场分布，并利用该结果对燃烧带均匀性及活跃性进行了评价[19]。

2.1.3 炼钢工序

赵琦、温宏愿与陈延如等采用基于炉口光强及火焰图像信息的终点在线测量控制方法及测试系统采集转炉信息[20-21]，对采集数据进行分析，实时得到了吹炼过程中光强与图像特征值的变化情况，以实现炼钢在线终点控制。张岩等提出基于 CCD 比色测温的转炉温度测量方案[22]，采用的测温波段为红外波段（800~1000nm），结果表明当钢水温度在 1450~1620℃时，测温误差约为 1%。田陆等设计了一种通过对转炉炉口火焰光强和图像信息的分析[23]，在线实时判断和控制转炉吹炼终点温度和碳质量分数的系统。刘浏等研究了基于烟气分析转炉终点碳含量控制的不同算法[24]，比照参考脱碳曲线，采用累计平移算法，动态推算熔池碳含量。吴明等介绍了马鞍山钢铁股份公司第一钢轧总厂 120t 转炉应用烟气分析动态控制冶炼低磷钢的生产实践[25]，制定合适的装入、造渣、供氧制度，优化过程控制、强化转炉脱磷效果，使转炉脱磷率达到 93%以上、终点 $w(P) \leqslant 0.007\%$，确保了不倒炉直接出钢的冶炼模式。孙江波等基于烟气分析获得烟气流量及成分[26]，应用碳平衡原理构建了碳积分数学模型，可动态预测熔池中的碳含量。陆继东等将激光诱导击穿光谱（LIBS）技术直接应用于钢液成分的检测[27]，研究结果表明氩气作为保护气不仅可以避免钢液表面的氧化，同时可以增强等离子体信号强度。孙兰香等为了实现在钢铁等金属熔炼过程中实时、在线监测元素组分含量[28]，设计了一种远程双脉冲激光诱导击穿光谱（LIBS）分析系统，对远距离的样品进行非接触式远程测量、成分分析。潘从元等搭建了熔融合金 LIBS 检测实验系统[29]，实现了对钢液中多元素的 LIBS 光谱检测。王珍珍等分析了将 LIBS 检测技术应用于钢铁行业元素及炉渣成分检测的挑战及突破点[30]。

2.1.4 连铸工序

刘青等开发出了基于 Delphi7.0 的在线红外测温系统[31]，通过 Windows 下的数据采集软件，实现了铸坯表面温度的显示及保存功能。舒服华等提出了一种最小二乘支持向量机的连铸板坯表面温度预测新模型[32]，以现场采集的连铸生产工艺数据为样本对模型进行学习训练，用训练好的模型预测在一定工艺条件下板坯的表面温度。张育中等提出了一种基于高分辨率面阵 CCD 的连铸坯表面温度场在线测量方法[33]，建立了面阵 CCD 窄波段光谱辐射测温模型，研究了铸坯表面温度场视觉测量的畸变校正，并研究了基于多信息融合的铸坯表面温度场测量稳定性。欧阳奇等提出采用脉冲电涡流检测方法[34]，对高温铸坯表面及近表面缺陷进行在线无损检测，研究了脉冲电涡流探测器检测线圈信号的时域特征和频域特征，并给出缺陷信号特征提取方法。徐科、周鹏等采用光学成像技术及图像处理算法对高温铸坯表面缺陷进行在线自动检测[35]，通过特殊设计的绿色激光线光源和高分辨率线阵 CCD 摄像机获取清晰的高温铸坯表面图像，结果表明轮廓波变换、剪切波变换结合 KLPP 降维的特征提取方法对高温铸坯表面缺陷样本库的整体分类正确率均达 90%以上。田思洋、徐科等为了解决传统的图像识别算法无法准确识别铸坯表面缺陷的问题[36]，提出一种考虑图像相邻像素影响的改进的多块局部二进制算法（MB-LBP），整体识别率达到 94.9%。

2.1.5 轧钢工序

徐科、徐金梧等采用线阵 CCD 摄像机作为热轧带钢的表面图像采集装置[37]，将激光线光源作为照明光源，解决了高温环境下的远距离均匀照明问题，建立了纵裂与边裂的检测算法，对这两类缺陷的检出率达 95%以上。Xu 和 Zhou 等对分形维数的原理和特点进行了研究[38]，在此基础上提出了采用 Peleg 毯覆盖法计算缺陷图像分形维数的方法，通过对热轧带钢的实际表面检测试验表明，该方法能有效识别表面缺陷，缺陷检出率超过 90%。徐科、王磊等通过 Tetrolet 变换将热轧钢板表面图像分解成不同尺度和方向的子带[39]，利用核保局投影算法对高维特征矢量进行降维，将降维后的低维特征矢量输入支持向量机，从而实现热轧钢板表面缺陷的分类识别，试验结果表明基于 Tetrolet 变换方法对样本图像的识别率可达 97.38%。从家慧等利用 Gabor 滤波器具有频率选择和方向选择的特性[40]，将其应用在带钢表面缺陷检测系统中，引入评价函数使缺陷图像和无缺陷图像的能量响应差别最大化，以确定最佳滤波器参数。徐科、周鹏等采用光度立体学的原理[41]，利用两幅不同光照角度的灰度图像获得表面法向的方法检测表面微小缺陷，通过试验验证该方法可检测直径为 0.1mm 的孔洞。张勇、贾云海等采用激光诱导击穿光谱在空间横向分辨率为 100μm 左右对两块钢铁中低合金板坯及均匀样品扫描分析[42]，在建立校准曲线的基础上，将元素强度二维分布转化为含量二维分布，研究表明样品中部分元素存在明显的偏析。杨春、贾云海等采用激光诱导击穿光谱对两牌号钢铁样品进行扫描分析[43]，尝试对34CrNiMo6钢中的MnS夹杂物和重轨钢中的Si-Al-Ca-Mg复合夹杂物进行表征，结果表明34CrNiMo6钢中元素信号的二维强度分布及元素通道合成后，个别位置Mn及S两元素的信号强度同时异常高，可确定试样中存在较多的MnS夹杂物。

综合冶金、机械、计算机、自动化、物理光学、数学建模、数据挖掘及大数据分析等学科知识，并应用LIBS检测系统、板材及铸坯表面缺陷检测系统、温度检测系统及气体成分检测系统，建立的钢铁全流程质量检测及工艺优化系统，如图2-1所示。主要采取的技术如下：基于图像处理的颗粒粒度识别、温度场检测及缺陷检测，基于大数据分析、数据挖掘、模式识别的原燃料强度等指标分析，基于LIBS技术的物质主要及关键成分的快速检测及分析，基于钢铁冶金机理及大数据分析的钢铁全流程工艺优化。将上述技术结合起来，即可实现钢铁全流程质量检测及冶炼过程重点参数的监控，以优化钢铁全流程各工序冶炼工艺。

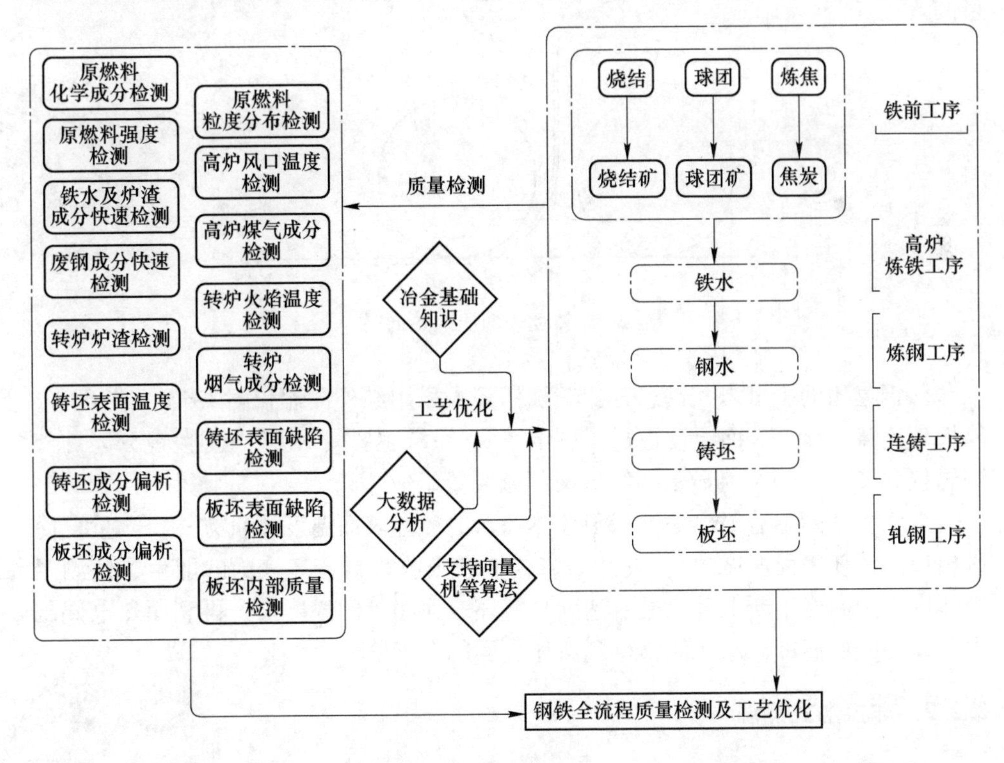

图2-1 钢铁全流程质量检测及工艺优化示意图

2.2　温度检测技术发展现状

在目前的研究中，对高温钢材表面温度的测量方法主要集中在传统的接触式测温和近些年来随着机器视觉的发展而兴起的非接触式辐射测温方法，以上两种方法也都存在着各自的优势和劣势，以下以铸坯为例进行介绍。

2.2.1　接触式测温

接触式测温是通过热电偶等温度传感器与被测铸坯表面直接接触的方法来测量表面温度。其特点包括温度信号需要导线传出，需要机械机构保证传感器与被测表面可靠的接触，热平衡时间较长，一般仅能够测量一个或几个点的温度数据等，因此这类测量方法并不适合温度的在线连续检测。

日本学者 Morishima 提出通过在铸坯表面压入热电偶的方法来实现单个点的温度连续测量[44]，方法如图 2-2 所示。J. Duhamel 等学者提出了热电偶温度测量方法，通过将一系列热电偶紧贴在铸坯的表面来实现连续测量铸坯表面温度的目的。

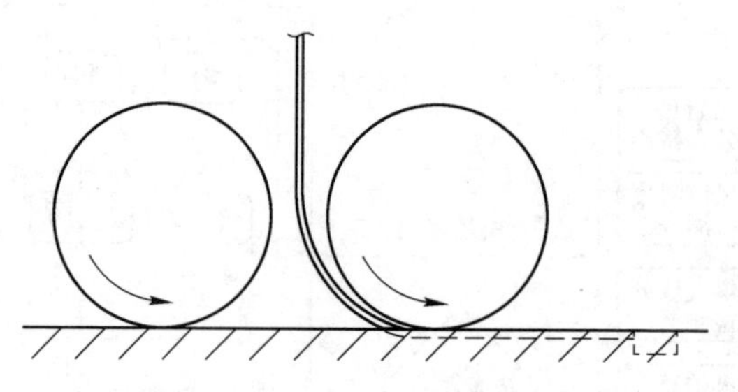

图 2-2　铸坯表面压入热电偶

鞍钢集团的于赋志、吕志升、李晓伟等人采用红外测温仪对 EH36 钢 300mm 厚板坯连铸二冷区表面温度进行了测定[44]，系统主要由 XDW-1 型棱镜分光红外测温仪和 ZTQ-1 型智能显示调解器两部分装置组成[45]。

东北大学的王浩提出一种基于腔体辐射的铸坯表面温度测量方法，测量二冷区出口的铸坯表面温度[46]。设计的装置能够吸收来自铸坯表面的能量，使测温腔体内壳的温度不断上升，最后达到与铸坯表面相等的温度值，再利用热电偶测得腔体内壳的温度，从而能够得到铸坯表面的温度值。

2.2.2　非接触式测温

非接触式测温主要是通过测量物体表面的辐射情况来间接得到其温度分布情况，是目前连铸现场普遍采用的技术手段。它以单点红外辐射测温为主，主要有单色辐射测温、比色辐射测温这两大类，此外光纤式比色测温目前也有一些应用。其优势是可以实现在线连续测量，而且无磨损、维护量小，装置使用寿命相对较长。实际上，非接触式测量是对被测对象某个区域内温度均值的测量，并不是某个固定点的温度。由于铸坯表面温度分布不均匀，一般会呈现出中部高、角部低的特征，因此该测量方法本身会具有一些测量偏差。同时，由于铸坯表面的杂质及缺陷的存在，也会导致测量结果产生波动。

刘庆国等人利用光纤式比色测温仪对某钢厂二冷区内的铸坯表面温度进行了在线测试，采用高速气流冲刷铸坯表面来吹扫水蒸气、水膜及氧化铁皮以提高准确性，并将光纤探头尽可能地靠近铸坯表面来克服水膜、氧化铁皮等造成的导热系数降低而带来的温度测量误差[47]。但是空气吹扫法不仅会引起铸坯表面温度场的改变，而且仅借助高速气流吹扫仍然不能从根本上解决氧化铁皮对温度测量的影响。王新华提出了用多个红外测温仪获取连铸坯表面多个固定点的温度，并将各测温点在 30s~2min 内所测温度的最大值作为其系统准确温度值的方法[48]。但该方法的主要缺点是：一方面，未能很好地克服随机产生的氧化铁皮导致的温度测量值不稳定；另一方面，采样周期为秒到分钟，带来了较大的滞后，不能实时测量和控制二冷水。阳春新钢铁有限责任公司和天津钢铁集团有限公司的田立新、王朝阳、贺建哲等人针对连铸过程中二冷区的实际恶劣工况，研发了基于在线黑体空腔理论的 HFC-I 型红外辐射铸坯表面测温系统[49]。采用软件方法通过提取连续测温信号在一定时间范围内的特征温度值[50]，排除氧化铁皮的影响，再基于结构优化和防尘、防汽消除其他因素的干扰。

近些年来，基于线阵和面阵 CCD 传感器的连铸坯表面测温系统开发也成为研究的热点，这些方法与传统的单点辐射测温相比，从单点温度测量升级为面温信息获取，但是氧化铁皮波动仍然没有得到有效解决，水雾等影响因素也主要是依赖于硬件装置进行遮挡或吹扫，并没有什么实质性的改变。

东北大学的白海城研制了基于面阵 CCD 和 DSP 的嵌入式单光谱和差分多光谱图像测温仪[51]。东北大学的侯鹏庆针对单光谱 CCD 铸坯表面测温仪对发射率的依赖性问题，基于单光谱 CCD 测温模型，建立了双光谱和三光谱图像测温模型，对单光谱 CCD 测温仪进行了光学系统改进，设计了码盘式差分斩光结构，实现了多光谱图像的采集[52]，整体结构如图 2-3 所示。

东北大学的阳剑提出了一种基于连铸坯传热机理模型的软测量方法，建立了连铸动态传热模型，对动态模型的实时性、模型修正、可靠性等问题进行了分析与研究，同时开发了铸坯表面温度软测量软件，对铸坯表面温度进行实时计算和分析[53]。

沈阳理工大学信息科学与工程学院的李亦楠、于洋和陈亮对一种基于 MWNN（GHM 多小波神经网络）的铸坯表面多光谱辐射测温方法进行了研究[54]。针对

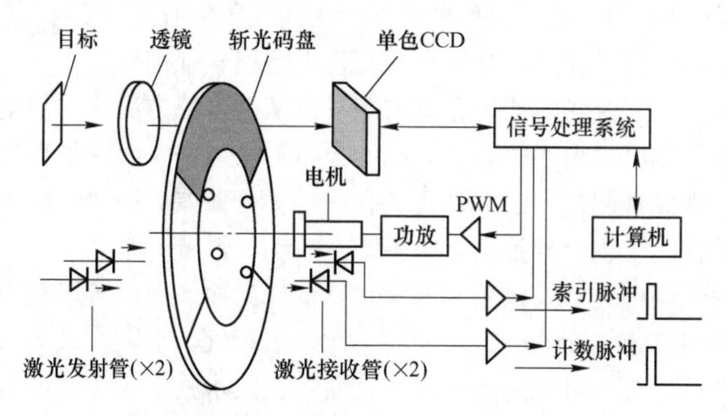

图 2-3　多光谱测温仪整体结构示意图

钢坯表面情况复杂、发射率难以确定的问题将小波神经网络应用于铸坯表面测温，实现了线性及非线性发射率模型的自动辨识，既消除了发射率假设模型带来的误差，又提高了多光谱测温精度。

东北大学的张育中利用几何应用光学理论和辐射测温理论，建立了基于 CCD 的温度场测量模型，分析了光学系统波长、孔径角等参数对温度测量灵敏度、温度测量动态范围等因素的影响[55]。基于窄带光谱辐射测温原理及异尺度数据配准方法，提出了单点比色测温仪与面阵 CCD 多传感器相融合的在线温度修正方案，开发了多流连铸坯表面测温专用软件系统，系统如图 2-4 所示。

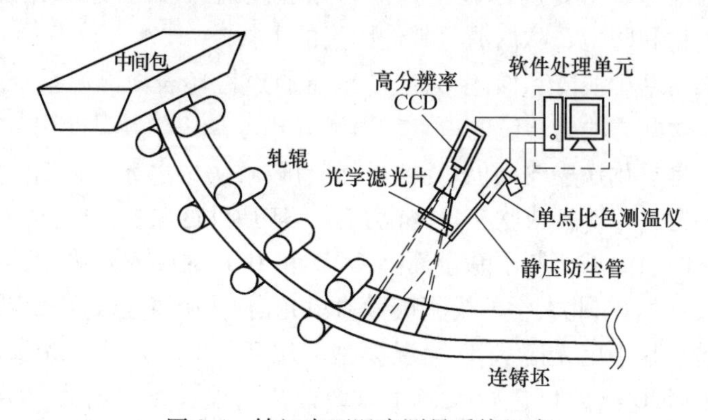

图 2-4　铸坯表面温度测量系统组成

2.2.3　融合式测温

传统的接触式测温和非接触式测温各有优缺点，于是近些年来，一些学者开发出了将两者相结合的测温方法，即多信息融合式测温。

东北大学的马交成、刘军、王彪等人在分析连铸生产过程中浇注工艺条件频繁变化特性的基础上，建立了铸坯实时凝固传热模型，并对模型网格划分对计算结果的影响进行了分析[56]。为了消除温度波动而采用的时间滤波导致的测温滞后和偏差，通过CCD面阵测温仪的高分辨率检测铸坯表面1mm直径范围的细微变化，从剥离氧化铁皮之间的缝隙中检测铸坯表面温度，以克服氧化铁皮的干扰。测温系统框架如图2-5所示。

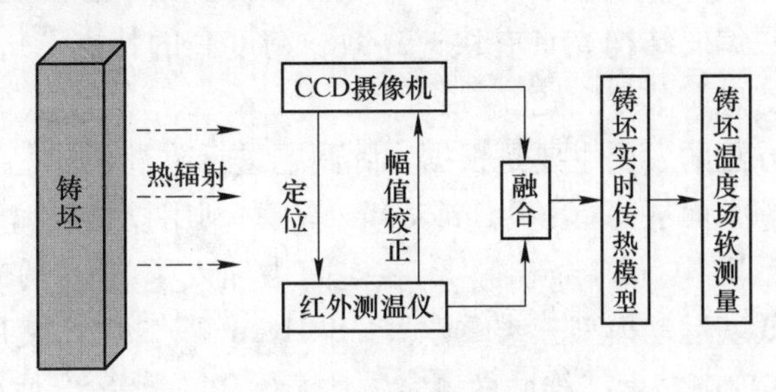

图2-5 CCD摄像机测温系统

东北大学杨嘉义研究了红外测温仪与面阵CCD测温仪融合测温系统中的图像预处理、异尺度数据配准、运动目标定位和融合方案设计等问题[57]。东北大学的苏晓建研究了铸坯表面图像与温度场模型融合测温过程中的图像非均匀性、模型计算中拉速参数的测定、模型数据融合等问题，并进行了相应的实验[58]。其整体测温系统的结构图如图2-6所示。

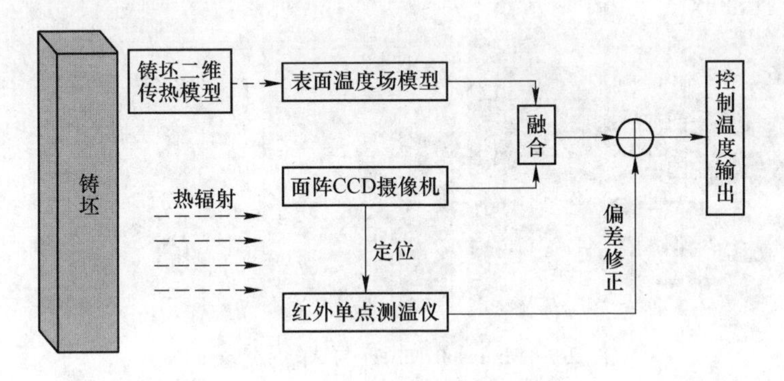

图2-6 系统总体结构

2.3 粒度检测技术现状

2.3.1 编码结构光研究现状

基于计算机视觉的三维重建过程中，一般分为主动视觉法和被动视觉法，其中主动视觉法精度较高，重建效果好。结构光法作为主动视觉法中应用最为广泛的方法之一[59]，从20世纪80年代开始广泛受到国内外研究人员的关注。结构光法包括点结构光、线结构光、多线结构光及编码结构光等。点结构光具有简单、处理速度快的特点[60]，但存在扫描速度慢、效率低等不足；线结构光具有硬件要求低的优点[61]，但存在易受被测物体表面影响导致光条信息缺失等不足；多线结构光可以满足不同分辨率情况[62]，但存在多光条容易混淆、标定复杂、实时性差的问题；编码结构光具有快速高效、精度高的特点[63]，但也存在变形光栅图像中对应信息调节等问题。

编码结构光方法的发展主要是根据实际问题进行改进延伸，改进一般围绕匹配、效率、精度等方面展开。S. Rusinkiewicz 等[64]利用投影仪编码、相机捕获解码的方式实现三维重构。J. Pages 等[65]在空间中加入了 RGB 的光条，设计出彩色条纹，实现了低度运动模型三维重建。J. S. Hyun 等[66]提出使用机械投影仪与 2 台高速摄像机实现高精度三维曲面测量方法。C. Zhong 等[67]使用机器学习来进行结构光三维重建，有效提高了结构光重建精度。Z. Song 等[68]将结构光三维重建应用在复杂微米级测量对象上，提高微米级的测量精度和分辨率。

经过几十年的发展，基于结构光的方法仍然面临许多挑战[69]，但技术上日趋成熟，一系列工业产品和日用品都成功应用了这项技术，如图 2-7 所示的 Microsoft Kinect、Apple iPhone X 等。

图 2-7 Microsoft Kinect 与 Apple iPhone X

2.3.2 点云分割处理研究现状

点云分割处理包括基于几何特征的点云分割算法与基于深度学习的点云分割算法。

2.3.2.1 基于几何特征的点云分割算法

基于几何特征的点云分割算法一般采用一定的算法提取点云数据中携带的特征信息，并按照特征信息参数对点云进行分割，从中分离出感兴趣的部分。基于几何特征的分割方法一般分为基于边缘检测的分割方法、基于表面特征的分割方法、基于模型拟合的分割方法。

基于边缘检测的分割方法步骤[70]包括边缘的检测与提取、边缘内的点云聚类共两步。检测过程也分为直接检测与间接检测，间接检测由于需要建立两维图像与三维点云之间的联系，并在转换中会丢失部分特征，因此运用场景受限；直接检测方法中包括 E. Che 等[71]提出的法线变化分析算法，利用共享边的法向梯度确定共享边是否位于边缘上。C. Mineo 等[72]提出了利用邻域点特征来提取边界点的方法，利用“三点定圆”思想来标记边缘点。基于边缘检测的分割方法容易受到离群点和噪声影响，且受到点云密度和分布方式的影响较大，若边缘缺失会影响算法运行结果。

基于表面特征的分割方法包括区域生长算法[73]、聚类算法及图论法[74]。其中聚类算法以相对较高的鲁棒性与相对较低的运算成本获得广泛应用，包括经典的 K 均值聚类算法[75]（K-means Clustering Algorithm，K-means）、均值漂移算法[76]等。聚类算法常用的特征包括空间点的位置信息、法向量信息、局部密度信息等，同时通过局部算子构建的局部特征（如快速特征直方图[77]、视点特征直方图[78]等）也逐渐作为特征进行运算。T. Czerniawski 等[79]构建了六维特征空间 $\{x, y, z, n_x, n_y, n_z\}$，并将基于密度的聚类算法（Density-Based Spatial Clustering of Applications with Noise，DBSCAN）算法应用于点云分割。X. Huang 等[80]采用基于密度的聚类方法处理点云信息。S. Park 等[81]提出弯曲体素概念并将之运用在点云分割算法上。利用聚类算法完成分割的适用性较广，但其判断准则对算法效果有着较大的影响。

基于模型拟合的点云分割通常利用预设模型进行拟合来实现点云分割，应用最为广泛的算法是 3D 霍夫变换[82]、随机采样一致[83]（Random Sample Consensus，RANSAC）算法。其中霍夫变换是利用数学参数转换，将点从三维空间映射至参数空间并完成投票，对各种可参数化的形状具有良好的探测效果。RANSAC 算法基于对模型的假设与选择，通过随机选取点云中的若干子集对模型进行多次拟合，从中选取效果最佳的拟合结果。Tarsha-Krudi 等[84]将 RANSAC 算法与 3D 霍夫变换进行比较，实验证明 RANSAC 算法具有更高的效率与精准度。

由于受到点云数据的限制，在点云的获取、邻域大小的确定、算法的自动化程度、应用场景等问题的影响下，点云分割需要依据实际数据有针对性地选择合适的算法。

2.3.2.2 基于深度学习的点云分割算法

点云数据作为一种集成数据结构，具有结构不规则性，但由于其简单的特性能有效减少三维网格数据的复杂性，因此，越来越多的人对三维点云数据处理产生兴趣。深度学习作为能够自动学习数据特征的算法[85]，在三维点云数据处理方面受到广泛的关注。

基于三维点云数据处理中，O. Vinyals 等[86]认为在深度学习的三维数据处理中输入、输出的组织顺序对于训练效果很重要，因此采用读写网络学习数字排序。S. Ravanbakhsh 等[87]成功使用深度排列不变网络对点云进行分类，但在 ModelNet 数据集上性能较低。M. Zaheer 等[88]提出 DeepSet 可以应用于监督和非监督任务的不同场景，并对其在点云分类等方面的适用性进行了证明。C. R. Qi 等[89]提出的 PointNet 网络首次利用了无序点云，且内存要求低于体素法。PointNet 通过全连接层表示欧氏空间中的每个点，并用多层感知机（Multilayer Perceptron，MLP）生成特征，最大池化层保留特征。虽然 PointNet 对输入扰动存在鲁棒性，但也存在无法获取局部结构的问题。为了解决该问题，同年该作者提出 PointNet++[90]网络，有效提取了点云特征并划分局部点云。R. Roveri 等[91]将点云数据转换为两维深度图像，并通过卷积神经网络（Convolutional Neural Network，CNN）图像分类对其实现成功分类。Y. Yang 等[92]提出了 FoldingNet，成功地将规范的 2D 网络变形到点云的 3D 表面上。J. Li 等[93]提出 So-Net，以单个向量表示输入点云，成功构建了无序点云的置换不变架构。Y. Liu 等[94]提出了 RS-CNN，利用各个点之间的集合拓扑约束进行学习，将规则网格 CNN 成功扩展到不规则点云上。F. Engelmann 等[95]引入了在特征空间中定义点邻域的分组技术，成功利用深度学习架构解决了非结构化点云的 3D 语义分割问题。M. Jiang 等[96]提出了 PointSift，通过 PointSift 模块从局部邻域中的所有点中获取信息，在大规模室内分割任务中表现出高性能。H. Su 等[97]提出了 Splatet，在无序点云的网络结构中加入空间卷积算子，利用灵活的晶格结构规范帮助分层并进行空间感知特征学习。Y. Li 等[98]提出了 PointCNN，建立与点相关的输入特征权重并排列成潜在的规范顺序，将典型的 CNN 推广到点云进行特征学习。C. Wen 等[99]提出了一种全局-局部图注意力卷积神经网络 GACNN，以捕获更多的多尺度特征，实现更精准的点云分类。S. Shi 等[100]提出使用部分感知和部分聚合网络进行 3D 对象检测，有效对特定特征进行编码。X. F. Han 等[101]提出了 3DDACNN 网络，将输入点云转换为常规体积表示，获取了具有更强表示能力的特征。C. Wen 等[102]在引入约束点卷积模块的同时充分利用邻域点的方向信息，设计了一个具有下采样和上采样的多尺度全卷积神经网络，实现了多尺度点云特征学习。

利用深度学习网络对点云进行分割分类是可行的办法，针对不同的点云数据选取适合的深度学习网络模型对获取更高精度的分割结果有积极的作用。

2.3.3　粒度检测研究现状

矿石粒度作为评价矿石破碎程度的主要指标[103]，常见的检测方式包括通过人工或机械装置筛选的筛分法、基于电阻法的矿石粒度分布检测、利用计算机处理技术进行检测的两维图像法等，由于筛分法人工成本过大已逐渐被计算机处理法所替代。

利用计算机处理技术进行粒度检测以两维图像法处理为主要研究方向。A. Amankwah 等[104]提出了改进的分水岭算法，利用自适应形态重建提取对象标记。Y. Wu 等[105]利用形态学重建改进图像分割方法，提高分水岭算法对图像分割准确率，J. Zhang 等[106]开发了基于光照建模标记的分水岭分割算法。Z. Lu 等[107]通过数学形态学将矿石颗粒进行分割。张建立等[108]利用遗传算法对矿石图像进行了分割。Y. Zhan 等[109]提出了基于直方图的矿石图像分割算法，能够有效提高具有单峰或不显著双峰特征直方图的矿物图像准确率。柳小波等[110]针对矿石粘连和边缘模糊问题将深度学习 U-Net 和 RestNet 模型应用在矿石图像中。李鸿翔等[111]将 GAN-UNet 应用在工业生产矿石图像上，提升 U-Net 网络矿石边缘识别能力。随着计算机处理矿石的图像方法日渐成熟，研究者们将其应用在选矿现场。张国英等[112]利用图像分析技术实现矿石在线体积建模并研发了矿石粒度检测分析系统。Z. Zhang 等[113]建立了在线视觉系统，提取统计特征与光斑比预测移动传送带上灰分含量。随着三维信息采集精度与计算效率的提升，采用三维点云进行矿石粒度计算可以有效提高计算精度。王井利等[114]针对矿石点云分割，利用交界线作为矿石点云分割依据，提出了基于矿石坡度信息的矿石点云分割方法。

利用相机采集两维图像信息，对图像进行处理，通过获取等效直径、等效面积等指标，并经过经验公式计算得到体积，再对矿石粒度进行估算分类，虽然能够大致估算矿石粒度，但同时也存在丢失信息过多的弊端，而选用三维信息可以有效弥补信息丢失问题。

2.4 缺陷检测技术现状

2.4.1 表面缺陷检测方法综述

2.4.1.1 人工检测

人工检测是20世纪50~60年代国际上常用的钢板表面检测方法，可分为在线目视检测和开卷抽样检测。在线目视检测通过生产线上的工人对钢板表面进行目测，找出钢板表面是否有缺陷，有时采用光源频闪法提高眼睛的注意力。这种方法劳动强度高，容易漏检。人工检测在高温、噪声、粉尘、振动等恶劣环境中进行，恶劣环境对工作人员的身心健康造成极大损害，检测者容易过度疲劳而无法工作。随着生产速度的提高，在线目视检测已经难以看清缺陷，逐渐演变为开卷抽检，即随机抽取一定比例生产好的钢卷，用开卷机打开几十米，人工检查是否有缺陷。人工检测的主要问题是检测不全面、数量难以统计、结果可信度低、工人劳动强度大、钢板表面质量无法保证。

2.4.1.2　涡流检测

涡流检测原理如图2-8所示。在钢板表面上移动涡流探测器，当检测到感应电流出现变化时，可以判断存在缺陷。涡流检测为非接触式检测，对钢板表面的缺陷有很高的检测灵敏度。但涡流检测需要大电流励磁，在生产上造成能源的极大浪费；涡流效应影响因素很多，缺陷定性定量困难；并且速度很慢，不适宜高速轧制钢板的表面检测。

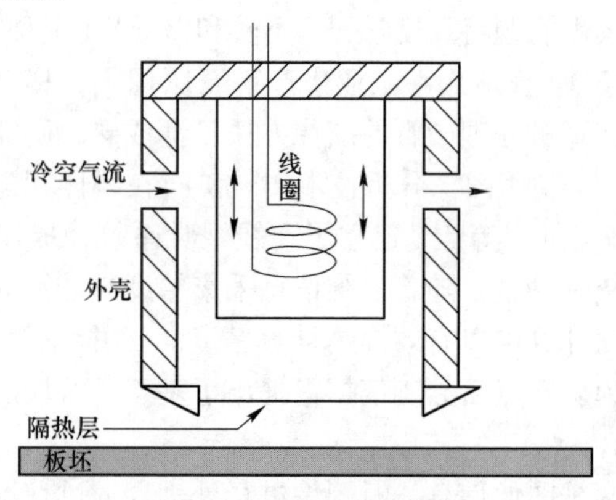

图2-8　涡流检测原理

涡流检测方法于1989年首先出现在法国洛林连轧公司福斯厂。ABB公司采用多频涡流检测原理也开发出了连铸板坯表面检测装置DECRACKTOR，与最初的法国设备相比可获得更多检测参数，并能抑制多种干扰因素的影响，提高了检测的分辨率与可靠性。

2.4.1.3　红外检测

红外检测的原理如图2-9所示。在钢坯传送辊道上设置一个高频感应线圈，钢坯通过线圈时在其表面产生感应电流。感应电流的穿透深度受高频感应的集肤效应影响限于1mm以内。若该区域存在缺陷，感应电流将从缺陷下方流过，增加的电流的行程会消耗更多的电能，引起缺陷处表面温度上升。温度升高值由缺陷的平均深度、线圈工作频率、输入电能、被检钢坯的电性能和热性能、感应线圈的宽度、钢坯的运动速度等因素决定。保持其他影响因素不变，可以通过检测温度升高值来计算缺陷的深度。

挪威Elkem公司于1990年研制了采用红外方法进行检测的Therm-O-Matic连铸钢坯表面自动检测系统，Therm-O-Matic系统采用安装在钢坯周围框架上的

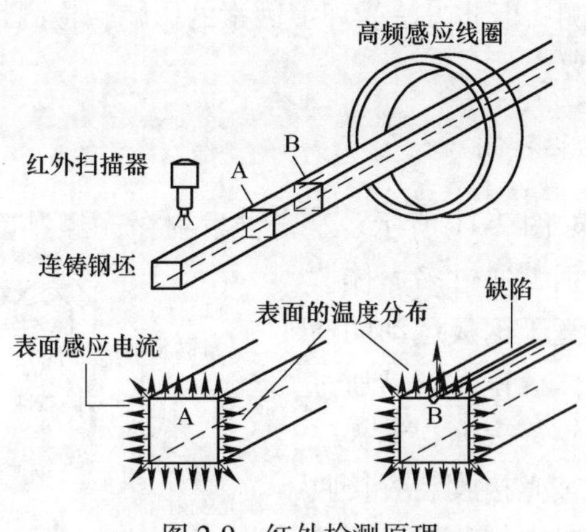

图 2-9 红外检测原理

4 个红外 IR 扫描器来探测钢坯各表面的纵向温度分布，通过优化调整高频线圈、IR 扫描器和钢坯之间的相对姿态，可以在线检测出钢坯表面的裂纹缺陷。日本茨城大学工学部的冈本芳三等人在检测板坯试件表面裂纹和微小针孔的实验研究中，综合比较了 X 射线检测、超声波探伤及红外检测的方法，结果显示红外方法的缺陷检测分辨力高于另外两种方法。

2.4.1.4 漏磁检测

漏磁检测的原理如图 2-10 所示。漏磁检测是指铁磁材料被磁化后，试件表面或近表面的缺陷会在其表面形成漏磁场，人们可以通过检测漏磁场的变化发现缺陷。漏磁通密度与缺陷的体积成正比，通过测量漏磁通密度大小可以进一步确定缺陷的大小和类别。漏磁检测不适合检测很窄的裂纹，但窄裂纹为钢板表面常见缺陷。

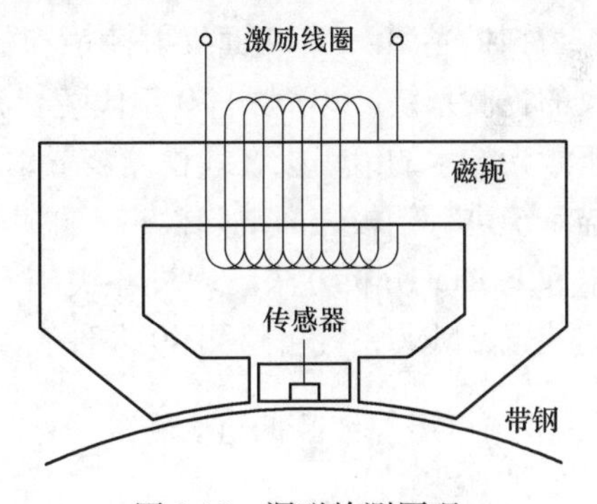

图 2-10 漏磁检测原理

日本川崎制铁千叶制铁所于 1993 年基于漏磁技术开发出在线非金属夹杂物检测装置。该装置使用直流磁化法，励磁器与检测元件呈同一方向配置，检测元件采用高灵敏度的半导体式磁敏元件，用于检测水平磁通分量。磁敏传感器的输出信号通过滤波器去除噪声后，由计算机实时识别出缺陷目标并计算出非金属夹杂物的体积等参数。日本 NKK 公司福冈制铁所于同年研制出超高灵敏度的磁敏传感器。实验研究表明，该磁敏传感器的检测灵敏度和稳定性优于通用的磁敏二极管、磁敏电阻和霍尔元件。漏磁检测技术可用于钢板的质量检测，但此方法受环境因素的影响，检测精度和速度都难以满足高速、高质量的需要。

2.4.1.5　激光扫描检测

激光扫描的原理如图 2-11 所示。激光器发射激光经过反射镜投射到一个高精度的多面体棱镜表面，通过多面体棱镜的旋转运动产生垂直于钢板运动的横向扫描。光线经多面体棱镜发射后通过远心光路系统投射到钢板表面，钢板表面发射和散射的光线被光接收装置接收并由光电倍增器完成光电转换后，传输至计算机系统，完成图像信号处理和缺陷的识别任务。激光扫描检测相对涡流检测和红外检测来说，可显著提高检测的灵敏度、实时性和数字信号处理的通用性。但它对于微小的或对比度小的缺陷分辨能力不足，其专用的光学系统结构复杂，可维护性和可升级性均较差，并且钢板表面的油膜会严重影响激光光路，对信号产生很大噪声，降低了系统的识别能力。这些固有的不足限制了激光检测技术在钢板表面自动检测中的应用。

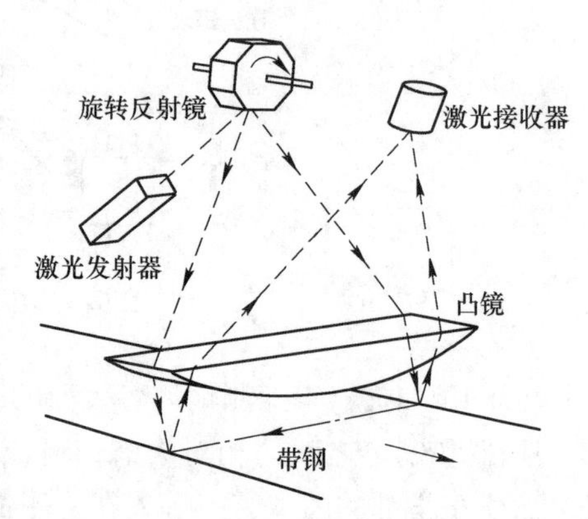

图 2-11　激光扫描检测原理

1971 年，英国钢铁公司、伦敦 CITY 大学、SIPA 工学院联合开发出以激光器作为扫描光源、以 12 面反射棱镜和柱面镜作为光学系统、使用光电倍增管接接收的检测系统。20 世纪 70 年代随着激光技术的成熟，日本川崎公司也研制了基于激光技术的镀锡板在线检测装置，先后采用了斜交激光扫描系统和平行激光扫描系统进行钢板表面缺陷检测，并针对特定缺陷的信号处理问题使用了自相关技术和 Fractal 分析方法。1988 年美国 Sick 光电子公司研制成功了平行激光扫描检测装置，Sick 系统可检测 40 多种表面缺陷。

2.4.1.6　机器视觉检测

机器视觉检测的原理如图 2-12 所示。机器视觉检测系统通过适当的光源和图像传感器（CCD 摄像机）获取钢板表面图像，然后利用相应的图像处理算法定位缺陷位置，提取缺陷特征，判定缺陷类别。机器视觉是一种无接触、无损伤的自动检测技术，是实现设备自动化、智能化和精密控制的有效手段，具有安全可靠、光谱响应范围宽、可在恶劣环境下长时间工作和生产效率高等突出优点。

在美国能源部的资助下，Honeywell 公司于 1983 年完成了基于 CCD 的连铸板坯表面缺陷自动检测装置的研究，该项研究的成功为钢板表面缺陷检测提供了一种高速、稳定的解决方案，确立了基于机器视觉和模式识别理论在表面缺陷检测中的主流地位。Westinghouse 公司和 Eastman Kodak 公司在美国钢铁协会(AISI)的资助下于 1986 年分别推出了各自的解决方案，其中 Westinghouse 系统采用了线阵 CCD 摄像机和高强度的线光源，可提供 0.7mm×2.3mm 的横、纵向缺陷分辨率，并提出了将明域、暗域及微光域等三种照明光路形式组合应用的检测系统思路。与此同时，在欧洲煤钢联营（ECSC）资助下意大利 Centro Sviluppo Materiali 公司研制了用于不锈钢表面检测的实验系统，可同时进行带钢上下表面的自动检测，设置边部检测摄像机可以进行带钢自动宽度和空洞检测，但其可识别的缺陷种类较少。同期，美国 Litton Integrated Auto Mation 公司、意大利 Sipar 公司、比利时 Fabricom 公司分别提出了与上述系统功能相近的解决方案。到 20 世纪 90 年代，完善和提高机器视觉检测系统的自动化功能及实用化水平已成为表面缺陷检测领域的研究重点。美国 Cognex 公司于 1996 年研制了 Smartview 表面检测系统，应用机器学习方法自动设计优化的分类器实现了缺陷分类。芬兰 Rautaruukki New Technology 公司研制了 iS-2000 自动检测系统和 iLearn 自学习分类器软件系统，有效改善了传统自学习分类方法在算法执行速度、数据实时处理、样本训练规模和模式自动识别等方面的不足之处。德国 Parsytec 公司于 1997 年研制了 HTS-2 冷轧带钢表面检测系统。该系统首次将基于人工神经网络(ANN)的分类器设计技术应用于钢板表面检测领域，提高了数据的处理速度和识别精度。

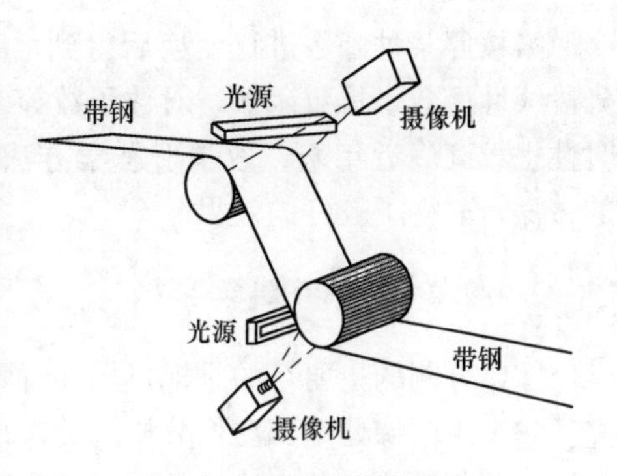

图 2-12 机器视觉检测原理

2.4.2 机器视觉表面缺陷检测算法综述

2.4.2.1 图像预处理算法

工业现场采集的图像通常包含噪声，图像预处理主要目的是减少噪声，改善图像的质量，使之更适合人眼的观察或机器的处理。图像的预处理通常包括空域方法和频域方法，其算法有灰度变换、直方图均衡、基于空域和频域的各种滤波算法等，其中直观的方法是根据噪声能量一般集中于高频，而图像频谱分布于一个有限区间的这一特点，采用低通滤波方式进行去噪，例如滑动平均窗滤波器、Wiener 线性滤波器等。上述各种滤波方法中，频域变换复杂，运算代价较高；空域滤波算法采用各种模板对图像进行卷积运算。直接灰度变换法通过对图像每一个像素按照某种函数进行变换后得到增强图像，变换函数一般多采用线性函数、分段线性函数、指数函数、对数函数等，运算简单，在满足处理功能的前提下实时性也较高。近年来，数学形态学方法[105-106]、小波方法[107,109]也被用于图像的去噪，取得了较好的效果。

2.4.2.2 图像分割算法

图像分割的主要目的是把目标和背景准确分离，便于后续对目标的进一步研究。它是由图像处理到图像分析的关键步骤。现有的图像分割方法主要分为基于区域的分割方法、基于边缘的分割方法以及基于特定理论的分割方法等。

A 基于区域的分割算法

基于区域的分割算法包括阈值分割法、区域生长法和聚类分割法等。

阈值分割法是一种传统的图像分割方法，其基本原理是，通过设定不同的灰度阈值，把图像像素点分为若干类，因其实现简单、计算量小、性能较稳定而成为图像分割中最基本和应用最广泛的分割方法，其中阈值的选取是图像阈值分割方法中的关键。关于阈值的确定方法，目前比较常用的有固定阈值法、自适应阈值法、多区域阈值法等。固定阈值分割算法实时性强，适用于图像背景和目标灰度值区别明显的情况；自适应阈值分割算法适用于目标与背景的灰度值区别不明显的情况；多区域阈值法适用于目标与背景在不同区域区别较大的情况。Otsu 提出了自适应阈值法[110]，它以目标和背景之间的方差最大来动态地确定图像分割阈值，但当目标的相对面积较小时，此方法性能不佳。Pun 和 Kapur 等人提出了利用最大先验熵选取阈值的方法[111-112]，从信息论的角度选择阈值，在一定程度上克服了上述算法的缺点，但当图像背景复杂时分割时容易丧失部分信息，且计算量较大。Yen 等人提出了利用最大相关性原则取代常用的最大熵则来选取阈值的方法[113]，以及基于一维或二维直方图的阈值方法[114,116]、最小误判概率准则下的最佳阈值方法[117]在其后也被提出。

区域生长法的基本思想是依据一定的生长准则，将若干个“相似”子区域聚合成较大的区域。它首先对每个需要分割的区域找到一个种子像素作为生长的起点，再将种子像素邻域中与其具有相同或相似性质的像素根据某种事先确定的准则合并到种子像素所在的区域中；将这些新像素当作新的种子像素继续以上的操作，直到再没有满足条件的像素可包括进来。此法原理简单，对于较均匀的连通目标有较好的分割效果；缺点是依赖于初始条件的选取，计算量较大，不适用于实时检测。

聚类法进行图像分割是根据图像在特征空间的聚集对特征空间进行分割，再映射到原图像空间得到分割结果，K-means 聚类算法[118]、模糊 C 均值聚类（FCM）算法[119]是常用的聚类算法。

B 基于边缘的分割方法

基于边缘的分割方法其实就是根据图像中局部特性的不连续性而采用某种算法来提取出图像中的对象与背景间的交界线。边缘处像素的灰度值不连续，这种不连续性可通过求导来检测。经典的边缘检测算法一般采用微分的方法进行计算，常用的一阶微分边缘检测算子有 Robert 算子、Sobel 算子、Prewitt 算子、Kirsch 算子等几种[120]。一阶微分算子方法计算简便、速度快，但定位不准确。二阶微分算子主要有 Canny 算子、Log 算子、Laplacian 算子[121]。这类算子基于一阶导数的局部最大值对应二阶导数的零交叉点这一性质，通过寻找图像灰度的二阶导数的零交叉点从而定位边缘。二阶微分算子方法边缘定位准确，但对噪声敏感。对于噪声污染的图像，在进行微分算子边缘检测前一般先要滤波，但滤波的同时也使图像边缘产生一定程度的模糊。Marr-Hildreth 算子[122]将噪声滤波与边缘提取相结合，但当模板较小时抗噪性能不良，模板较大时计算费时。

C 基于特定理论的分割方法

随着数学和人工智能的发展，出现了一些新的图像分割方法，如数学形态学法[123]、小波变换法[124]、人工神经网络法[125]、基于模糊理论的算法[126]、遗传算法[127]等。

基于数学形态学的图像分割[128]的基本思想是用具有一定形态的结构元素提取图像中的对应形状，以达到对图像分析和识别的目的。采用多结构元素的数学形态学算法，既能提取细小边缘，又能很好地抑制噪声，结构元素选取灵活，但在灵活的同时也导致算法的适应性变差。

基于小波变换的图像分割[129]是利用小波的多尺度、多分辨率特性，实现多尺度图像分割和多分辨率阈值选取的过程。多尺度图像分割，是在较大尺度下检测出真正的边缘点，再在较小尺度下对边缘点进行精确定位。多分辨率阈值选取，是对在最低分辨率一层选取的所有阈值逐层跟踪，最后选取相应的最高分辨率一层的对应阈值作为最优阈值。小波变换算法中常用的变换形式有二进制小波、多进制小波、小波包、小波框架等[130]。

基于神经网络的图像分割[131]用训练样本集对神经网络进行训练，确定节点间的连接和权值，再用训练好的神经网络对输入的图像数据进行分割。常用的有 Kohonen 神经网络、Hopfield 神经网络、BP 神经网络、振子神经网络、概率自适应神经网络、自组织神经网络、径向基函数神经网络等工具。这种分割方法一般采用两种类型，一种是基于像素灰度值的神经网络分割，另一种是基于特征数据的神经网络分割。基于像素灰度值的分割能够提供全部的图像信息，但数据量大、计算速度慢。基于特征的分割，可对图像的几何特征、统计特征和信号特征等有效参数进行提取、分类，达到分割的目的。神经网络分割方法由于网络节点的个数、网络层数的设计缺乏比较系统的理论指导，并且需要大量的训练数据，因此泛化能力有限。

基于模糊算法的图像分割[132]是将图像及其相关特征表示成相应的模糊集，经过模糊技术的处理，获得图像的模糊分割，反模糊化后得到图像的分割结果。模糊技术在图像分割中应用的一个显著特点，是它能和现有的许多图像分割方法相结合，形成一系列的集成模糊分割方法。目前主要研究集中在基于模糊系统理论的综合图像分割方法方面。

基于遗传算法的图像分割[133]是把遗传优化算法应用于最优分割阈值的求取和特征空间聚类的优化。遗传算法是一种迭代式优化算法，具有全局搜索能力，常用来计算在某一标准或尺度下目标函数的最优值，可以用来确定动态分割阈值曲面。目前，有关遗传算法的图像分割研究，主要集中在遗传算法与其他理论的结合上。

虽然有许多图像分割的方法，这些算法的共性问题在于分割精度与抗噪性的矛盾，同时，高实时性处理算法的研究远远滞后于通用图像处理算法的研究，应用于实际生产中的一些算法在准确性、实时性和可操作性上也还存在较大的困难。至今，图像分割算法大都是针对具体问题所提出的，虽然每年都有新的图像分割算法提出，但是并没有一种通用的算法能适用于所有的图像分割处理。

2.4.2.3 特征提取算法

图像的特征提取可理解为从高维图像空间到低维特征空间的映射，是基于机器视觉的表面缺陷检测的重要一环，其有效性对后续缺陷目标识别精度、计算复杂度、鲁棒性等均有重大影响。特征提取的基本思想是使目标在得到的子空间中具有较小的类内聚散度和较大的类间聚散度。目前常用的图像特征主要有纹理特征、形状特征、颜色特征等。

A 纹理特征

纹理是表达图像的一种重要特征，反映了表面结构组织排列的重要信息以及它们与周围环境的联系。与颜色特征和灰度特征不同，纹理特征不是基于像素点的特征，它需要在包含多个像素点的区域中进行统计计算，即局部性；同时，局部纹理信息也存在不同程度的重复性，即全局性。纹理特征常具有旋转不变性，并且对于噪声有较强的抵抗能力。

纹理特征的提取方法有统计法、信号分析法、结构法和模型法。

统计法将纹理看作随机现象，从统计学的角度来分析随机变量的分布，从而实现对图像纹理的描述；直方图特征是最简单的统计特征，但它只反映了图像中各灰度出现的概率，没有反映图像中像素点的空间分布；灰度共生矩(GLCM)[134]是基于像素的空间分布信息的最常用统计特征；局部二值模式(LBP)[135]计算简单，具有尺度不变性和旋转不变性。此外，还有行程长度统计法[136]、灰度差分统计法[137]等，因计算量大、效果不突出而很少使用。

信号分析法将图像当作二维分布的信号，从信号滤波器设计的角度对纹理进行分析。信号处理方法也称滤波方法，即用某种滤波器将纹理转到变换域，然后应用相应的能量准则提取纹理特征。被用于缺陷检测的信号分析方法主要有傅里叶变换[138]、Gabor 滤波器[139]、小波变换[140]等。

结构法是建立在纹理基元理论基础上的，认为复杂的纹理是由一些在空间中重复出现的最小模式（即纹理基元）按照一定的规律排列组成。结构方法主要有两个要解决的问题：一是纹理基元的确定；二是纹理基元排列规律的提取。最简单的纹理基元是单个的像素，也可以是图像的灰度均匀区域，确定基元后需要提取基元的特征参数和纹理结构参数作为描述图像纹理的特征。基元的特征参数有面积、周长、离心率、矩量等，结构参数则由基元之间的排列规律确定；基元的排列规律是基元的中心坐标及基元之间的空间拓扑关系，既可以从基元之间的模型几何中得到，也可以通过基元之间的相位、距离等统计特征中得到，较复杂的情况可以用句法分析、数学形态学等方法。用结构方法提取图像纹理特征以进行表面缺陷检测的研究并不少见，Wen 等[141]利用结构法提取图像的边缘特征进行了表面缺陷检测，Goswami 等[142]基于激光检测和形态学对表面缺陷进行了检测，Tang 等用数学形态学操作对钢板表面缺陷进行了检测[143]。但是，结构法只适合于纹理基元较大且排列规则的图像；对于一般的自然纹理，因其随机性较强、结构变化大，难以用该方法来准确描述。

模型法以图像的构造模型为基础，采用模型参数的统计量作为纹理特征，不同的纹理在某种假设下表现为模型参数取值的不同，如何采用优化参数估计的方法进行参数估计是模型法研究的主要内容。典型的模型法有马尔可夫随机场（MRF）模型[144]、分形模型[145]和自回归模型[146]等。

B 形状特征

形状特征是人类视觉进行物体识别时所需要的关键信息之一，它不随周围的环境因素而变化，是一种稳定信息；相对于纹理和颜色等底层特征而言，形状特征属于图像的中间层特征。在二维图像中，形状通常被认为是一条封闭的轮廓曲线所包围的区域。对形状特征的描述主要可以分为基于轮廓形状[147]与基于区域形状[148]两类，区分方法在于形状特征仅从轮廓中提取还是从整个形状区域中提取。

C 颜色特征

颜色特征是人类感知和区分不同物体的一种基本视觉特征，是一种全局特征，描述了图像或图像区域所对应的景物的表面性质。颜色特征对于图像的旋转、平移、尺度变化都不敏感，表现出较强的鲁棒性。常用的特征提取与匹配方法有颜色直方图、颜色集、颜色矩、颜色聚合向量[149]等。

2.4.2.4 缺陷分类算法

缺陷分类属于模式识别的范畴。模式分类的方法很多，传统的方法有贝叶斯（Bayesian）方法[150]、距离判别法[151]、Fisher 判别法[152]、KNN 分类[153]以及线性分类[154]等，现代方法有模糊分类[155]、粗糙集分类[156]、神经网络分类[157]，以及支持向量机分类[158]。

传统分类方法的理论基础是传统统计学理论，以最小化经验风险取代最小化期望风险，这种方法只有当训练样本数趋于无穷时，最小化经验风险与最小化期望风险之间的偏差才能达到理论上的最小，然而在实际应用中，样本数趋于无穷这一前提条件往往很难满足。传统的分类方法需要已知先验知识和模型结构，但是，在处理实际问题时，常常不知道背景知识，并且面对大量的原始采集数据，结构模型是不明确的，因此传统分类方法的应用有很大的局限性。

现代分类方法中的神经网络、模糊分类和粗糙集分类虽然克服了传统分类方法的部分弱点，能够依照需要，假设数据的内在相关性而构造非线性模型。然而这些分类方法目前还缺乏数学理论基础，通常是从生物学的理论和一些学术流派中得到灵感，对于诸如神经网络的结构和权重初值、模糊分类规则等仍需要借助于经验，同时也受样本有限这一前提的约束，得到的结果不一定最优。

在统计学习理论基础上提出的支持向量机分类方法既考虑了传统的经验风险，也考虑了统计学中的结构风险，在样本较少的情况下，支持向量机通过引入结构风险函数能够得到最优分类线，从而提高分类器的泛化能力。支持向量机引入核函数巧妙地解决了非线性分类的问题，并且计算的复杂度不再取决于特征空间维数，而是取决于样本数量，尤其是样本中的支持向量数。这些特点使支持向量机越来越受到人们的重视，并在实际应用中取得了良好的效果。

参考文献

[1] 李雪银，成燕，张良力. 基于工业无线以太网的烧结矿成分监测系统 [J]. 自动化与仪表，2016，31（5）：39.

[2] 范旭红. 用 X 射线荧光光谱仪测定铁矿石及烧结矿成分 [J]. 中国冶金，2007，17（10）：1.

[3] 龙红明，范晓慧，毛晓明，等. 基于传热的烧结料层温度分布模型 [J]. 中南大学学报（自然科学版），2008，39（3）：436.

[4] 彭坤乾. 烧结料层温度场模拟模型和烧结矿质量优化专家系统的研究 [D]. 长沙：中南大学，2011.

[5] 汪清瑶. 基于在线检测烧结矿成分的转鼓强度预测模型研究 [D]. 武汉：武汉科技大学，2017.

[6] 刘征建，左海滨，张瀚斗，等. 烧结机尾特征断面图像采集算法的研究及应用 [J]. 钢

铁，2008，43（3）：21.

[7] Meng J E，Liao J，Lin J. Fuzzy Neural Networks-Based Quality Prediction System for Sintering Process [J]. IEEE Transactions on Fuzzy Systems，2000，8（3）：314.

[8] 江山，吴海鹰，陈雪波. 基于非线性主成分分析与自适应小波神经网络的球团质量预测模型研究 [J]. 烧结球团，2007，32（1）：29.

[9] Dwarapudi S，Ghosh T K，Shankar A，et al. Effect of Pellet Basicity and MgO Content on the Quality and Microstructure of Hematite Pellets [J]. International Journal of Mineral Processing，2011，99（1）：43.

[10] 郜传厚，渐令，陈积明，等. 复杂高炉炼铁过程的数据驱动建模及预测算法 [J]. 自动化学报，2009，35（6）：725.

[11] 崔桂梅，李静，张勇，等. 高炉铁水温度的多元时间序列建模和预测 [J]. 钢铁研究学报，2014（4）：33.

[12] Jian L，Gao C，Li L，et al. Application of Least Squares Support Vector Machines to Predict the Silicon Content in Blast Furnace Hot Metal [J]. ISIJ International，2008，48（11）：1659.

[13] Saxén H，Gao C，Gao Z. Data-Driven Time Discrete Models for Dynamic Prediction of the Hot Metal Silicon Content in the Blast Furnace—A Review [J]. IEEE Transactions on Industrial Informatics，2013，9（4）：2213.

[14] Chen W，Wang B X，Han H L. Prediction and Control for Silicon Content in Pig Iron of Blast Furnace by Integrating Artificial Neural Network with Genetic Algorithm [J]. Ironmaking & Steelmaking，2013，37（6）：458.

[15] Zhang S F，Wen L，Bai C，et al. The Temperature Field Digitization of Radiation Images in Blast Furnace Raceway [J]. ISIJ International，2006，46（10）：1410.

[16] 欧阳奇，温良英，白晨光，等. 基于机器视觉的风口回旋区温度检测算法 [J]. 钢铁研究学报，2007（2）：5.

[17] Taylor A. Development of Techniques for Monitoring the Raceway Zone [R]. European Commission Technical Steel Research，1997：13.

[18] Zhou D D，Cheng S S，Zhang R，et al. Study of the Combustion Behaviour and Temperature of Pulverised Coal in a Tuyere Zone of Blast Furnace [J]. Ironmaking & Steelmaking，2017：1.

[19] Zhou D D，Cheng S S，Zhang R，et al. Uniformity and Activity of Blast Furnace Hearth by Monitoring Flame Temperature of Raceway Zone [J]. ISIJ International，2017，57（9）：1509.

[20] 赵琦，陈延如，王昀，等. 光强与图像信息在转炉炼钢终点判断中的应用 [J]. 仪器仪表学报，2005，26（z1）：575.

[21] 温宏愿，赵琦，陈延如，等. 光谱图像分析用于转炉终点实时预测 [J]. 光电工程，2008，35（5）：135.

[22] 张岩，杨友良，马翠红，等. 基于CCD的转炉温度测量方法研究 [J]. 自动化与仪表，2014，29（9）：70.

[23] 何涛春，田陆，文华北，等. 基于炉口火焰信息的转炉炼钢终点预报系统 [J]. 中国冶金，2013，23 (2)：40.

[24] 刘锟，刘浏，何平，等. 基于烟气分析转炉终点碳含量控制的新算法 [J]. 炼钢，2009，25 (1)：33.

[25] 吴明，李应江，牛金印，等. 应用烟气分析冶炼低磷钢的生产实践 [J]. 炼钢，2010，26 (3)：37.

[26] 孙江波，李俊国，王彦杰，等. 基于转炉烟气分析的熔池碳含量及温度动态预报 [J]. 炼钢，2014，30 (4)：65.

[27] 陈凯，陆继东，李俊彦. 钢液中多元素的 LIBS 实时定量分析 [J]. 光谱学与光谱分析，2011，31 (3)：823.

[28] 辛勇，孙兰香，杨志家，等. 基于一种远程双脉冲激光诱导击穿光谱系统原位分析钢样成分 [J]. 光谱学与光谱分析，2016，36 (7)：2255.

[29] 于云偲，潘从元，曾强，等. 利用 LIBS 技术实现钢液中多元素含量检测 [J]. 光谱学与光谱分析，2016，36 (8)：2613.

[30] Wang Z，Deguchi Y，Shiou F，et al. Application of Laser-Induced Breakdown Spectroscopy to Real-Time Elemental Monitoring of Iron and Steel Making Processes [J]. ISIJ International，2016，56 (5)：723.

[31] 王欣，刘青，王先勇，等. 连铸坯表面温度实时数据采集系统 [J]. 炼钢，2009，25 (5)：59.

[32] 舒服华，丁剑刚. 基于支持向量机的连铸板坯表面温度预测 [J]. 炼钢，2009，25 (1)：55.

[33] 张育中. 连铸坯表面温度场视觉测量方法与应用研究 [D]. 沈阳：东北大学，2014.

[34] 欧阳奇，赵立明，张立志，等. 高温连铸坯表面缺陷脉冲电涡流检测方法研究 [J]. 连铸，2010，1 (1)：42.

[35] 徐科，周鹏，杨洁. 高温铸坯表面缺陷自动检测算法研究 [J]. 冶金自动化，2015 (3)：81.

[36] 田思洋，徐科，郭会昭. 局部二值模式在连铸坯表面缺陷识别中的应用 [J]. 北京科技大学学报，2016，38 (12)：1728.

[37] 徐科，周茂贵，徐金梧，等. 基于线型激光的热轧带钢表面在线检测系统 [J]. 北京科技大学学报，2008，30 (1)：77.

[38] Xu K，Zhou P，Yang C L. Application of Fractal Dimension Feature to Recognition of Surface Defects on Hot-Rolled Strips [J]. Applied Mechanics and Materials，2012，(152-154)：526.

[39] 徐科，王磊，王璟瑜. 基于 Tetrolet 变换的热轧钢板表面缺陷识别方法 [J]. 机械工程学报，2016，52 (4)：13.

[40] 丛家慧，颜云辉，董德威. Gabor 滤波器在带钢表面缺陷检测中的应用 [J]. 东北大学学报（自然科学版），2010，31 (2)：257.

[41] 徐科，周鹏，杨朝霖. 基于光度立体学的金属板带表面微小缺陷在线检测方法 [J]. 机械工程学报，2013，49 (4)：25.

[42] 张勇，贾云海，陈吉文，等. 激光诱导击穿光谱法对钢铁偏析样品的分析［J］. 光谱学与光谱分析，2013，33（12）：3383.
[43] 杨春，贾云海，陈吉文，等. 激光诱导击穿光谱法对钢中夹杂物类型的表征［J］. 分析化学，2014（11）：1623.
[44] 于赋志. EH36 钢 300mm 厚板坯表面测温试验研究［C］. 中国金属学会炼钢分会（Steelmaking Committee the Chinese Society for Metals）. 第十六届全国炼钢学术会议论文集. 中国金属学会炼钢分会（Steelmaking Committee the Chinese Society for Metals）：中国金属学会，2010：4.
[45] 王春怀，吴巍，干勇，等. 含铌、钛船板钢高温塑性研究［J］. 钢铁，2002（8）：49-52.
[46] 王浩. 基于腔体辐射的铸坯表面温度测量方法的研究［D］. 沈阳：东北大学，2011.
[47] 刘庆国，孙蓟泉，温崇哲，等. 连铸板坯表面温度在线实测的研究［J］. 钢铁，1998（2）：20-22，47.
[48] 王新华，王万军，刘新宇，等. 连铸二冷区铸坯表面温度准确测定方法［P］. 北京：CN1410189，2003-04-16.
[49] 田立新，王朝阳，贺建哲，等. 连铸二冷区铸坯表面测温系统研究与应用［J］. 工业控制计算机，2013，26（1）：51-52.
[50] 黄利，张立，王迎春. 连铸二冷区铸坯表面测温综述［J］. 宝钢技术，2010（1）：27-30，42.
[51] 白海城. 连铸坯表面温度场图像测温仪的研制与应用［D］. 沈阳：东北大学，2013.
[52] 侯鹏庆. 单 CCD 多光谱铸坯表面测温仪的研究［D］. 沈阳：东北大学，2014.
[53] 阳剑. 基于传热模型的连铸坯表面温度软测量的实现［D］. 沈阳：东北大学，2010.
[54] 李亦楠，于洋，陈亮. 基于 MWNN 的铸坯表面多光谱辐射测温方法研究［J］. 沈阳理工大学学报，2006（2）：59-61，76.
[55] 张育中. 连铸坯表面温度场视觉测量方法与应用研究［D］. 沈阳：东北大学，2014.
[56] 马交成，刘军，王彪. 基于多信息融合铸坯温度场测量方法及影响因素分析［J］. 电子学报，2015，43（8）：1616-1620.
[57] 杨嘉义. 基于多传感器数据融合的铸坯表面温度测量系统设计［D］. 沈阳：东北大学，2010.
[58] 苏晓建. 铸坯表面图像与温度场模型融合测温方法的研究［D］. 沈阳：东北大学，2011.
[59] 佟帅，徐晓刚，易成涛，等. 基于视觉的三维重建技术综述［J］. 计算机应用研究，2011（7）：17-23.
[60] Shirai Y，Suwa M. Recognition of polyhedrons with a range finder［C］//IJCAI. 1971：80-87.
[61] Will P M，Pennington K S. Grid coding：A preprocessing technique for robot and machine vision［J］. Artificial Intelligence，1971，2（3-4）：319-329.
[62] Kowarschik R M，Kuehmstedt P，Gerber J，et al. Adaptive optical 3-D-measurement with structured light［J］. Optical engineering，2000，39（1）：150-158.

[63] Caspi D, Kiryati N, Shamir J. Range imaging with adaptive color structured light [J]. IEEE Transactions on Pattern analysis and machine intelligence, 1998, 20 (5): 470-480.

[64] Rusinkiewicz S, Hall-Holt O, Levoy M. Real-time 3D model acquisition [J]. ACM Transactions on Graphics (TOG), 2002, 21 (3): 438-446.

[65] Pages J, Salvi J, Collewet C, et al. Optimised De Bruijn patterns for one-shot shape acquisition [J]. Image and Vision Computing, 2005, 23 (8): 707-720.

[66] Hyun J S, Chiu G T C, Zhang S. High-speed and high-accuracy 3D surface measurement using a mechanical projector [J]. Optics Express, 2018, 26 (2): 1474-1487.

[67] Zhong C, Gao Z, Wang X, et al. Structured light three-dimensional measurement based on machine learning [J]. Sensors, 2019, 19 (14): 3229.

[68] Song Z, Song Z, Zhao J, et al. Micrometer-level 3D measurement techniques in complex scenes based on stripe-structured light and photometric stereo [J]. Optics Express, 2020, 28 (22): 32978-33001.

[69] Xu J, Zhang S. Status, challenges, and future perspectives of fringe projection profilometry [J]. Optics and Lasers in Engineering, 2020, 135: 106193.

[70] Rabbani T, Van Den Heuvel F, Vosselmann G. Segmentation of point clouds using smoothness constraint [J]. International archives of photogrammetry, remote sensing and spatial information sciences, 2006, 36 (5): 248-253.

[71] Che E, Olsen M J. Fast edge detection and segmentation of terrestrial laser scans through normal variation analysis [J]. ISPRS Annals of Photogrammetry, Remote Sensing & Spatial Information Sciences, 2017, 4: 51-57.

[72] Mineo C, Pierce S G, Summan R. Novel algorithms for 3D surface point cloud boundary detection and edge reconstruction [J]. Journal of Computational Design and Engineering, 2019, 6 (1): 81-91.

[73] Adams R, Bischof L. Seeded region growing [J]. IEEE Transactions on pattern analysis and machine intelligence, 1994, 16 (6): 641-647.

[74] Xu Y, Tuttas S, Hoegner L, et al. Geometric primitive extraction from point clouds of construction sites using vgs [J]. IEEE Geoscience and Remote Sensing Letters, 2017, 14 (3): 424-428.

[75] Shi B Q, Liang J, Liu Q. Adaptive simplification of point cloud using k-means clustering [J]. Computer-Aided Design, 2011, 43 (8): 910-922.

[76] Cheng Y. Mean shift, mode seeking, and clustering [J]. IEEE transactions on pattern analysis and machine intelligence, 1995, 17 (8): 790-799.

[77] Rusu R B, Holzbach A, Beetz M, et al. Detecting and segmenting objects for mobile manipulation [C]. Computer Vision Workshops (ICCV Workshops), 2009 IEEE 12th International Conference on. IEEE, 2009.

[78] Rusu R B, Holzbach A, Beetz M, et al. Detecting and segmenting objects for mobile manipulation [C]. 2009 IEEE 12th International Conference on Computer Vision Workshops,

ICCV Workshops. IEEE, 2009: 47-54.
[79] Czerniawski T, Sankaran B, Nahangi M, et al. 6D DBSCAN-based segmentation of building point clouds for planar object classification [J]. Automation in Construction, 2018, 88: 44-58.
[80] Huang X, Cao R, Cao Y. A density-based clustering method for the segmentation of individual buildings from filtered airborne LiDAR point clouds [J]. Journal of the Indian Society of Remote Sensing, 2019, 47 (6): 907-921.
[81] Park S, Wang S, Lim H, et al. Curved-voxel clustering for accurate segmentation of 3D LiDAR point clouds with real-time performance [C]. 2019 IEEE/RSJ International Conference on Intelligent Robots and Systems (IROS). IEEE, 2019: 6459-6464.
[82] Borrmann D, Elseberg J, Lingemann K, et al. The 3d hough transform for plane detection in point clouds: A review and a new accumulator design [J]. 3D Research, 2011, 2 (2): 1-13.
[83] Fischler M A, Bolles R C. Random sample consensus: a paradigm for model fitting with applications to image analysis and automated cartography [J]. Communications of the ACM, 1981, 24 (6): 381-395.
[84] Tarsha-Kurdi F, Landes T, Grussenmeyer P. Extended RANSAC algorithm for automatic detection of building roof planes from LiDAR data [J]. The photogrammetric journal of Finland, 2008, 21 (1): 97-109.
[85] Lecun Y, Bengio Y, Hinton G. Deep learning [J]. Nature, 2015, 521 (7553): 436-444.
[86] Vinyals O, Bengio S, Kudlur M. Order matters: Sequence to sequence for sets [J]. arXiv preprint arXiv: 1511. 06391, 2015.
[87] Ravanbakhsh S, Schneider J, Poczos B. Deep learning with sets and point clouds [J]. arXiv preprint arXiv: 1611. 04500, 2016.
[88] Zaheer M, Kottur S, Ravanbakhsh S, et al. Deep sets [J]. Advances in neural information processing systems, 2017, 30.
[89] Qi C R, Su H, Mo K, et al. Pointnet: Deep learning on point sets for 3d classification and segmentation [C] //Proceedings of the IEEE conference on computer vision and pattern recognition. 2017: 652-660.
[90] Qi C R, Yi L, Su H, et al. Pointnet++: Deep hierarchical feature learning on point sets in a metric space [J]. Advances in neural information processing systems, 2017: 30.
[91] Roveri R, Rahmann L, Oztireli C, et al. A network architecture for point cloud classification via automatic depth images generation [C] //Proceedings of the IEEE Conference on Computer Vision and Pattern Recognition. 2018: 4176-4184.
[92] Yang Y, Feng C, Shen Y, et al. Foldingnet: Point cloud auto-encoder via deep grid deformation [C] //Proceedings of the IEEE conference on computer vision and pattern recognition. 2018: 206-215.
[93] Li J, Chen B M, Lee G H. So-net: Self-organizing network for point cloud analysis [C] //

Proceedings of the IEEE conference on computer vision and pattern recognition. 2018: 9397-9406.

[94] Liu Y, Fan B, Xiang S, et al. Relation-shape convolutional neural network for point cloud analysis [C] //Proceedings of the IEEE/CVF Conference on Computer Vision and Pattern Recognition. 2019: 8895-8904.

[95] Engelmann F, Kontogianni T, Schult J, et al. Know what your neighbors do: 3D semantic segmentation of point clouds [C] //Proceedings of the European Conference on Computer Vision (ECCV) Workshops. 2018.

[96] Jiang M, Wu Y, Zhao T, et al. Pointsift: A sift-like network module for 3d point cloud semantic segmentation [J]. arXiv preprint arXiv: 1807. 00652, 2018.

[97] Su H, Jampani V, Sun D, et al. Splatnet: Sparse lattice networks for point cloud processing [C] //Proceedings of the IEEE conference on computer vision and pattern recognition. 2018: 2530-2539.

[98] Li Y, Bu R, Sun M, et al. Pointcnn: Convolution on x-transformed points [J]. Advances in Neural Information Processing Systems, 2018, 31: 820-830.

[99] Wen C, Li X, Yao X, et al. Airborne LiDAR point cloud classification with global-local graph attention convolution neural network [J]. ISPRS Journal of Photogrammetry and Remote Sensing, 2021, 173: 181-194.

[100] Shi S, Wang Z, Shi J, et al. From points to parts: 3d object detection from point cloud with part-aware and part-aggregation network [J]. IEEE Transactions on Pattern Analysis and Machine Intelligence, 2020, 43 (8): 2647-2664.

[101] Han X F, Huang X Y, Sun S J, et al. 3DDACNN: 3D dense attention convolutional neural network for point cloud based object recognition [J]. Artificial Intelligence Review, 2022: 1-17.

[102] Wen C, Yang L, Li X, et al. Directionally constrained fully convolutional neural network for airborne LiDAR point cloud classification [J]. ISPRS journal of photogrammetry and remote sensing, 2020, 162: 50-62.

[103] 董珂. 基于机器视觉的矿石粒度检测技术研究 [D]. 北京: 北京工业大学, 2013.

[104] Amankwah A, Aldrich C. Rock image segmentation using watershed with shape markers [C]. 2010 IEEE 39th Applied Imagery Pattern Recognition Workshop (AIPR). IEEE, 2010: 1-7.

[105] Wu Y, Peng X, Ruan K, et al. Improved image segmentation method based on morphological reconstruction [J]. Multimedia Tools and Applications, 2017, 76 (19): 19781-19793.

[106] Zhang J, Tang Z, Ai M, et al. Nonlinear modeling of the relationship between reagent dosage and flotation froth surface image by Hammerstein-Wiener model [J]. Minerals Engineering, 2018, 120: 19-28.

[107] Lu Z, Hu X, Lu Y. Particle morphology analysis of biomass material based on improved image processing method [J]. International Journal of Analytical Chemistry, 2017, (2017): 1-9.

[108] 张建立，孙深深，秦书棋. 基于遗传算法最佳阈值分割的矿石图像分割 [J]. 科学技术与工程，2019，7：1671-1815.

[109] Zhan Y，Zhang G. An improved OTSU algorithm using histogram accumulation moment for ore segmentation [J]. Symmetry，2019，11 (3)：431.

[110] 柳小波，张育维. 基于 U-Net 和 Res_ UNet 模型的传送带矿石图像分割方法 [J]. 东北大学学报（自然科学版），2019，40 (11)：1623.

[111] 李鸿翔，王晓丽，阳春华，等. 基于 GAN-UNet 的矿石图像分割方法 [J]. 控制理论与应用，2021，38 (9)：6.

[112] 张国英，邱波，刘冠洲，等. 基于图像的原矿碎石粒度检测与分析系统 [J]. 冶金自动化，2012，36 (3)：63-67.

[113] Zhang Z，Yang J. Online analysis of coal ash content on a moving conveyor belt by machine vision [J]. International Journal of Coal Preparation and Utilization，2017，37 (2)：100-111.

[114] 王井利，崔欣，吴冬，等. 坡度信息的矿石点云分割方法 [J]. 测绘科学技术学报，2021.

[115] Schavemaker J G M，Reinders M J T，Gerbrands J J，et al. Image sharpening by morphological filtering [J]. Pattern Recognition，2000，33 (6)：997-1012.

[116] Shengqian W，Yuanhua Z，Daowen Z. Adaptive shrinkage de-noising using neighbourhood characteristic [J]. Electronics Letters，2002，38 (11)：502-503.

[117] Ruikar S，Doye D D. Image denoising using wavelet transform [M]. 2010.

[118] Shivamurti M，Narasimhan S V. Analytic discrete cosine harmonic wavelet transform (ADCHWT) and its application to signal/image denoising [C]. 2010 International Conference on Signal Processing and Communications (SPCOM). IEEE，2010：1-5.

[119] Bhutada G G，Anand R S，Saxena S C. Edge preserved image enhancement using adaptive fusion of images denoised by wavelet and curvelet transform [J]. Digital Signal Processing，2011，21 (1)：118-130.

[120] Otsu N. A threshold selection method from gray-level histograms [J]. IEEE Transactions on Systems，Man，and Cybernetics，1979，9 (1)：62-66.

[121] Pun T. A new method for grey-level picture thresholding using the entropy of the histogram [J]. Signal Processing，1980，2 (3)：223-237.

[122] Kapur J N，Sahoo P K，Wong A K C. A new method for gray-level picture thresholding using the entropy of the histogram [J]. Computer Vision，Graphics，and Image Processing，1985，29 (3)：273-285.

[123] Yen J C，Chang F J，Chang S. A new criterion for automatic multilevel thresholding [J]. IEEE Transactions on Image Processing，1995，4 (3)：370-378.

[124] Abutaleb A S. Automatic thresholding of gray-level pictures using two-dimensional entropy [J]. Computer vision，graphics，and image processing，1989，47 (1)：22-32.

[125] Brink A D. Thresholding of digital images using two-dimensional entropies [J]. Pattern

Recognition, 1992, 25 (8): 803-808.

[126] Sahoo P, Wilkins C, Yeager J. Threshold selection using Renyi's entropy [J]. Pattern Recognition, 1997, 30 (1): 71-84.

[127] Wang J, Wang S, Deng Z, et al. Image thresholding based on minimax probability criterion [J]. Moshi Shibie yu Rengong Zhineng/Pattern Recognition and Artificial Intelligence, 2010, 23 (6): 880-884.

[128] Condat L. A convex approach to K-means clustering and image segmentation [C]. International Workshop on Energy Minimization Methods in Computer Vision and Pattern Recognition. Springer, Cham, 2017: 220-234.

[129] Dhanachandra N, Chanu Y J. An image segmentation approach based on fuzzy c-means and dynamic particle swarm optimization algorithm [J]. Multimedia Tools and Applications, 2020: 1-20.

[130] Kushwah A, Gupta K, Agrawal A, et al. A Review: Comparative Study of Edge Detection Techniques [J]. International Journal of Advanced Research in Computer Science, 2017, 8 (5).

[131] Selvakumar P, Hariganesh S. The performance analysis of edge detection algorithms for image processing [C]. 2016 International Conference on Computing Technologies and Intelligent Data Engineering (ICCTIDE'16). IEEE, 2016: 1-5.

[134] Shi Z G. An Approach to Image Segmentation Using Multiresolution Analysis of Wavelets. IEEE Transactions on Image Processing. 1999, 8 (7): 810-815.

[135] Ujjwal M, Sanghamitra B. Fuzzy Partitioning Using a Real-coded Variable Length Genetic Algorithm for Pixel Classification. IEEE Transactions on Geo-science and Remote Sensing. 2003, 41 (5): 1075-1081.

[136] Mokni R, Kherallah M. Palmprint identification using GLCM texture features extraction and SVM classifier [J]. Journal of Information Assurance & Security, 2016, 11 (2).

[137] Matsushima H, Terauchi M, Tsuji T, et al. Extraction of surface orientation from texture using the gray level difference statistics [J]. Systems and computers in Japan, 1991, 22 (11): 100-108.

[138] Rao A R, Lohse G L. Identifying high level features of texture perception [J]. CVGIP: Graphical Models and Image Processing, 1993, 55 (3): 218-233.

[139] Hu G H. Optimal ring Gabor filter design for texture defect detection using a simulated annealing algorithm [C]. 2014 International Conference on Information Science, Electronics and Electrical Engineering. IEEE, 2014, 2: 860-864.

[140] Singh A, Dutta M K, ParthaSarathi M, et al. Image processing based automatic diagnosis of glaucoma using wavelet features of segmented optic disc from fundus image [J]. Computer Methods and Programs in Biomedicine, 2016, 124: 108-120.

[141] Wen W, Xia A. Verifying edges for visual inspection purposes [J]. Pattern Recognition Letters, 1999, 20 (3): 315-328.

[142] Mallik-Goswami B, Datta A K. Detecting defects in fabric with laser-based morphological image processing [J]. Textile Research Journal, 2000, 70 (9): 758-762.

[143] Tang B, Kong J Y, Wang X D, et al. Steel strip surface defects detection based on mathematical morphology [J]. Journal of Iron and Steel Research, 2010, 22: 56-59.

[144] Cohen F S, Fan Z, Attali S. Automated inspection of textile fabrics using textural models [J]. IEEE Transactions on Pattern Analysis & Machine Intelligence, 1991 (8): 803-808.

[145] Ke X. Application of Fraction Dimensions Based on the Optimized Scale to Classification of Surface Defects on Hot-Rolled Steel Strips [J]. Metallurgical Equipment, 2008.

[146] Liao M L M, Qin J Q J, Tan Y T Y. Texture classification and segmentation using simultaneous autoregressive random model [M]. 1992.

[147] 周正杰,王润生. 基于轮廓的形状特征提取与识别方法 [J]. 计算机工程与应用, 2006, 42 (14): 92-94.

[148] Wang Y, Sun Y. Object detection based on shape feature of combined regions [J]. Dianzi Yu Xinxi Xuebao/Journal of Electronics and Information Technology, 2011, 33 (12): 2894-2901.

[149] 徐衍鲁. 基于颜色特征的图像检索技术综述 [J]. 电脑知识与技术, 2017 (13).

[150] Cheeseman P, Kelly J, Self M, et al. Autoclass: A Bayesian classification system [C]. Mac-hine Learning Proceedings 1988. Morgan Kaufmann, 1988: 54-64.

[151] Mensink T, Verbeek J, Perronnin F, et al. Distance-based image classification: Generalizing to new classes at near-zero cost [J]. IEEE Transactions on Pattern Analysis and Machine Intelligence, 2013, 35 (11): 2624-2637.

[152] Sánchez J, Perronnin F, Mensink T, et al. Image classification with the fisher vector: Theory and practice [J]. International Journal of Computer Vision, 2013, 105 (3): 222-245.

[153] Huang K, Li S, Kang X, et al. Spectral-spatial hyperspectral image classification based on KNN [J]. Sensing and Imaging, 2016, 17 (1): 1.

[154] Wang J, Yang J, Yu K, et al. Locality-constrained linear coding for image classification [C]. 2010 IEEE Computer Society Conference on Computer Vision and Pattern Recognition. IEEE, 2010: 3360-3367.

[155] Nedeljkovic I. Image classification based on fuzzy logic [J]. The International Archives of the Photogrammetry, Remote Sensing and Spatial Information Sciences, 2004, 34 (30): 3-7.

[156] Jothi G. Hybrid Tolerance Rough Set-Firefly based supervised feature selection for MRI brain tumor image classification [J]. Applied Soft Computing, 2016, 46: 639-651.

[157] Kanellopoulos I, Wilkinson G G. Strategies and best practice for neural network image classification [J]. International Journal of Remote Sensing, 1997, 18 (4): 711-725.

[158] Lin Y, Lv F, Zhu S, et al. Large-scale image classification: Fast feature extraction and SVM training [C] //CVPR 2011. IEEE, 2011: 1689-1696.

3 机器视觉系统的原理及组成

一般的机器视觉系统包括成像单元、通信传输单元、数据处理单元、采集控制单元、算法处理单元、软件显示单元等，本章将对机器视觉技术的概念、常见架构以及核心器件工业相机和光源进行介绍。其中机器视觉常见架构以表面质量在线检测系统为例，详细介绍其硬件系统、软件系统、成像系统等各部分的设计思路和理念。

3.1 机器视觉技术

3.1.1 机器视觉技术

美国制造工程师协会（Society of Manufacturing Engineers，SME）机器视觉分会和美国机器人工业协会（Robotic Intutries Association，RIA）自动化视觉分会对“机器视觉”的定义为：“机器视觉是通过光学的装置和非接触的传感器自动接收和处理一个真实物体的图像，以获得所需信息或用于控制机器人动作的装置。”

机器视觉分为被动机器视觉和主动机器视觉。被动机器视觉系统接收场景发射或反射的光能量，从而形成场景的光能量分布函数（即灰度图像），并在此基础上获取场景信息。被动机器视觉包括光度立体，由明暗、纹理、运动等恢复形状，立体成像（双目成像、多目成像等）等。主动机器视觉系统首先向场景发射能量，然后接收场景对所发射能量的反射能量，通过能量比较获取场景信息。主动机器视觉包括结构光技术、成像雷达、变焦测量技术、全息干涉技术、莫尔阴影技术、主动三角测量、Fresnel 衍射技术等。

机器视觉是一个发展十分迅速的研究领域，随着 20 世纪 80 年代以来计算机技术和超大规模集成电路的迅猛发展，机器视觉已经成为当前计算机科学领域中最为重要的组成部分。据估计，全世界机器视觉市场价值超过 50 亿美元。在 1996—2001 年的 5 年间，该市场规模增长了 2 倍，近两年更是以两位数的速度继续增长；欧洲市场在 1996—2001 年间税收增长了 17. 3%，已安装的系统器件增长了 35. 3%。工业图像处理部门的年增长率大约为 20%。

机器视觉系统的优点包括以下几点：

(1) 非接触测量。由于这种测量属于非接触式测量，所以可对不可接触物体和脆弱部件进行精确测量，同时检测器件由于没有磨损使维护费用大大减低。

(2) 检测精度高。由于可以采用具有较宽光谱响应范围的成像器件，故能够获取人眼无法获得的非可见光区图像，同时对于高速生产的情况，采用缩短曝光时间、增大光圈、调整光源等手段可以使原来无法实现的高速在线检测得以可靠的运行。

(3) 工作连续性。采用人工目测的方法无法满足现代工业连续化生产的要求，而且容易造成操作人员的疲劳，从而使检测效果大大下降；而设计合理、性能优良的视觉系统可以全天候不间断地进行检测工作。

(4) 成本效率高。随着计算机和成像设备硬件价格的快速下降，机器视觉系统成本效率将越来越高。一套价值10000美元的视觉系统可以轻松完成3个检测操作工的工作，同时在运行过程中操作和维护费用很低。如果每个检测工人按照每年2000美元工资计算，可以明显地发现，机器视觉系统远比人工检测更划算。

机器视觉技术是实现仪器设备精密控制、智能化、自动化的有效途径，称为现代工业生产的“机器眼睛”。经过近30年世界各国专业人员和工业企业的共同推动，目前机器视觉已经在很多领域得到了广泛的应用，例如：电子半导体芯片的测量加工、PCB装配，制药行业的药品生产质量控制、药品形状厚度在线测量、药品生产计数，工业包装过程中的外观完整性检测、条码识别、生产日期及密封性能检测，汽车制造及机械加工行业的零部件外形尺寸检测、装配完整性检测、部件定位识别与安装控制，印刷行业中的印刷质量检测、印刷对位、字符识别，食品饮料生产中的液位高度检测、外观检测；医疗领域的血液分析、细胞分析等。

钢铁工业作为我国国民经济的支柱行业，近年来行业规模和产品发展迅速，生产技术与装备都有了长足的进步。但由于受钢铁工业生产环境恶劣和生产速度快等制约，机器视觉技术在钢铁企业中仅得到了部分的应用。随着我国钢铁工业现代化步伐的加快，从生产控制到质量检测等一系列环节需要更加先进的现代科学理论与技术手段来提升整体科技水平，方兴未艾的机器视觉技术将在其中发挥更加重要的作用。

3.1.2 钢铁行业应用历程

伴随着20世纪70年代CCD技术的问世和计算机技术的飞速发展，机器视觉技术在工业无损检测领域迅速推广普及，并在金属板带表面在线检测领域得到应用。德国、美国、日本相继出现了基于这一技术的表面在线检测系统，如德国Parsytec公司的HTS系统、美国Cognex公司的SmartView系统以及日本NKK的Delta-eye系统等。德国Parsytec公司于1997年在韩国浦项制铁安装了第一套表面检测系统 HTS-2，该系统采用多台面阵 CCD 摄像机同步采集和图像拼接方式，并采用明场、暗场混合光源模式，使检测分辨率达到 0. 5mm×0. 5mm，检测速度达到 350m/min，缺陷识别准确率达到 85%。美国 Cognex 公司于 1996 年研制了 Smartview 表面检测系统，通过应用机器学习方法自动设计优化的分类器实现了缺陷分类，由于采用了线扫描技术，该系统在宽度方向上的分辨率可以达到 0. 23mm。2003 年日本 NKK 公司研究了 Delta-eye 表面检测系统，在 Fukuyama 工厂安装，该系统采用了偏振光技术检测表面缺陷，分辨率达到 0. 25mm×3. 0mm，速度为 210m/min。

2005 年，Parsytec 公司提出了一种基于“Dual Sensor”的双传感器检测系统，该系统包含有两套摄像机系统：一套为面阵摄像机，照明采用漫射光；另一套为线阵摄像机，照明采用平行光。用漫射光与面阵相机的结合检测叠合和边缘缺陷，用平行光与线阵相机的结合检测斑痕等缺陷。该系统充分利用面阵 CCD 与线阵 CCD 的优点，并在照明技术和图像传感器实现方面做了改进，发挥了平行光照明和漫射光照明的优势，并将之与线阵 CCD 与面阵 CCD 的特点结合。Parsytec 公司的这一理念为表面检测指明了一个方向，那就是采用多种照明和传感手段的组合同时进行缺陷的检测，充分发挥不同照明方式和传感手段的优势，从而达到对不同类型缺陷的有效检测。

国内对于金属板带表面检测的研究虽然起步较晚，但最近几年发展很快，并且取得了不少成果。天津大学开发了基于线阵 CCD 摄像机和大规模现场可编程逻辑芯片（FPGA）技术的表面检测系统。哈尔滨工业大学利用高速线阵 CCD 在过渡照明场条件下采集图像，并将灰度补偿等图像预处理算法和 Boosting 多分类器组合。东北大学颜云辉教授带领的课题组针对图像中存在的低对比度及微小缺陷，提出一种基于人类视觉注意机制的带钢表面缺陷检测方法，该方法可准确检测出缺陷区域，而且检测速度快。该课题组还将多体分类模型和版图分类法应用于缺陷的自动识别，在提高缺陷识别的准确率方面做了很好的工作。重庆大学对铸坯表面缺陷三维量化的实时检测进行了研究，提出了采用激光扫描方法进行连铸坯表面缺陷的三维量化检测，并研究了激光线条的成像、边缘提取以及深度提取方法，为连铸坯表面缺陷的无损检测提供了一条途径。

北京科技大学是国内较早进行金属板带表面在线检测的研究单位之一，目前已经开发了连铸坯、中厚板、热轧带钢、冷轧带钢、铝带等产品的表面检测系统，实现了金属板带生产全流程表面质量在线监测，应用于 80 余条生产线。2002 年采用面阵 CCD 摄像机在暗场照明的条件下实现了冷轧带钢表面划痕、折印、锈斑、辊印等缺陷的检测；2006 年采用面阵摄像机和频闪氙灯实现了中厚板表面裂纹、麻点、结疤、夹杂等缺陷的检测；2008 年采用线阵 CCD 摄像机和激光线光源实现了热轧带钢表面常见缺陷的检测；2009 年采用线阵 CCD 摄像机和绿色激光线光源实现了连铸坯表面裂纹等缺陷的检测，可用于表面近1000℃的高温铸坯表面在线检测；2010年采用线结构光方法对钢轨表面缺陷进行了三维量化检测，在钢轨运行方向上的检测分辨率为2mm。

根据以上分析，基于CCD的机器视觉表面检测技术今后的发展趋势有以下几个方面：

（1）设计合适的检测光路。按照光学原理，结合各种光源的应用范围、光照特点，设计合适的光学和照明系统，增加背景和目标的对比度，去除光照不均等不利因素的影响，对于提高图像的采集质量，突出细微缺陷的特征等有重要意义。

（2）采用高速图像采集装置。要获得高质量的采集图像，保证图像的高清晰度和高分辨率，就必须运用图像在线高速采集技术，以与高速运行的生产线相匹配，满足运动物体表面图像在线高速采集的要求。

（3）开发有效的检测算法。要最终能准确检测出各类缺陷并正确分类，获得对表面缺陷的高识别率和低误警率，开发出实时高效的缺陷检测和识别算法十分必要。应根据检测对象的特点，提取独特性强的特征作为识别依据，并开发高效图像处理和模式识别算法，以应对数据量大、实时检测等要求。

（4）结合其他检测方法。要获得检测对象的多方面信息，不应局限于一种检测方法。应融合各种有效的无损检测方法，并结合激光检测、三维检测等技术，同时获取缺陷信息的二维和三维信息，以更全面地掌握缺陷的特征，提高缺陷的检出率。

3.2　机器视觉技术常见架构

基于机器视觉的检测系统设计方案制定是系统开发的一个关键内容。由于表面质量检测系统的特殊要求，因此需要在做总体设计时加以特殊考虑。本节首先根据所采用的检测原理及现场生产线的实际情况提出系统的总体设计方案，介绍系统的总体框架；同时，对系统的各个组成部分进行较详细的介绍，并且对系统的硬件系统及系统的软件流程作详细的介绍。

3.2.1　系统总体框架

如图3-1所示，表面缺陷检测系统是由上下表面检测单元、并行计算机处理系统、服务器、控制台组成。

上下表面检测单元中包括光源和摄像机，用来获取带钢表面的图像信息，并且把运动状态的带钢数据传送到并行计算机处理系统来进行处理。该处理系统由多台客户机组成，每台客户机与单独的一台相机相连，接收并处理该相机传送的

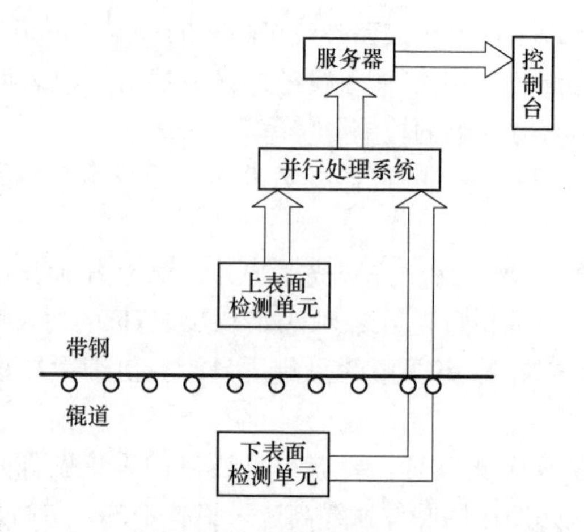

图 3-1 表面检测系统的结构

数据，从而保证每个摄像头采集的图像可以由单独的计算机进行处理，这样就实现了多台计算机对图像的并行处理，从而提高系统的数据处理能力。如遇带钢表面质量异常时，系统就会将图像保存到缓冲区内等待进一步处理，通过采用图像处理和模式识别技术，自动识别带钢上下表面缺陷，并按照系统定义的分类，将缺陷归类至其所属类型，根据其严重程度，采取不同的报警措施。所有的图像处理和模式识别过程都在客户机中完成。

并行计算机处理系统对图像进行处理和分析后，就把得到的处理结果即缺陷信息传给服务器。因为如果某些缺陷较大的话，很有可能分布在不同相机采集的图像中，因此，服务器需要对这些结果进行合并，从而得到整个带卷的缺陷分布情况，以便对带卷的表面质量进行总体评价；同时，服务器还将带卷的缺陷分布情况保存在数据库中，以便存档和将来的使用。

服务器与多台控制台终端相连，用来显示和记录带钢的缺陷图像和数据。表面检测系统通过带钢生产线自动化系统和过程计算机控制系统，获取带钢的代码、状态、钢种、速度、宽度和长度等数据，结合表面质量检测结果，最终形成每卷带钢完整的质量信息。

3.2.2 硬件设计

由检测系统的总体结构图 3-1 可知，带钢表面缺陷检测系统的硬件框架主要由照明设施即光源、CCD 摄像头、图像处理计算机、服务器及局域网等组成，而光源和 CCD 相机的选择尤为重要，将直接影响系统的最终性能。

3.2.2.1 相机的选择

线阵 CCD 摄像机在表面检测中应用比较广泛，由于线阵 CCD 摄像机采用线扫描的方式，不需要在带钢运动方向上的大的采集空间，因此，如果在带钢表面缺陷在线检测中用线阵 CCD 摄像机进行图像采集，则可以避免面阵 CCD 摄像机需要拆辊、安装挡板及头部不能检测等问题。

3.2.2.2 光源的选择

相机是通过采集从钢板表面反射过来的光来获取钢板表面图像的，而仅仅依靠反射的自然光来获取图像很难满足后续处理的要求。理想的钢板表面图像应该是背景图像的光强分布均匀，并且缺陷区域与背景图像在灰度级上有明显的区分。这样的图像对于后续的表面缺陷检测过程非常有利，可以减少算法的复杂度，并提高缺陷的检出率。

采用线阵 CCD 摄像机作图像采集设备需要有特殊的光源提供照明，这种光源必须是高频的或连续工作的，目前连续工作的光源有荧光灯、卤素灯等，但是由于中厚板表面温度很高，光源的位置与钢板表面的距离很远才能保证光源正常工作，这些光源没有聚光的作用，距离越远，光源的照度就越低，达不到照明效果。

激光具有良好的聚光性，一般的激光光源是点光源，为了用于线阵 CCD 摄像机的照明，需在激光点光源前加一柱面镜，将点光源扩散成线光源。由于这种光源的能量集中，并且具有良好的单色性，故适用于热态金属表面的检测。但是由于激光线光源发散角太小，对于表面光洁度相对较好的中厚板容易造成反光现象，所以中厚板表面检测一般不用激光光源。

检测系统采用的是高强亮度、绿色、水冷 LED 光源，为 CCD 摄像机提供照明，其波段处于可见光范围内，是一种和 X 射线有极大区别的、对人体没有有害辐射的光。LED 是英文 light emitting diode（发光二极管）的缩写，是一种能够将电能转化为可见光的半导体，它改变了白炽灯钨丝发光与节能灯三基色粉发光的原理，而采用电场发光。它的基本结构是一块电致发光的半导体材料，置于一个有引线的架子上，然后四周用环氧树脂密封，起到保护内部芯线的作用，所以 LED 的抗震性能很好。LED 的实质性结构是半导体 PN 结，核心部分由 P 型半导体和 N 型半导体组成的晶片，在 P 型半导体和 N 型半导体之间有一个过渡层，称为 PN 结。其发光原理可以用 PN 结的能带结构来做解释。制作半导体发光二极管的半导体材料是重掺杂的，热平衡状态下的 N 区有很多迁移率很高的电子，P 区有较多的迁移率较低的空穴。在常态下及 PN 结阻挡层的限制，二者不能发生自然复合，而当给 PN 结加以正向电压时，由于外加电场方向与势垒区的自建电场方向相反，因此势垒高度降低，势垒区宽度变窄，破坏了 PN 结动态平衡，产生少数载流子的电注入。空穴从 P 区注入 N 区，同样电子从 N 区注入到 P 区，注入的少数载流子将同该区的多数载流子复合，不断地将多余的能量以光的形式辐射出去。

LED 光源的特点非常明显，寿命长、光效高、无辐射与低功耗。LED 的光谱几乎全部集中于可见光频段，其发光效率可达 80%～90%。具体特点表现在以下几方面。

（1）电压：LED 使用低压电源，供电电压一般在 6～24V 之间，根据产品不同而异，所以它是一个比使用高压电源更安全的电源，特别适用于公共场所。

（2）效能：消耗能量较同光效的白炽灯减少 80%。

（3）适用性：LED 体积很小，每个单元 LED 颗粒是 3～5mm 的正方形，因此可以制备成各种形状的器件，并且可根据不同的环境进行定制，所以 LED 光及其适合于易变的环境。

（4）稳定性：在保证正常工作温度下，每天 24 小时使用，LED 寿命可达 5 年。根据使用情况和各种 LED 的光衰性，使用 5 年后光衰在 50%左右，比如初始亮度为 18000Lux，5 年后可能亮度仅为 9000Lux，现场应用根据实际使用情况以及光衰情况而定。

（5）响应时间：其白炽灯的响应时间为毫秒级，LED 灯的响应时间为纳秒级。

（6）对环境污染：无有害金属汞，也无辐射，对人体没有放射性危害。

（7）颜色：改变电流可以变色，发光二极管可方便地通过化学修饰方法，调整材料的能带结构和带隙，实现红黄绿蓝橙多色发光。如小电流时为红色的 LED，随着电流的增加，可以依次变为橙色、黄色，最后为绿色。本系统使用红色 LED 光，可进行功率调整其亮度。

（8）成本：LED 由于其稳定性和寿命长等特点，综合使用成本较常见白炽灯、氙灯、激光等光源要低，所以非常具有工业应用价值。

3.2.3 软件设计

软件设计是系统的关键。系统在线检测时，需要对数据进行实时处理，这就意味着要求整个系统处理具有实时性和快速性。针对数字图像信息量非常庞大的特点，带钢表面缺陷检测系统不仅要采用高性能的硬件来保证实时数据处理能力，同时在软件设计上也需要采用特殊的方法，考虑运算方式和运算速度，简化图像识别算法，以保证系统实时数据处理能力。

图 3-2 所示为系统的软件流程。可以看到，数字化后的图像需要经过 4 个步骤进行处理：目标检测、图像分割、特征提取和缺陷分类。

为了满足系统实时检测的要求，对于每幅传送到客户机的图像，图像数字化和目标检测这两个步骤都需要实时完成。由于在目标检测步骤中检测到有缺陷存在的图像已经被保存到缓冲区中，因此只要缓冲区不溢出的话，系统可以随时从

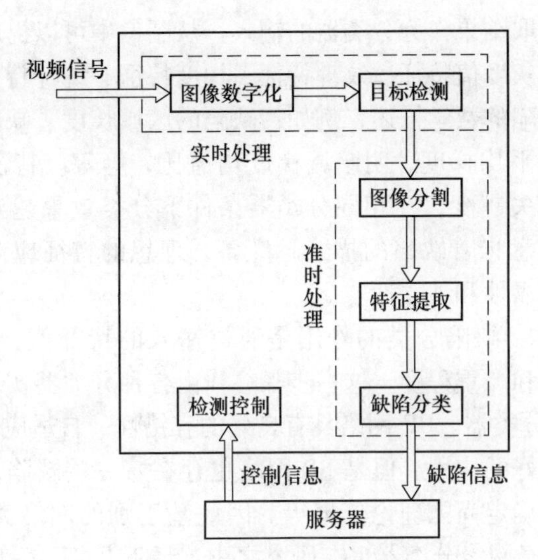

图 3-2 系统的软件流程

缓冲区中取出这些图像，对它们进行后面三个步骤的处理。因此后面三个步骤可以在计算机 CPU 有空闲的时候执行，这种方式称为“准时处理”方式。通过“实时处理”和“准时处理”两种方式，就可以保证系统的实时检测功能。下面讨论每个步骤中所用到的算法。

(1) 目标检测：目标检测的作用是检测图像中是否存在着可疑区域。由于采集到的图像往往存在着噪声，因此这个步骤中需要用到去噪处理。由于这个步骤需要实时完成，因此不能采用复杂的算法，而且这里的算法必须加以优化。如果采集到的图像可能存在缺陷，则图像存入缓冲区，以便进行下一步处理；如果没有缺陷，则不保存这幅图像。这一过程需要处理摄像机采集的所有图像，计算量很大，因此也不能采用复杂的算法，在算法设计时，应特别考虑系统的实时需求。另外，目标检测又是后面图像处理的基础，因此结果务必准确。在检测系统中，如果一幅图像中存在超过一定数量的异常点，则认为该图像中存在缺陷，这样既可以减少计算量又可以尽量避免漏检。图像异常点的判据取决于该像素灰度值与图像灰度均值的差和该像素梯度值与图像梯度均值的差。

(2) 图像分割：图像分割的作用是找出缺陷所在的区域，即对缓冲区的图像进行分析处理，确定图像中每个缺陷的位置，并分析每个缺陷的相邻区域以确定哪些缺陷可以合并为一个缺陷。图像分割有两种比较常用的方法，一种是边缘提取方法，另外一种是区域增长方法。目前，采用的是基于数学形态学的图像边缘提取方法，研究结果表明，基于数学形态学的边缘提取方法得到的结果要好于其他的边缘提取方法。

(3) 特征提取：特征提取的目的是计算缺陷的特征值，以便用于对缺陷的分类，即将特征提取结果作为分类器的输入。从图像中可以提取出多种类型的特征值：几何特征、灰度值特征、纹理特征、梯度特征、统计特征等，这些特征实际上是带钢表面缺陷的数学描述，例如：缺陷的区域长度、缺陷区域宽度、缺陷方向、平均灰度、平均梯度、明暗域梯度均值比，等等。特征的数学描述越完备，图像的信息丢失越少，在相同分类器条件下分类效果越好。但值得注意的是，特征越多并不意味着缺陷的描述越完备，理想的特征应该具有以下几个特点：可区别性、可靠性和独立性。

（4）缺陷分类：缺陷分类的作用是通过输入的特征值，对缺陷进行分类，以确定缺陷的类型和严重程度。这一步骤往往由各种分类器实现。目前较常用的是基于 BP 网络的分类器。BP 网络具有良好的容错性、自适应性和鲁棒性，在模式识别中得到了很好的应用。但是 BP 网络也存在着一些缺陷，如局部最小、学习时间长、参数的确定尚无理论依据等。因此基于别的网络类型，如 LVQ 网络和 ART2 网络的神经网络分类器也在研究之中。最近几年，深度学习方法受到了越来越多的关注，并且显露出了它自身的优越性，主要体现在简单高效上。分类器分类的结果将被送入服务器的数据库进行进一步数据处理。

3.3　工 业 相 机

摄像机是系统的关键设备，目前在工业检测领域基本采用 CCD 和 CMOS 摄像机。CCD 和 CMOS 是一种半导体器件，能够把光信号转化为电信号，CCD 和 CMOS 上植入的微小光敏物质被称作像素（Pixel）。CCD 和 CMOS 上包含的像素数越多，其提供的画面分辨率也就越高。CCD 和 CMOS 的作用就像胶片一样，但它是把光信号转换成电荷信号。CCD 和 CMOS 上有许多排列整齐的光电二极管，能感应光线并将光信号转变成电信号，再经外部采样放大及模数转换电路转换成数字图像信号。

3.3.1　工业相机的分类

根据所接受的光谱及结构的不同，工业相机可以按以下两种方法分类[1]。

（1）按光谱分类。根据 CCD 相机采集波段的不同，可将其分为紫外、可见光、红外 CCD 三类。

1）可见光 CCD。可见光的光谱波段范围为 380~780nm，可见光的 CCD 能够感应到的波长范围为可见光的波长范围。常见的 CCD 有黑白 CCD 及彩色 CCD 两种。

2）紫外 CCD。紫外 CCD 光谱的波段范围为 100~380nm。

3）近红外 CCD。光谱波段范围为 780~3000nm（3μm）。

（2）按结构分类。CCD 按照结构可分为两大类，即线阵 CCD 和面阵 CCD。线阵 CCD 的光敏元排列为一行，主要用于扫描仪和传真机等；面阵 CCD 的象元排列为一个平面，它包含若干行和列的结合，主要用于数码相机、空间摄像机等。

1）线阵 CCD：典型的线阵 CCD 芯片的结构如图 3-3 所示。它是由一列光敏阵列和与之平行的两个移位寄存器组成。该器件的转移栅将光敏区和存储区分开，通过转移栅的控制可以同时将一帧图像所对应的电荷由光敏区转移到存储区。线阵 CCD 器件由阵列光敏元曝光一定时间后在相应驱动脉冲作用下，信号电荷转移至移位寄存器，由移位寄存器一位一位地将其输出，从而得到所需的光电信息。最早的线阵 CCD 是单排结构，位数较低，采用两列移位寄存器的优点是光敏单元具有较高的封装密度，转移次数减少一半，可提高转移效率，改善图像传感器性能。

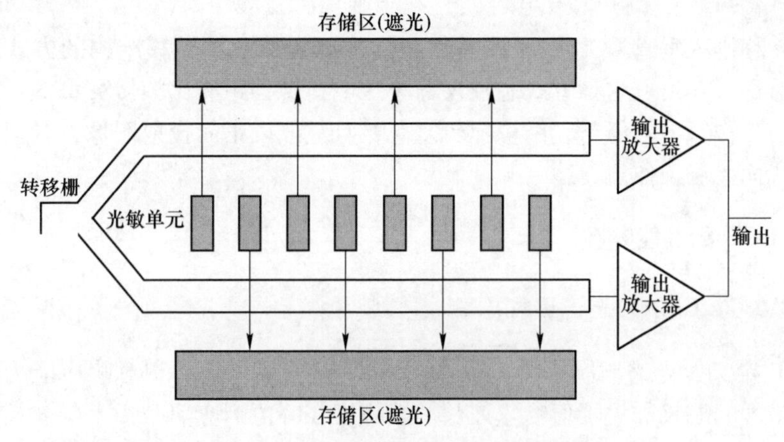

图 3-3 典型的线阵 CCD 芯片结构示意图

2）面阵 CCD。常见的面阵 CCD 基本类型有两种，即帧转移型 FTCCD 和行间转移型 ILTCCD。

图 3-4（a）所示为 FTCCD 结构示意图，包括光敏区、存储区、水平寄存器和读出结构。其光敏区和存储区是分开的，存储区的作用是防止光敏区积分后，电荷包向水平读出寄存器转移过程中，光像继续投射在光敏区，从而使电荷包产生拖影。在光照积分周期结束时，FTCCD 利用时钟脉冲将整帧信号转移到存储区，整个帧的信号再向下移动，进入水平读出移位寄存器而串行输出。这种结构需要一个与光敏区同数量的存储区，芯片尺寸大是其缺点。但单元结构简单，容易实现多象元化，还允许采用背面光照来增加灵敏度。

图 3-4（b）所示为 ILTCCD 结构示意图，其光敏阵列与存储区阵列交错排列。光敏阵列采用透明阵列，以便接受光子照射。垂直存储移位寄存器与水平读出寄存器为光屏蔽结构。光敏元在积分期内积累的信号电荷包，在转移栅控制下

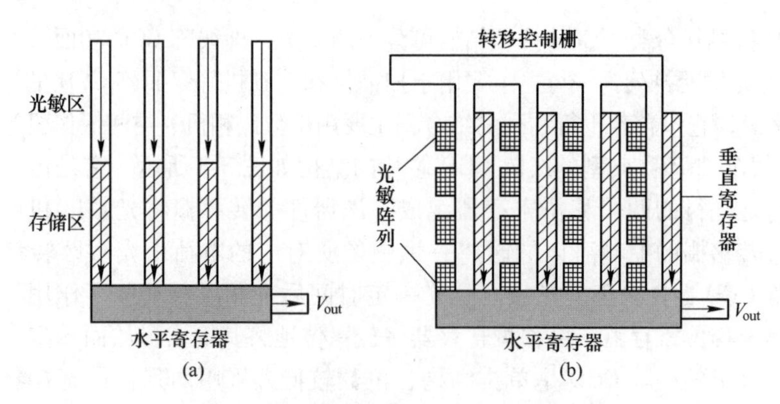

图 3-4　典型的面阵相机芯片结构示意图

(a) FTCCD; (b) ILTCCD

水平地转移进入垂直 CCD 中，然后每帧信号以类似于帧转移结构的方式进入读出寄存器逐行读出。这种方式芯片尺寸小，电荷转移距离比帧转移型短，故具有比较高的工作频率；但单元结构比较复杂，且只能以正面投射图像，背面照射会产生串扰而无法工作。

3.3.2　CCD 的性能参数

3.3.2.1　CCD 的光谱响应范围

（1）定义：光谱响应特性表示 CCD 对于各种单色光的相对响应能力，其中响应度最大的波长称为峰值响应波长。响应度在峰值响应 50%以上的波长范围称为光谱响应范围。

（2）影响因素：多晶硅电极对紫外线有强烈的吸收，因此，通常工艺的 CCD 器件存在紫外“QE（量子效率）凹陷”。CCD 器件的光谱范围基本上是由使用的材料性质决定的，但也与器件的光敏元结构和所选用的电极材料密切相关。

（3）范围：目前大部分 CCD 器件的光谱响应范围在 400~1100nm。

（4）光谱响应特性曲线。

重点关注，在确定某一温度下的峰值响应波长后，该 CCD 的光谱响应处于最佳状态或者大于 50%~60%。当光谱响应的 Relative Response 为 50%时，此处的响应波长即为该 CCD 光谱检测的界限，则该 CCD 所能检测的波长检测上限为此处的波长；反之，为下限。

3.3.2.2　CCD 器件的噪声

CCD 器件的噪声主要有散粒噪声、暗电流噪声和 KTC 噪声，另外还存在低频噪声和宽带白噪声。

（1）散粒噪声。光注入光敏区产生信号电荷的过程可看作独立、均匀连续发生的随机过程；单位时间内光产生的信号电荷数目并非绝对不变，而是在一个平均值上作微小波动，这一微小的起伏便形成散粒噪声。散粒噪声的一个重要性质是与频率无关，在很宽的频率范围内都有均匀的功率分布，通常又称为白噪声。

（2）暗电流噪声。暗电流是一个随机过程，因而也成为噪声源。而且，若每个 CCD 单元的暗电流不一样，就会产生图形噪声。暗电流产生的噪声可以分为两部分：其一是由耗尽层热激发产生，这是一种随机过程，可用泊松分布描述；其二，暗电流产生的最为严重的是复合——产生中心非均匀分布，特别在某些单元位置上缺陷密集而形成暗电流尖峰。

（3）KTC 噪声。KTC 噪声只存在于采用电流型输出和浮置栅扩散放大器输出两种形式的器件中。KTC 噪声的均方值等于 KTC，其中 K 为玻耳兹曼常数，T 为绝对温度，C 为扩散区等效电容，故得名。

噪声的存在严重影响了 CCD 输出信号的准确性，所以在对精度要求较高的情况下要尽量抑制噪声，提高信噪比。为了提高信噪比，需要对 CCD 的各种噪声进行有针对性的抑制措施。

（1）对于散粒噪声，可应用传统的基于傅里叶变换的信号去噪声方法，在处理信号和噪声的频带重叠部分较小时，可以使信号在频域内通过，而噪声不通过，起到滤除噪声的作用；但当信号和噪声的频带重叠部分很大时，这种方法就无能为力了。一种更好的方法是利用小波理论构造一种既能降低图像噪声，又能保持图像细节信息的算法。这种方法需要使用 DsP（Digiatlsingal Proeessing）芯片或计算机进行处理。

（2）对于暗电流噪声，对于各像元暗电流平均的 CCD 来说，如果在像元阵列的起始处有少量哑元（被遮盖着，不对景物曝光，但仍有暗电流产生），则对其输出信号采样存储，并与后续有效像元的输出信号采样值相减以去除暗电流噪声。但必须保证两次采样的积分时间和温度相同。对于含有暗电流尖峰的 CCD，由于尖峰总是出现在固定的像元位置，因此，可以预先记录其位置及大小，每次采样到这个像元时，与其相减即可去除暗电流尖峰。由于暗电流与电荷转移时间成正比，故需要尽量减小 CCD 的电荷转移时间。另外，在应用中可对器件采取制冷措施，当温度降到-30～-50℃时，暗电流噪声就小到无足轻重的程度了。

（3）对于 KTC 噪声，可采用相关双采样 CDS（Eorrelated Double Sampling）技术，它不仅可以较好地滤除 KTC 噪声，而且对低频噪声（$1/f$ 噪声）也有一定的滤除作用，因此广泛地用于 CCD 图像传感器输出视频信号电路中。在 CDS 理论的基础上还发展了微分采样法、反射延迟法和相关四采样法等。

（4）在电路工艺上，可通过增加直流电源的滤波，消除来自电源的干扰；缩短驱动电路与 CCD 器件的连线，降低时钟感应造成的尖峰干扰；数字电路与模拟电路分开，减少来自地线的干扰；采用三阶滤波电路滤除高频噪声。

3.3.2.3 CCD 器件的动态范围

（1）定义：动态范围 D_R 定义为饱和曝光量与信噪比等于 1 时的曝光量之比。但是，这种定义方式不容易计算，一般采用饱和输出电压与暗信号电压之比代替，即

$$D_R = \frac{V_{SAT}}{V_{DARK}}$$

式中 V_{SAT} ——CCD 的饱和输出电压；

V_{DARK} ——CCD 没有光照射时的输出电压（暗信号电压）。

（2）范围：大多数线阵 CCD 的动态范围在 250~2000 之间，少数超过这一范围（例如 RL1024D 的动态范围为 13000）。然而，不能简单看待 CCD 器件的动态范围，因为所给出的是 CCD 处理电荷的动态范围。由于 CCD 器件是累积型器件，故对光信号而言，它的动态范围可以通过改变积分时间加以扩展。

3.3.2.4 感光度

感光度是表示在多暗的状态下能够进行摄像的基准。决定 CCD 图像传感器感光度的要素有很多，不过从整体来看，如何将进入图像传感器的光有效地转换成信号才是最重要的。因此，影响感光度的主要要素主要有下面几个方面：光电二极管的量子效率、微镜头、FD 的转换效率。

3.3.2.5 灵敏度

灵敏度是 CCD 重要的参数之一，它有两种意义：一种是表示光电器件的光电转换能力。对于给定芯片尺寸的 CCD 来说，其灵敏度可用光功率所产生的信号电流来表示，单位可为纳安/勒克斯（nA/lx）、伏/瓦（V/W）、伏/勒克斯（V/lx）、伏/流明（V/lm）。勒克斯（lx）是光度学中辐射能流密度的单位，其转换式为：$1W/m^2 = 20lx$。

另一种是指器件所能传感的最低辐射功率（或照度），与控测率的意义相同。单位用瓦（W）或勒克斯（lx）表示。

3.4 光　　源

光源是机器视觉系统中的重要组成部分，光源一般是指能够产生光辐射的辐

射源，一般分为天然光源和人工光源，天然光源是自然界中存在的辐射源，如太阳、天空、恒星等；人工光源是人为将各种形式的能量（热能、电能、化学能）转化成光辐射能的器件，其中利用电能产生光辐射能的器件称为电光源[2]。

辐射效率和发光效率在给定波长范围内，某一发光源发出的辐射通量与产生这些辐射通量所需要的电功率比，称为该光源在规定光谱范围内的辐射效率，其表达式为：

$$\eta_e = \frac{\Phi_e}{P} = \frac{\int_{\lambda_2}^{\lambda_1} \phi_e(\lambda)\,d\lambda}{P}$$

在机器视觉系统设计中，在光源的光谱分布满足要求的前提下，应尽可能选择 η_e 较高的光源。

某一光源所发出的光通量与产生这些光通量所需的电功率之比，称为光源的光效率，即：

$$\eta_v = \frac{\Phi_v}{P} = \frac{K_m \int_{380}^{780} \phi_e(\lambda) V(\lambda)\,d\lambda}{P}$$

η_v 的单位为 lm/W（流明每瓦）。在照明域或光度系统中，一般应选用 η_v 较高的光源。

自然光源和人造光源大都是由多单色光组成的复合色光。不同的光源在不同的光谱上辐射出不同的光谱功率，常用光谱功率分布来描述。若令其最大值为1，将光谱功率进行归一化，那么经过归一化后的光谱功率称为相对光谱功率分布。常见的有 4 种典型的分布，如图 3-5 所示。

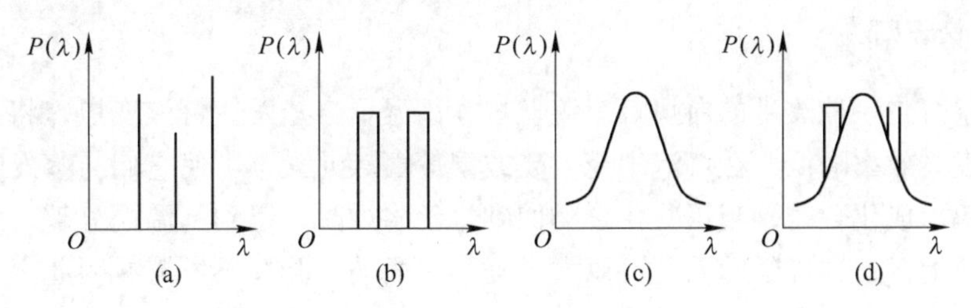

图 3-5　相对光谱功率分布

图 3-5（a）所示为线状光谱，由若干条明显分隔的细线组成，如低压汞灯等；图 3-5（b）所示为带状光谱，由一些分开的谱带组成，每一谱带中又包含许多细谱线，如高压汞灯、高压钠灯等；图 3-5（c）所示为连续光谱，图 3-5（d）所示是混合光谱，由连续光谱与带状光谱混合而成，如荧光灯。

为了创造良好、稳定的观察和测量条件，人们制造了多种人工光源，按发光机理，人工光源一般可以分为以下几类，见表 3-1。

表 3-1 人造光源

发光机理	光 源 类 型
热辐射光源	白炽灯、卤素灯、黑体辐射器等
气体放电光源	汞灯、荧光灯、钠灯、氙灯、金属卤化物、空心阴极灯等
固体发光光源	场致发光二极管、发光二极管、空心阴极灯等
激光器	气体激光器、固体激光器、染料激光器、半导体激光器等

3.4.1 钨丝白炽灯

普通白炽灯是由熔点高达 3600K 的钨丝制成的灯丝、实心玻璃、灯头、玻璃壳构成。灯丝是白炽灯的关键部分，一般由钨丝绕制成单螺旋形或双螺旋形。白炽灯的供电电压决定钨丝的长度，供电电流决定灯丝的直径。为使白炽灯产生的光通量按预期的空间分布，可以将钨丝制成直射状、环状或锯齿状。锯齿状可布置成平面、圆柱形或圆锥形；也有用钨丝片制成的带状钨丝灯，形成射状光源。钨丝由实芯玻璃和钼丝钩做成的支架来支撑，再通过金属导丝与外电源连接。玻璃壳采用普通透明玻璃，形状和尺寸由采用的冷却条件或特殊要求决定。有时把透明的玻璃壳表面加以腐蚀（磨砂），或采用具有散光性强的乳白玻璃制成，以获得均匀发射且亮度较低的白光。为防止高温将钨丝氧化，必须把玻璃壳抽成真空。对于功率大于 40W 的白炽灯，玻璃壳内填充惰性气体，以减少钨丝蒸发，延长灯的寿命。另外，钨丝白炽灯在稳定的电压作用下发出稳定的光辐射。为此，对要求稳定性很高的光源，常采用稳定的电流源供电。

3.4.2 卤素灯

卤素灯是一种改进的白炽灯。钨丝灯在高温下会蒸发使灯泡变黑，将会使白炽等的发光效率降低，在灯泡中充入碘或溴等卤族元素，可使它们与蒸发在玻璃壳上的钨形成化合物，当这些化合物回到灯丝附近时，遇到高温而分解，钨又会回到钨丝上，这样灯丝的温度可以大大提高，而玻璃壳并不发黑。因此卤素灯的灯丝具有亮度高、发光小、效率高、形体小、成本低等特点。

3.4.3 气体放电灯

气体放电灯一般包括汞灯、钠灯、氙灯等，它们的共同原理是气体放电。其中氙灯是由充有氙气的石英灯泡组成，用高电压触发放电。目前氙灯分为长弧氙灯、短弧氙灯、脉冲氙灯。汞灯是在石英玻璃管内充入汞，当灯点燃时，灯中的汞被蒸发，汞蒸汽压增至几个大气压，从而产生辉光放电。汞灯主要发射紫外单色光谱，也有几条可见光和红外光谱线。钠灯是在钠-钙玻璃内充入钠蒸汽制成。

当钨丝点燃后，只发射 598.0nm、589.6nm 的双黄光。

3.4.4 发光二极管（LED）

发光二极管具有以下优点：体积小、重量轻、便于集成；工作电压低、耗电少，驱动简便、容易用计算机控制；比普通光源的单色性好；发光亮度高、发光效率高、亮度便于调整。

发光二极管的响应时间快，短于 1μs，比人眼响应要快得多，但用作光信号传递时，响应时间又太长。二极管发光的响应时间取决于注入载流子非发光符合的寿命和发光能级上跃迁的几率。通常发光二极管的外部发光效率均随温度上升而下降。

在低工作电流下，发光二极管发光效率随电流的增加而明显增加，但电流增加到一定值时，发光效率不再增加，且随工作电流的继续增加而降低。

3.4.5 激光光源

与其他光源相比，激光具有单色性好、方向强、光亮度极高的优点，在精密检测、光信息处理，全息摄影，准直导向、大地测量技术中有着极为广泛的应用。高温物体的照明可用半导体激光器，它的工作原理与发光二极管相似。半导体激光器具有体积小、重量轻、效率高、寿命超过 10000h 等优点。常用光源的性能比较见表 3-2。

表 3-2 常用光源的对比

性能	卤素灯	荧光灯	氙灯	LED	激光
使用寿命	1000h	1500~3000h	1 亿次	50000h	10000h
亮度	较亮	暗	非常亮	较亮	亮
响应速度	慢	慢	快	快	慢
形状	自由度小	自由度小	自由度小	自由度大	自由度小
价格	低	中	高	高	较高
单色性	差	差	差	好	好
聚光性	差	中	差	中	好
频闪	不可频闪	不可频闪	可频闪	可频闪	不可频闪

参考文献

[1] 金光，曲宏松，郑亮亮，等. 航天相机 CCD/CMOS 成像系统设计［M］. 北京：国防工业出版社，2019.

[2] 复旦大学电光源研究所.《光源原理与设计/半导体光源（LED，OLED）及照明设计丛书》［M］. 3 版. 上海：复旦大学出版社，2019.

4 基于机器视觉的温度在线检测原理

第2章详细介绍了温度检测的常见方法及其进展，在钢铁冶金过程中，基于机器视觉的温度在线检测技术已得到了广泛的应用。本章首先介绍用于温度在线检测的基本原理，然后针对检测系统自身的暗电流及环境噪声等影响，对温度检测模型进行优化。同时介绍基于机器视觉的温度在线检测模型，并介绍黑体炉标定、噪声去除及边缘提取等温度在线检测过程的优化方法。

4.1 物理光学模型

4.1.1 基本假设

物理光学模型的基本假设主要有[1]以下几种。

（1）待测火焰具有实的物面。高炉风口燃烧带的煤粉与焦炭的燃烧火焰为半透明的弥散介质。CCD相机在拍摄风口断面处的火焰，调节焦距时找不到一个确定的物平面，因此也无法得到一个确定像面的辐射图像。在调焦时，只能假想出一个虚假物面。CCD相机最终采集得到的图像是组成燃烧带的风口回旋区辐射到风口前端的纵向空间光辐射累积量。因而该温度检测结果不能作为某一确定面的温度场分布，只能为回旋区的温度监测提供参考。因而需要假设高炉燃烧带的火焰具有实物面，采用温度检测原型系统所采集的图像才能认为是火焰图像，从而使物面上每一个点在像面上都有一个共轭点与之对应。另外，由于高温的热风中大部分为双原子气体，因此其对燃烧带辐射出的可见光反射、散射及吸收几乎可以忽略不计。综上可知，风口燃烧带辐射到CCD靶面上的像，能够准确反映风口前端火焰辐射体表面的亮度。以上研究是进一步从辐射体亮度信息中提取温度信息的基础。

（2）辐射体表面可分割成若干微小面元。图4-1所示为像元与像素对应关系，假设 $ABCD$ 为辐射体表面，调节位于 O 点的CCD工业相机的焦距，使 $ABCD$ 能够在CCD靶面上清晰成像，由几何光学理论可知物面上每一个物点都在像面上有一个共轭点与之对应。由CCD的结构可知其靶面上每一个光敏单元分隔，设CCD成像分辨率为 $N\times M$，相应地 $ABCD$ 面也被分为 $N\times M$ 个单元。

（3）同一个面元内温度相同。由于组成高炉燃烧带的回旋区内部结构复杂，

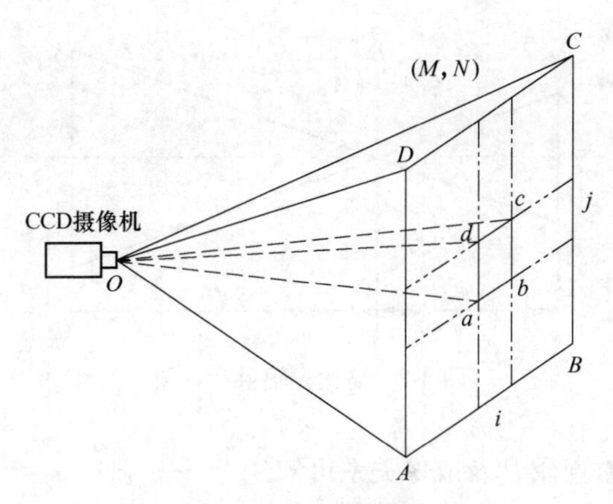

图 4-1 像元与像素对应关系

在足够小的区域内可认为其温度变化较小。当 CCD 工业相机的线数足够多时，可认为在这一微小区域内各点温度相同，即假设高炉燃烧带同一面元上的温度相同。

（4）CCD 摄像机靶面上的每一个像素点，只接受与其对应面元的光辐射刺激。组成燃烧带的回旋区在风口前端的火焰能在 CCD 靶面上清晰成像，故认为物面上的每一个点与像面上唯一点对应。通过前三个假设的简化，得出物面上每一个微小面元和像面上唯一微小面元对应。上述一一对应关系反映出 CCD 工业相机靶面上的每一个像素点，只接收与其对应面元辐射出的光辐射刺激。

（5）炉内物料为余弦辐射体。假设高炉风口燃烧带接近于余弦辐射体，其亮度从各个方向看都相同。

4.1.2 图像灰度与辐射体温度的关系

对于 CCD 系统[2-4]，如图 4-2 所示，设 S 为发光面面积，S 的像通过光学系统 O 成在接受面上，接收面面积为 Q，设像距为 l，物距为 d，光学系统出瞳面积及透过率分别为 A 和 τ，则由出瞳出射的光通量为

$$Q_V = \tau \times L(T) \times S \times A/d^2$$

式中 $L(T)$ ——发光体的亮度。

像面照度为：

$$E = \frac{Q_V}{S'} = \tau \times L(T) \times A \times \frac{S}{Qd^2}$$

根据光学几何关系，简化的光辐射示意图如图 4-2 所示。

有

$$E = \tau L(T) A/l^2$$

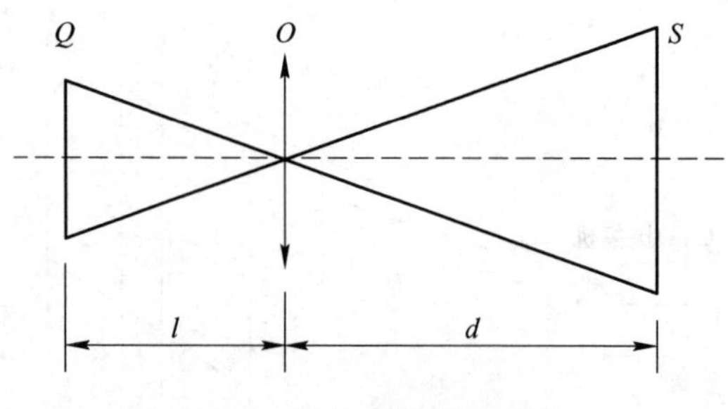

图 4-2　简化光辐射示意图

由焦距 f、出瞳直径 D 及成像关系可知

$$\frac{1}{f} = \frac{1}{d} + \frac{1}{l}$$

$$U = \frac{\pi}{4} D$$

$$\frac{S}{Q} = \frac{d^2}{l^2}$$

综上可得出

$$E = \frac{\pi}{4} \tau L(T)(D/f)^2 (1 - f/d)^2$$

由于在实际火焰燃烧监测系统中，测量焦距 f 远小于物距 d，所以：

$$E = \frac{\pi}{4} \tau L(T)(D/f)^2$$

CCD 工业相机的系数 τ、相对孔径 D/f 均为确定值，则视场光照度 E 与辐射体亮度 $L(T)$ 成比，即

$$E = KL(T)$$

辐射体亮度 $L(T)$ 由余弦辐射假设得出

$$L(T) = \frac{M(T)}{\pi}$$

式中　$M(T)$ ——辐射出射度。

$$M(T) = \int_{-\infty}^{+\infty} M(\lambda, T) \mathrm{d}\lambda$$

辐射出射度由普朗克公式给出：

$$M(\lambda, T) = \frac{C_1}{\lambda^5 \left(\mathrm{e}^{\frac{C_2}{\lambda T}} - 1\right)}$$

对于一般物体，应考虑发射率

$$M(\lambda,T)=\frac{C_1\varepsilon(\lambda,T)}{\lambda^5(\mathrm{e}^{\frac{C_2}{\lambda T}}-1)}$$

式中 $\varepsilon(\lambda, T)$——物体的发射率。

则辐射体亮度 $L(T)$ 可表示为

$$L(T)=\frac{1}{\pi}\int_{-\infty}^{+\infty}\frac{C_1\varepsilon(\lambda,T)}{\lambda^5\mathrm{e}^{\frac{C_2}{\lambda T}}}\mathrm{d}\lambda$$

任何光学材料具有较高的透过率 τ 的波段是特定的，其在某一波段内具有较大值。在此可假设该光学系统可以透过［λ_1，λ_2］内的电磁辐射，其光谱响应函数是 $V(\lambda)$，像面照度可表达为：

$$E=\frac{\tau}{4}\left(\frac{D}{f}\right)^2\int_{\lambda_1}^{\lambda_2}\frac{C_1\varepsilon(\lambda,T)}{\lambda^5\,\mathrm{e}^{\frac{C_2}{\lambda T}}}V(\lambda)\mathrm{d}\lambda$$

CCD 工业相机为积分型器件，输出电流信号 I 与光敏面照度 E 及曝光时间 t 有关

$$I=\mu Et$$

式中 I——CCD 输出的电流信号；

E——光敏面上的照度；

μ——光电转换系数。

I 的数值代表了图像像素灰度值的大小：

$$I=\mu t\,\frac{\tau}{4}\left(\frac{D}{f}\right)^2\int_{\lambda_1}^{\lambda_2}\frac{C_1\varepsilon(\lambda,T)}{\lambda^5\mathrm{e}^{\frac{C_2}{\lambda T}}}V(\lambda)\mathrm{d}\lambda$$

4.1.2.1 黑白 CCD 工业相机

普通 CCD 工业相机的工作波段主要在可见光范围内，可忽略红外光对它的影响，则黑白 CCD 输出的该点的灰度值应为：

$$H=\frac{\tau}{4}\mu t\eta\left(\frac{D}{f}\right)^2\int_{380}^{780}\frac{C_1\varepsilon(\lambda,T)}{\lambda^5\mathrm{e}^{\frac{C_2}{\lambda T}}}V(\lambda)\mathrm{d}\lambda$$

式中 η——CCD 光敏单元输出电流与图像灰度值之间的转换系数。

上式表达了图像灰度值与辐射体温度的关系，若在 CCD 工业相机镜头前安装工作波长为 λ_C 窄带干涉滤光片，可得到该波长下 CCD 图像灰度值：

$$H=\frac{\tau}{4}K_{\lambda_C}\mu_C t_C\,\eta_C V(\lambda_C)\left(\frac{D}{f}\right)^2\frac{C_1\varepsilon(\lambda_C,T)}{\lambda_C^5\mathrm{e}^{\frac{C_2}{\lambda_C T}}}$$

式中　K_{λ_C}——CCD 摄像机镜头光学系统在 λ_C 处的透过率。

出瞳直径 D、焦距 f、曝光时间 t 可由 CCD 摄像机设定，光电转换系数 μ_C、CCD 光敏单元输出电流和图像灰度值之间的转换系数 η_C、光谱响应函数 $V(\lambda_C)$、透过率可由黑体炉标定确定。

令

$$N_{\lambda_C} = \frac{\tau}{4} K_{\lambda_C} \mu_C t_C \eta_C V(\lambda_C) \left(\frac{D}{f}\right)^2$$

式中　N_{λ_C}——测量系统在 λ_C 处的转换系数。

对于特定的系统，该值是不变的。因此可利用该式求出该灰度下的温度值为

$$H = N_{\lambda_C} \varepsilon(\lambda_C, T) \frac{C_1}{\lambda_C^5 e^{\frac{C_2}{\lambda_C T}}}$$

4.1.2.2　彩色 CCD 工业相机

$$\begin{cases} H_R = \dfrac{\tau_R}{4} K_R \mu_R t_R \eta_R V(\lambda_R) \left(\dfrac{D}{f}\right)^2 \dfrac{C_1 \varepsilon(\lambda_R, T)}{\lambda_R^5 e^{\frac{C_2}{\lambda_R T}}} \\ H_G = \dfrac{\tau_G}{4} K_G \mu_G t_G \eta_G V(\lambda_G) \left(\dfrac{D}{f}\right)^2 \dfrac{C_1 \varepsilon(\lambda_G, T)}{\lambda_G^5 e^{\frac{C_2}{\lambda_G T}}} \\ H_B = \dfrac{\tau_B}{4} K_B \mu_B t_B \eta_B V(\lambda_B) \left(\dfrac{D}{f}\right)^2 \dfrac{C_1 \varepsilon(\lambda_B, T)}{\lambda_B^5 e^{\frac{C_2}{\lambda_B T}}} \end{cases}$$

同理，令

$$\begin{cases} N_R = \dfrac{\tau_R}{4} K_R \mu_R t_R \eta_R V(\lambda_R) \left(\dfrac{D}{f}\right)^2 \\ N_G = \dfrac{\tau_G}{4} K_G \mu_G t_G \eta_G V(\lambda_G) \left(\dfrac{D}{f}\right)^2 \\ N_B = \dfrac{\tau_B}{4} K_B \mu_B t_B \eta_B V(\lambda_B) \left(\dfrac{D}{f}\right)^2 \end{cases}$$

可得出彩色 CCD 的 R、G、B 三波长下的灰度与温度的关系式

$$\begin{cases} H_R = N_R \varepsilon(\lambda_R, T) \dfrac{C_1}{\lambda_R^5 e^{\frac{C_2}{\lambda_R T}}} \\ H_G = N_G \varepsilon(\lambda_G, T) \dfrac{C_1}{\lambda_G^5 e^{\frac{C_2}{\lambda_G T}}} \\ H_B = N_B \varepsilon(\lambda_B, T) \dfrac{C_1}{\lambda_B^5 e^{\frac{C_2}{\lambda_B T}}} \end{cases}$$

该式为利用 CCD 工业相机进行高炉风口燃烧带温度测量的基本公式，通过对上述公式的组合运用，及对未知参数的不同设定可发展出不同的测温方法。

4.2 比色测温法原理

由热辐射物体在两个波长的光谱辐射亮度之比与温度之间的函数关系来测量温度的方法，叫比色测温法[5]。若在 2 个波长 λ_1、λ_2 下同时测量到由同一点发出的灰度值分别为 H_{λ_1} 和 H_{λ_2}，则

$$\frac{H_{\lambda_1}}{H_{\lambda_2}}=\frac{N_{\lambda_1}}{N_{\lambda_2}}\frac{\varepsilon(\lambda_1,T)}{\varepsilon(\lambda_2,T)}\frac{\lambda_1^{-5}}{\lambda_2^{-5}}\exp\left[\frac{-C_2}{T}\left(\frac{1}{\lambda_1}-\frac{1}{\lambda_2}\right)\right]$$

于是，温度 T 为：

$$T=-C_2\left(\frac{1}{\lambda_1}-\frac{1}{\lambda_2}\right)\Bigg/\left(\ln\frac{H_{\lambda_1}}{H_{\lambda_2}}-\ln\frac{N_{\lambda_1}}{N_{\lambda_2}}-\ln\frac{\varepsilon(\lambda_1,T)}{\varepsilon(\lambda_2,T)}+5\ln\frac{\lambda_1}{\lambda_2}\right)$$

假设火焰为灰体，则两个波长的发射率相等

$$T=-C_2\left(\frac{1}{\lambda_1}-\frac{1}{\lambda_2}\right)\Bigg/\left(\ln\frac{H_{\lambda_1}}{H_{\lambda_2}}-\ln\frac{N_{\lambda_1}}{N_{\lambda_2}}+5\ln\frac{\lambda_1}{\lambda_2}\right)$$

对于已经标定的 CCD 系统，$\ln\frac{H_{\lambda_1}}{H_{\lambda_2}}$ 可通过图像处理获得，$\ln\frac{N_{\lambda_1}}{N_{\lambda_2}}$ 可通过标定获得，再依据火焰的数字图像处理技术，就可逐点计算出整个高炉燃烧带的温度场。

4.3 黑体炉标定

黑体是为了研究不依赖于物质具体物性的热辐射规律而定义的一种理想物体。由斯蒂芬-玻耳兹曼定律可知，黑体辐射能与热力学温度有关。温度检测原型系统的温度标定是温度检测的基础，标定过程的关键是找到产生类似黑体的辐射源。自然界不存在绝对黑体，人工黑体对辐射的吸收率接近 1，反射率几乎为零。

黑体炉通常是将电能所产生的焦耳热转化为热能，造成炉内温度不断升高。黑体炉是利用一定温度的黑体辐射作为辐射源，供基于 CCD 温度检测原型是系统标定之用。

本节使用经过改造的高温卧式圆柱形标准黑体炉标定 CCD 测温系统，黑体炉如图 4-3 所示。该黑体炉由炉体、光电高温计、控制箱柜、水冷系统、真空系统及氩气传输系统组成。主体为卧式石墨管炉，石墨发热体中央为分成两个对称

的黑体腔的靶发热体。管外有石墨隔热屏，在其外部包有碳毡和高温绝缘绝热材料。炉体下部有水冷系统、抽空系统及氩气传输系统。

（1）炉体：炉体的主要部件为发热体、带有石英玻璃窗的水冷电极、水冷炉身、保温层及端盖法兰。发热体的活动接头插入两端水冷电极中，通过通以电流使发热体产生高温；炉身外部采用双层不锈钢壁，为保证炉身两端电极相互绝缘，将绝缘套管装在炉身两端的端盖法兰与炉壳的连接螺栓之间。

图 4-3　黑体炉实物图

（2）水冷系统：炉身、电极、硅光电池均采用水冷，冷却用水采用专设泵池供给，以免使用日久导致冷却系统中杂质沉积，降低冷却效率。

（3）真空系统：为了延长发热体在高温下的使用寿命，当黑体炉工作温度在 2000℃以下时，采用机械真空泵将炉腔抽空。当黑体炉工作温度在 2000℃以上时，可先用真空泵将炉腔抽空，然后切断真空泵，缓缓充入保护气体氩气。

（4）控制箱柜：主要用于设定控制黑体炉的温度，由硅光电池作为敏感组件，并通过智能调节显示仪表控制可控硅触发线路，以此来控制低压大电流变压器的输出功率，达到控制黑体炉工作温度的目的，变压器为盐浴炉变压器。

（5）光电高温计：为了更加准确地检测黑体炉的腔体温度，采用光电高温计控制黑体炉的腔体温度。光电高温计由中国计量科学研究院标定。

该黑体炉的主要技术参数如下：

（1）高温黑体炉发热体：半径 25mm，长 700mm；

（2）温度范围：800～3000℃，2000℃以下真空使用，2000℃以上充氩气使用；

（3）高温黑体炉温度漂移：小于工作温度的 0.1%/15min；

（4）辐射率：0.993±0.004；

（5）工作电源：220/380V50Hz；

（6）外形尺寸（长×宽×高）：1050mm×750mm×1550mm，变压器：790mm×560mm×1000mm。

检查黑体炉线路连接，确认各部分电路连接符合要求，擦净光学玻璃窗口，检查真空泵系统、水冷系统及氩气传输系统，按要求放置高温光电计和被标定的 CCD 测温系统。高炉回旋区测温系统标定示意图如图 4-4 所示。标定前，对黑体炉进行一段时间的预热，然后开始升温到测量温度，在每个温度点稳定 10min，待所测点温度稳定后进行图像采集，分别调整 CCD 工业相机的曝光时间、距离。每个温度点采集 50 幅图像，每幅图像的采集间隔为 0.2s。每隔 100℃采集一个温度点，本测温系统从 1500℃开始标定，最终升温到 2100℃。由于在温度测量范围 1500~2100℃内黑体的热辐射能变化较大，2100℃时的辐射能是 1500℃时的 3.84 倍，已经超出了采用单一曝光时间、单一光圈下 CCD 的动态响应范围，因此本次标定的测温系统光圈大小为 F16，曝光时间分别为 10μs、30μs、50μs、70μs、110μs。由于高炉回旋区的位置距离风口窥视孔的距离为 3.9m，因此需要标定不同的距离对测温系统的影响，标定的距离为 2m、3m、4m。如图 4-5 所示为 CCD 测温系统标定图。

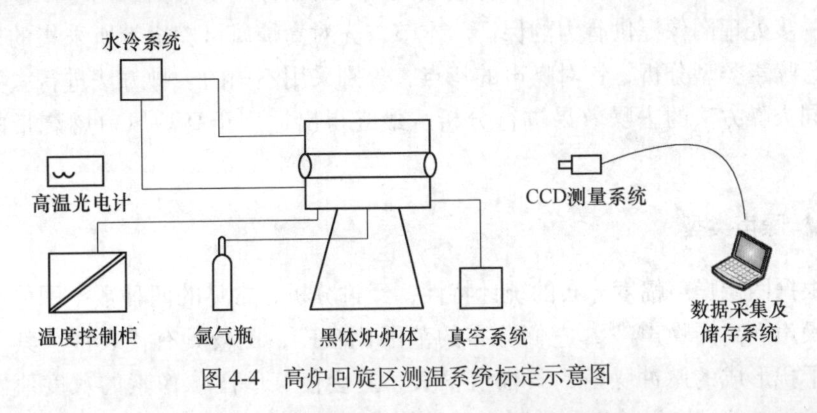

图 4-4 高炉回旋区测温系统标定示意图

由重庆大学的张生富、欧钢联的 Taylor 的研究结果及高炉理论燃烧温度计算模型可知，高炉回旋区风口截面处的平均温度为 2000~2200℃左右，黑体炉标定的最高温度为 2100℃是在发射率为 0.99 时得到的。实际中，高炉回旋区燃烧火焰的发射率必然低于黑体的发射率，但由于没有相关的高炉回旋区煤粉及焦炭的燃烧火焰的发射率数据，因此参考发电锅炉电站的煤粉发射率数据。周怀春教授等研究表明煤粉发射率大部分为 0.4~0.8 之间，本书中高炉回旋区燃烧火焰的发射率取为 0.7，可知，使用该套检测设备能够检测高炉回旋区燃烧火焰的平均温度最高为 2290.05℃。说明使用黑体炉最高标定温度为 2100℃是合理的，能够覆盖高炉风口回旋区的温度检测范围。

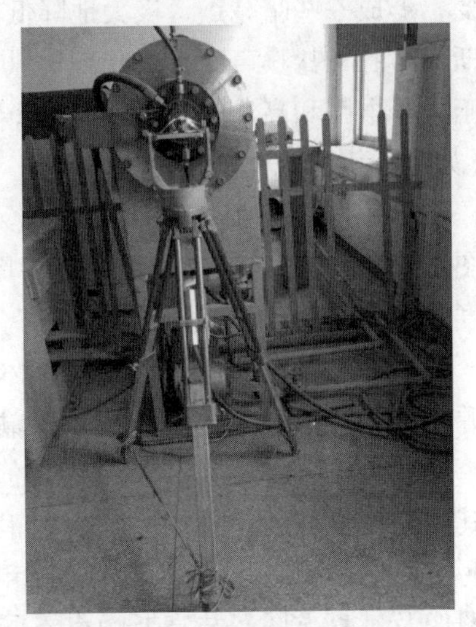

图 4-5 测温系统标定图

4.4 图像噪声滤波

图像在获取及传输过程中由于受到外部及内部的干扰，不可避免地在所采集的图像中被加入了很多噪声。噪声的存在使图像变模糊，影响图像的视觉效果，且掩盖图像的部分主要特征，严重损坏图像质量，对后续计算风口图像的温度场造成较大的影响。因此，必须对所采集到的风口图像进行噪声去除，通过去噪有效地提高图像的质量，增大信噪比，也能够更好地体现风口图像所携带的特征及信息。

对风口图像进行去噪处理是有效地认识风口图像所携带信息的基本前提，可为进一步处理图像提供有力的保证。本节首先对高炉风口燃烧带所采集的风口图像进行噪声类型分析，针对噪声的特点，分别采用不同的去噪方法进行去噪，并对不同去噪方法的去噪效果进行分析，最终得出适用于高炉风口燃烧带的去噪方法。

4.4.1 噪声类型

根据图像噪声幅度分布的统计特性，经过分析，常见的两种数字图像噪声是脉冲噪声和高斯噪声[6]，它们分布的范围比较广，比较具有代表性。其中受到强制干扰形成的脉冲噪声，其幅值很大，它会使某些图像像素的灰度值发生突变，形成一些暗亮点，极大地降低图像的质量。具有典型代表性的噪声主要有高斯噪声和椒盐噪声两类。在高炉风口燃烧带所采集的图像中，高斯噪声主要来源于电子电路和高温带来的传感器，椒盐噪声主要形成于成像过程中的短暂停留(如开关操作等)。

本节选取一幅风口图像，加入高斯噪声和椒盐噪声后观察噪声分布，如图 4-6所示为加高斯噪声后的风口图像及其直方图。从图中可知，图像的噪声强度分布为 0~4500 之间，符合正态分布规律[6]。

椒盐噪声对图像的损害主要体现在破坏图像的细节方面，椒盐噪声主要来源于强噪声信道条件下的图像传输或图像捕捉设备传感器上的坏点。被椒盐噪声所污染的图像中噪声点的灰度值一般取图像像素灰度值动态范围内的极值，其图像中往往会出现一些灰度值很大或灰度值很小的像素点，因此被椒盐造成污染后的图像上呈现较多的亮点和暗点。如图 4-7 所示为加椒盐噪声后的风口图像及其直方图。与高斯噪声不同的是，椒盐噪声均匀分布在整幅图像中（图 4-7(a)），但其峰值远大于其大多数噪声统计值（图 4-7(b)），因此椒盐噪声具有稀疏性。

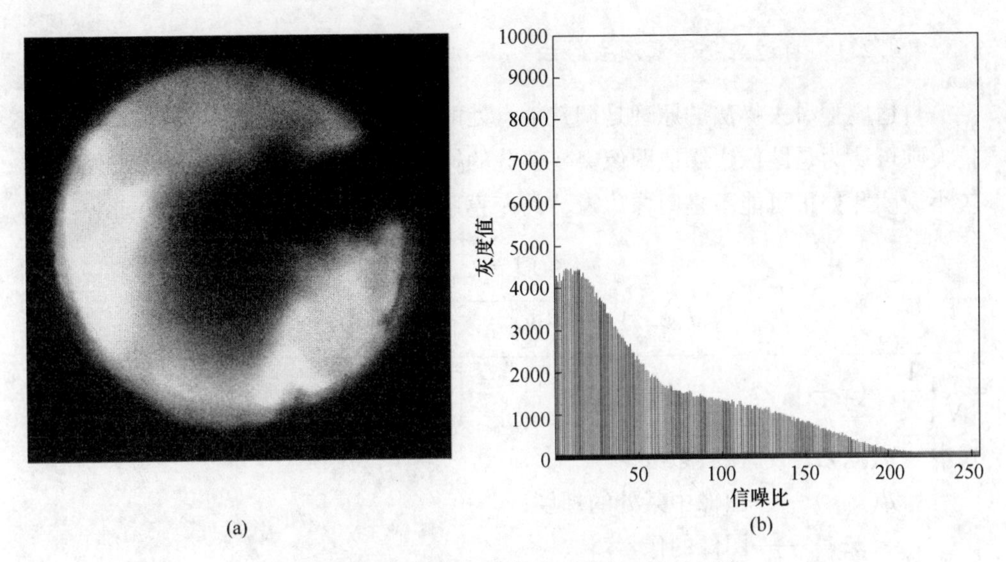

图 4-6 加高斯噪声后的风口图像及其直方图

(a) 加高斯噪声后图像；(b) 加高斯噪声后图像直方图

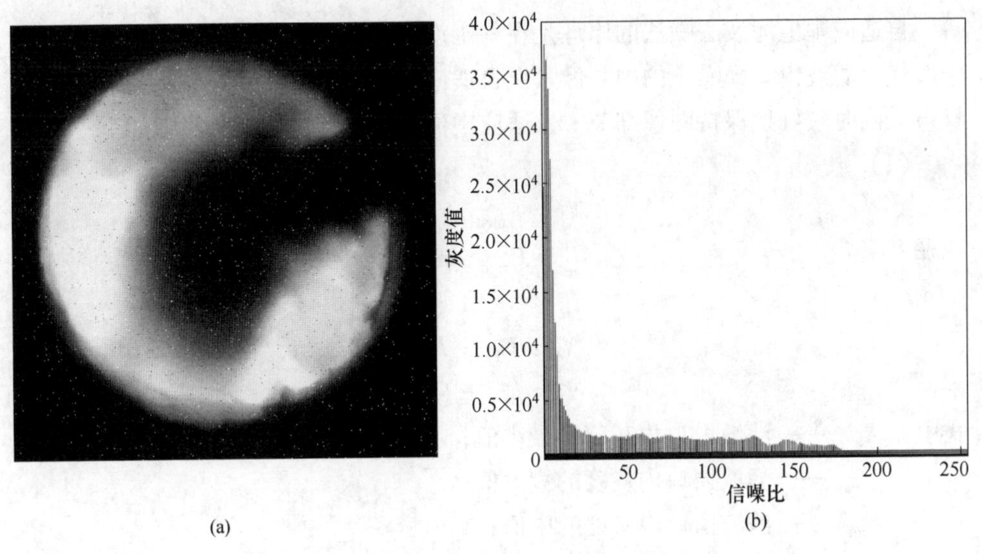

图 4-7 加椒盐噪声后的风口图像及其直方图

(a) 加椒盐噪声后图像；(b) 加椒盐噪声后图像直方图

4.4.2 去噪方法及原理

常用的去噪方法有自适应平滑滤波去噪法、自适应中值滤波去噪法、几何均值滤波去噪法、超限邻域滤波去噪法、双边滤波去噪法及小波滤波去噪法，其原理如下。

4.4.2.1 自适应平滑滤波去噪法

自适应平滑去噪法的原理是调整某点处的梯度滤波掩膜系数，如果某处梯度较大则可认为是图像边缘或图像突变部分的掩膜系数较小；反之，图像某处梯度较小说明此处很可能不是图像边缘，其掩膜系数较大。掩膜系数的定义如下：

$$h(x,y) = \mathrm{e}^{-\frac{d(x,y)}{2}}$$

$$d(x,y) = \sqrt{G_x(x,y)^2 + G_y(x,y)^2}$$

$$= \sqrt{\left\{\frac{1}{2}[g(x+1,y)] - [g(x-1,y)]\right\}^2 + \left\{\frac{1}{2}[g(x,y+1)] - [g(x,y-1)]\right\}^2}$$

式中 $h(x,y)$ ——掩膜系数；

$d(x,y)$ ——图像中某处的梯度；

$g(x,y)$ ——图像的像素。

4.4.2.2 自适应中值滤波去噪法

自适应中值滤波去噪法的原理是在一定设定条件时改变滤波窗口的大小，用中值代替滤波窗口中噪声的中心像素。自适应中值滤波器可处理较大概率的脉冲噪声，同时较好地保持图像细节。自适应中值滤波去噪法的算法步骤如下：

（1）

$$M_1 = F_{\mathrm{med}} - F_{\mathrm{min}}$$
$$M_2 = F_{\mathrm{med}} - F_{\mathrm{max}}$$

（2）

$$N_1 = F_{xy} - F_{\mathrm{min}}$$
$$N_2 = F_{xy} - F_{\mathrm{max}}$$

式中 F_{min} ——滤波窗口内灰度的最小值；

F_{max} ——滤波窗口内灰度的最大值；

F_{med} ——滤波窗口内灰度的中值；

F_{xy} ——坐标（x，y）处的灰度值。

如果 $M_1>0$ 且 $M_2<0$，则转到步骤（2），否则增大滤波窗口的尺寸；

如果 $W_{xy} < W_{\mathrm{max}}$，重复步骤（1），否则，输出 F_{xy}；

如果 $N_1>0$ 且 $N_2<0$，输出 F_{xy}，否则输出 F_{med}。

4.4.2.3 几何均值滤波去噪法

几何均值滤波去噪法的原理如下：

$$G'(x,y) = \left[\prod_{(i,j) \in S_{x,y}} G(i,j) \right]^{\frac{1}{m \times n}}$$

式中 $G'(x, y)$——滤波后的二维图像矩阵；

$G(i, j)$——滤波前的二维图像矩阵；

$S_{x, y}$——图像邻域；

m，n——图像邻域的大小尺寸。

4.4.2.4 超限邻域滤波去噪法

超限邻域滤波去噪法在均值滤波的基础上引入了阈值处理，其原理如下：

$$G'(x,y) = \begin{cases} \frac{1}{n} \sum_{(i,j) \in S_{x,y}} G(i,j), & G(x,y) > \frac{1}{n} \sum_{(i,j) \in S_{x,y}} G(i,j) + T \\ G(i,j) & G(x,y) \leqslant \frac{1}{n} \sum_{(i,j) \in S_{x,y}} G(i,j) + T \end{cases}$$

式中 $G'(x, y)$——滤波后的二维图像矩阵；

$G(i, j)$——滤波前的二维图像矩阵；

$S_{x, y}$——图像邻域；

T——判定阈值；

n——模板窗口内的像素数。

4.4.2.5 双边滤波去噪法

双边滤波器去噪法包含 2 个高斯基滤波函数，既能够考虑各像素值几何上的近邻关系，也可考虑各像素值亮度上的相似性。通过对几何关系和亮度相似性的非线性组合，可得出双边滤波去噪后的图像，其原理如下：

$$\widetilde{f}(i,j) = \frac{\sum_{(i,j) \in S_{x,y}} w(i,j) g(i,j)}{\sum_{(i,j) \in S_{x,y}} w(i,j)}$$

$$g(i,j) = f(i,j) + n(i,j)$$

$$w(i,j) = w_{\mathrm{s}}(i,j) w_{\mathrm{r}}(i,j) = \mathrm{e}^{\frac{|i-x|^2 + |j-y|^2}{2\delta_s^2}} \mathrm{e}^{\frac{|g(i,j)-g(x,y)|^2}{2\delta_r^2}}$$

式中 $\widetilde{f}(i, j)$——双边滤波后的二维图像像素值；

$w(i, j)$——权重系数；

$S_{x, y}$——中心点（i，j）的（$2N+1$）（$2N+1$）大小的邻域；

$w_{\mathrm{s}}(i, j)$，$w_{\mathrm{r}}(i, j)$——$S_{x, y}$ 邻域内每一个像素点的权重因子；

$g(i, j)$——带噪声的图像；

$f(i, j)$——无噪声图像；

$n(i,\ j)$——服从零均值高斯分布的噪声。

4.4.2.6　小波滤波去噪法

受到噪声污染的观测图像的像素可以表示为

$$d_i = f_i + \varepsilon z_i \quad (i = 1,2,\cdots,N)$$

式中　d_i——含噪声的像素值；

f_i——不含噪声的像素值；

z_i——噪声的分布；

ε——噪声水平；

N——图像中像素的长度。

为了从含噪声的像素中复原出真实的像素，可利用像素与噪声在小波变换下的不同特性，通过对小波分解系数进行处理，达到不含噪声的像素与噪声分离的目的。对含噪像素进行三层小波分解的表达式为

$$S = cA_1 + cD_1 = cA_2 + cD_2 + cD_1 = cA_2 + cD_3 + cD_2 + cD_1$$

式中　cA_i——小波分解的近似部分；

cD_i——小波分解的细节部分。

用门限阈值对上式中的小波系数进行处理，重构像素可达到滤波去噪的目的。

小波滤波去噪的步骤如下：

（1）对图像像素矩阵作小波分解

$$W_0 d = W_0 f + \varepsilon W_0 z$$

式中　W_0——小波系数向量；

f——不含噪声的像素向量；

d——含噪声的像素向量；

z——噪声的分布向量；

ε——噪声水平。

（2）对小波系数作门阀阈值处理，本节中选用的方法为软阈值处理

$$\eta_s(w,t) = \begin{cases} w - t, & w \geqslant t \\ 0, & |w| < t \\ w + t, & w \leqslant t \end{cases}$$

（3）对处理过的小波系数作逆变换重构信号：

$$f' = W_0^{-1}\ \eta_s(w,t)\ W_0 d$$

式中　f'——采用小波滤波去噪后得到的新的像素矩阵；

$\eta_s(w,\ t)$——软阈值函数。

4.5 图像边缘检测方法

4.5.1 图像边缘简介

图像的边缘是指其周围像素灰度发生阶跃变化的特定像素的集合，即灰度变化的不连续性，表现在图像中为灰度突变、纹理及彩色变化，反映了图像局部区域内特征的差别。图像边缘主要分为阶跃状和屋顶状两类，阶跃状边缘两侧的灰度值变化较为明显，屋顶状边缘处于两侧灰度增加与减少的交界处。在数学上分别用求灰度的一阶及二阶导数来刻画屋顶状边缘及阶跃状边缘，屋顶状边缘处的二阶导数取极值，阶跃状边缘处的二阶导数呈零交叉。

边缘检测的主要步骤如图 4-8 所示，首先获取所要处理的图像，采用高炉燃烧带温度场检测原型系统采集的风口图像为彩色图像，因此需要转换为灰度图像。再通过低通滤波后提取边缘，通过边缘定位、边缘链接及断边及伪边处理，最终输出完整的图像边缘。

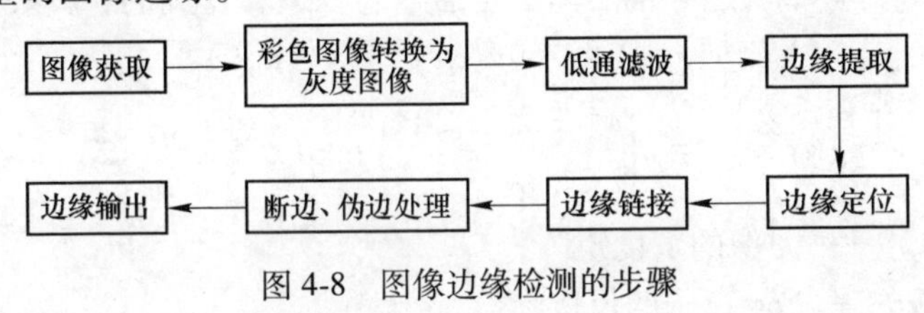

图 4-8 图像边缘检测的步骤

4.5.2 图像边缘检测方法及原理

(1) Roberts 算子。Roberts 边缘检测算子的表达式为：

$$G[i,j] = |f[i,j] - f[i+1,j+1]| + |f[i+1,j] - f[i,j+1]|$$

用卷积模板表示为：

$$G[i,j] = |G_x| + |G_y|$$

其中 G_x 和 G_y 的表达式为：

$$G_x = \begin{bmatrix} 1 & 0 \\ 0 & -1 \end{bmatrix}, G_y = \begin{bmatrix} 0 & -1 \\ 1 & 0 \end{bmatrix}$$

(2) Sobel 算子。Sobel 边缘检测算子采用了一种奇数大小的模板下的全方向微分算子，其表达式为：

$$G_x[i,j] = f[i-1,j+1] + 2 \times f[i,j+1] + f[i+1,j+1] - f[i-1,j-1] - 2 \times f[i,j-1] - f[i+1,j-1]$$

$$G_y[i,j] = f[i+1,j-1] + 2 \times f[i+1,j] + f[i+1,j+1] - f[i-1,j-1] - 2 \times f[i-1,j] - f[i-1,j+1]$$

Sobel 边缘检测算子的卷积模板为：

$$G_x = \begin{bmatrix} -1 & 0 & 1 \\ -2 & 0 & 2 \\ -1 & 0 & 1 \end{bmatrix}, G_y = \begin{bmatrix} -1 & -2 & -1 \\ 0 & 0 & 0 \\ 1 & 2 & 1 \end{bmatrix}$$

（3）Prewitt 算子。Prewitt 边缘检测算子是在一个奇数大小的模板中定义其微分运算，其表达式如下：

$$G_x[i,j] = f[i-1,j+1] + f[i,j+1] + f[i+1,j+1] - f[i-1,j-1] - f[i,j-1] - f[i+1,j-1]$$

$$G_y[i,j] = f[i+1,j-1] + f[i+1,j] + f[i+1,j+1] - f[i-1,j-1] - f[i-1,j] - f[i-1,j+1]$$

Prewitt 边缘检测算子的卷积模板为：

$$G_x = \begin{bmatrix} -1 & 0 & 1 \\ -1 & 0 & 1 \\ -1 & 0 & 1 \end{bmatrix}, G_y = \begin{bmatrix} -1 & -1 & -1 \\ 0 & 0 & 0 \\ 1 & 1 & 1 \end{bmatrix}$$

（4）Log 算子。Log 边缘检测算子是通过卷积运算得到的，其表达式为

$$h(x,y) = \nabla^2[g(x,y)] \times f(x,y)$$

$$\nabla^2[g(x,y)] = k\left(\frac{x^2 + y^2 - 2\sigma^2}{\sigma^4}\right)\exp(x^2 + y^2 - 2\sigma^2)$$

式中　$f(x, y)$——图像的灰度矩阵；

σ——Log 算子的尺度参数；

k——常数。

Log 边缘检测算子的模板为：

$$g(x,y) = \begin{bmatrix} 0 & 0 & -1 & 0 & 0 \\ 0 & -1 & -2 & -1 & 0 \\ -1 & -2 & 16 & -2 & -1 \\ 0 & -1 & -2 & -1 & 0 \\ 0 & 0 & -1 & 0 & 0 \end{bmatrix}$$

（5）Canny 算子。Canny 边缘检测算子的具体算法主要通过 4 个步骤完成。

1）高斯滤波器平滑图像。首先用二维高斯函数的一阶导数对图像平滑处理，设二维高斯函数如下

$$G(x,y) = \frac{1}{2\pi\sigma^2}\exp\left(-\frac{x^2 + y^2}{2\pi\sigma^2}\right)$$

梯度向量为

$$\nabla G = \begin{bmatrix} \partial G/\partial x \\ \partial G/\partial y \end{bmatrix}$$

2）用一阶偏导有限差分计算梯度的幅值和方向：

$$M[i,j]=\sqrt{P_x[i,j]^2+P_y[i,j]^2}$$

梯度方向为

$$\theta[i,j]=\arctan(P_y[i,j]/P_x[i,j])$$

$$P_x[i,j]=(I[i,j+1]-I[i,j]+I[i+1,j+1]-I[i+1,j])/2$$

$$P_y[i,j]=(I[i,j]-I[i+1,j]+I[i,j+1]-I[i+1,j+1])/2$$

3）对梯度幅值进行非极大值抑制。非极大值抑制的过程的数学表达式为

$$N[i,j]=\mathrm{NMS}(M[i,j],\xi[i,j])$$

4）用双阈值算法检测和连接边缘。

（6）形态学边缘检测法。形态学边缘检测法是把图像作为一种点的集合，综合应用结构元素对其进行移位、交及并的集合运算，采用膨胀和腐蚀、开运算及闭运算等处理形式，达到检测图像边缘的目的。目前常见的形态学边缘检测算子为膨胀腐蚀形。

腐蚀运算可使原图像收缩，收缩后得到的图像与原图像相似，用原图像减去腐蚀后得到的收缩图像，可以得到原图像的边界。使用腐蚀型处理可得到图像的内边缘。膨胀原酸能使原图像扩展，采用膨胀处理得到的扩展图像减去原图像可得到原图像的边界，膨胀型处理可得到图像的外边缘。由于高炉风口燃烧带存在着大量的噪声，为了减少噪声对检测结果的影响，本节采用膨胀腐蚀型边缘检测算子提取图像的边缘。膨胀腐蚀型边缘检测算子实际上是分别采用膨胀型及腐蚀型算子对原图像边缘提取结果的叠加，其得到的是图像在实际欧氏边界上的边缘。其表达式如下。

$$\mathrm{Grad}_1(f)=(f\oplus B)-(f\Theta B)$$

参 考 文 献

[1] 冯旻. 基于数字图像处理的高温检测算法改进［D］. 西安：西北工业大学，2003.

[2] 管良兵. 高动态范围的火焰温度场分布的测量研究［D］. 杭州：浙江大学，2006.

[3] 唐秉湘. 基于数字图像处理的锅炉火焰温度检测研究［D］. 长沙：湖南大学，2006.

[4] 汤琪. 基于数字图像的火焰测量及煤质辨识［D］. 杭州：浙江大学，2014.

[5] 娄春. 煤粉炉内三维温度场及颗粒辐射特性重建［D］. 武汉：华中科技大学热能工程，2007.

[6] 许娟. 图像去噪的非局部方法研究［D］. 南京：南京理工大学，2009.

5 基于机器视觉的高炉风口温度在线检测系统优化

第 4 章介绍了温度在线检测原理，本章对基于机器视觉的高炉风口温度在线检测系统优化效果进行详细介绍。

5.1 高炉风口图像有效采集

为提高高炉燃烧带温度场检测原型系统的准确性，应确保彩色 CCD 工业相机所采集图像处于未饱和状态；同时还要确保高炉冶炼条件变化时，检测系统能够采集到燃烧带的有效信息。检测系统主要参数为光圈大小、增益、曝光时间。高炉燃烧带的特点是辐射强度高、视野小、亮度随炉况变化快，因此检测系统的光圈大小选取最小值 F16。本节主要讨论选择最佳的增益及曝光时间，以达到有效采集高炉回旋区图像的目的。通过前期的预备实验及文献调查发现，曝光时间对采集的影响大于增益。因此本书中首先调整高炉燃烧带温度场检测原型系统的曝光时间，确定所采集的图像未饱和的曝光时间范围，再通过增益微调的办法达到有效采集燃烧带辐射的研究目的。

5.1.1 曝光时间的控制研究

图 5-1 所示为不同曝光时间时采集的某 2500m^3 高炉的部分典型的风口图像，曝光时间分别为 10μs、30μs、50μs、70μs、90μs 及 110μs，所选择的风口为该

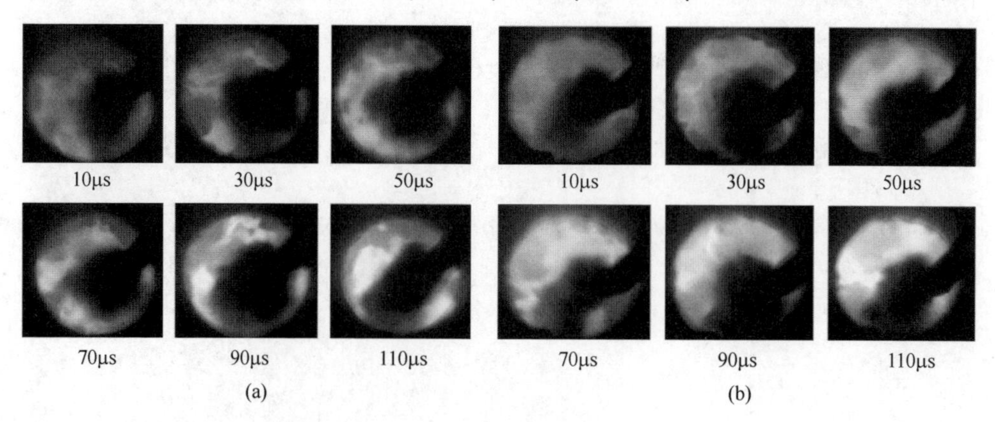

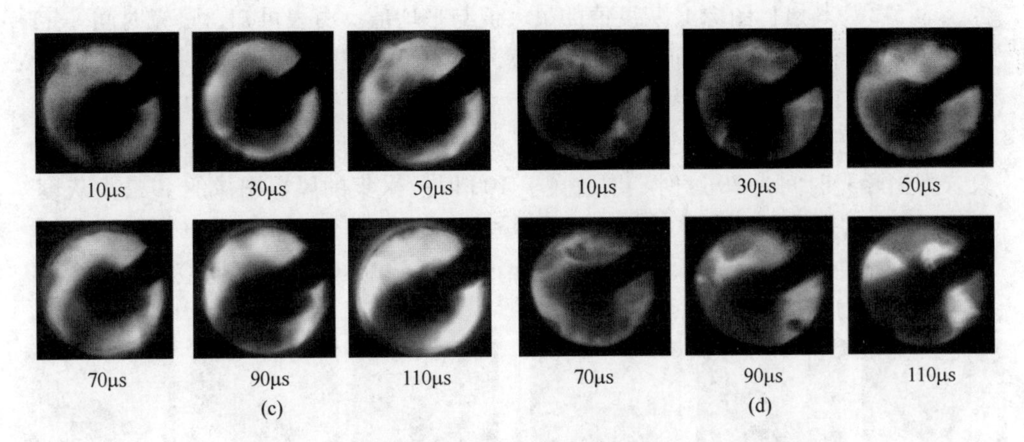

图 5-1 不同曝光时间时采集的某高炉部分典型的风口图像
(a) 14 号风口；(b) 15 号风口；(c) 21 号风口；(d) 22 号风口

高炉的典型风口 14 号、15 号、21 号及 22 号。拍摄的风口图像中，R 的灰度值最大，G 灰度值次之，B 灰度值最小。因此本章只考察 R 灰度值，其最大及平均灰度值见表 5-1。从表中可以看出，随着曝光时间的增大，风口图像的 R 最大灰度值及平均灰度值都随之增大。当曝光时间超过 70μs 时，R 的最大值为 255，说明该曝光时间时各风口图像已经处于饱和状态。曝光时间为 70μs 时各风口图像的 R 最大灰度值的范围为 183~243 之间，未出现过饱和现象。因此本章将高炉风口回旋区温度场检测系统的最大曝光时间设置为 70μs。

表 5-1 不同曝光时间的风口图像 R 灰度值的最大值与平均值

曝光时间 /μs	14 号风口		15 号风口		21 号风口		22 号风口	
	最大	平均	最大	平均	最大	平均	最大	平均
10	116	18.89	111	21.80	154	36.06	103	15.11
30	142	19.11	166	30.25	183	49.07	139	17.43
50	201	28.73	205	38.07	209	55.72	194	26.45
70	226	33.29	243	54.08	242	59.08	183	33.39
90	255	42.74	255	55.55	255	62.08	255	40.46
110	255	46.66	255	68.87	255	82.71	255	48.25

5.1.2 增益的控制研究

确定了采集系统的最大曝光时间后，针对该高炉的不同冶炼炉况，需要对该系统进行微调。首先针对 21 风口不同曝光时间及不同增益变化，对其图像的影响进行分析，图 5-2 所示为某 $2500m^3$ 高炉 21 风口增益变化时所采集的风口图像，表 5-2 为其风口图像 R 灰度值的最大值与平均值。由表可知，曝光时间一定时，灰度值随着增益的增加而增大。当曝光时间小于或等于 50μs，增益大于 150 时采集的风口图像的 R 最大灰度值为 255，这表明该参数组合时采集的风口图像处于饱和状态。为了保证检测的灵敏度，选择曝光时间最大的增益作为研究对象。即当曝光时间为 70μs 时，增益大于 100 时所采集的风口图像的 R 最大灰度值为 255，这表明上述参数组合时所采集的风口图像处于饱和状态。由以上分析可知，增益的选择应当不大于 100 才能保证高炉风口燃烧带温度场检测原型系统所采集的风口图像处于未饱和状态。

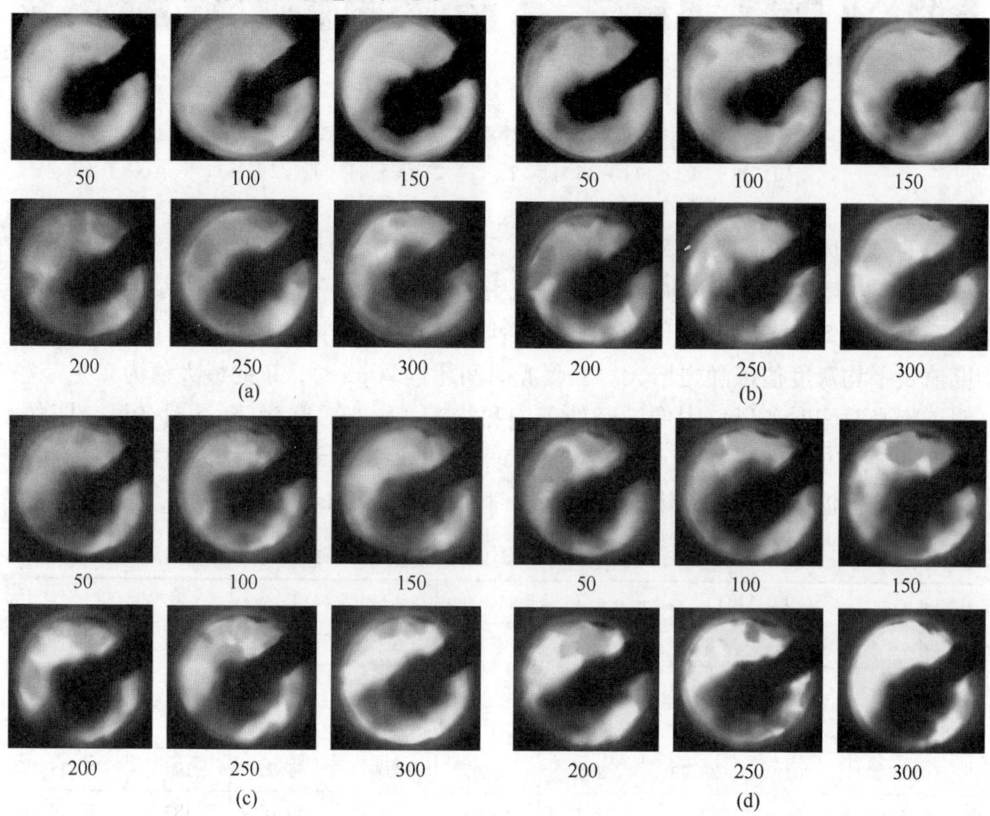

图 5-2　某 2500m³ 高炉 21 风口增益变化时所采集的风口图像
（a）10μs；（b）30μs；（c）50μs；（d）70μs

表 5-2　21 号风口图像增益变化的 R 灰度值的最大值与平均值

增益	10μs		30μs		50μs		70μs	
	最大	平均	最大	平均	最大	平均	最大	平均
50	149	26.89	131	24.02	199	39.99	238	42.76
100	153	27.20	177	31.96	228	42.29	250	45.27

续表 5-2

增益	10μs		30μs		50μs		70μs	
	最大	平均	最大	平均	最大	平均	最大	平均
150	172	28.22	185	32.45	247	48.25	255	56.93
200	187	33.78	255	44.53	255	57.89	255	73.69
250	255	45.24	255	65.96	255	66.37	255	76.69
300	255	45.37	255	86.73	255	88.69	255	87.25

上面讨论了不同曝光时间时增益变化对温度检测系统有效采集的影响，通过研究发现增益小于或等于 100 时能够采集得到有效的高炉风口图像。为了验证曝光时间 70μs 及增益 100 时能够有效采集到风口图像，即所采集的图像均处于未饱和状态，采集该高炉编号为 14 号、15 号及 22 号的 3 个典型风口曝光时间 70μs 增益变化时的风口图像，如图 5-3 所示。不同风口图像增益变化时 R 灰度值的最大值与平均值见表 5-3，由图和表可知，当增益等于 100 时，3 个风口的图像的 R 最大灰度值处于未饱和的状态；而当增益大于 100 时，图像的 R 最大灰度值等于 255，即处于饱和状态。

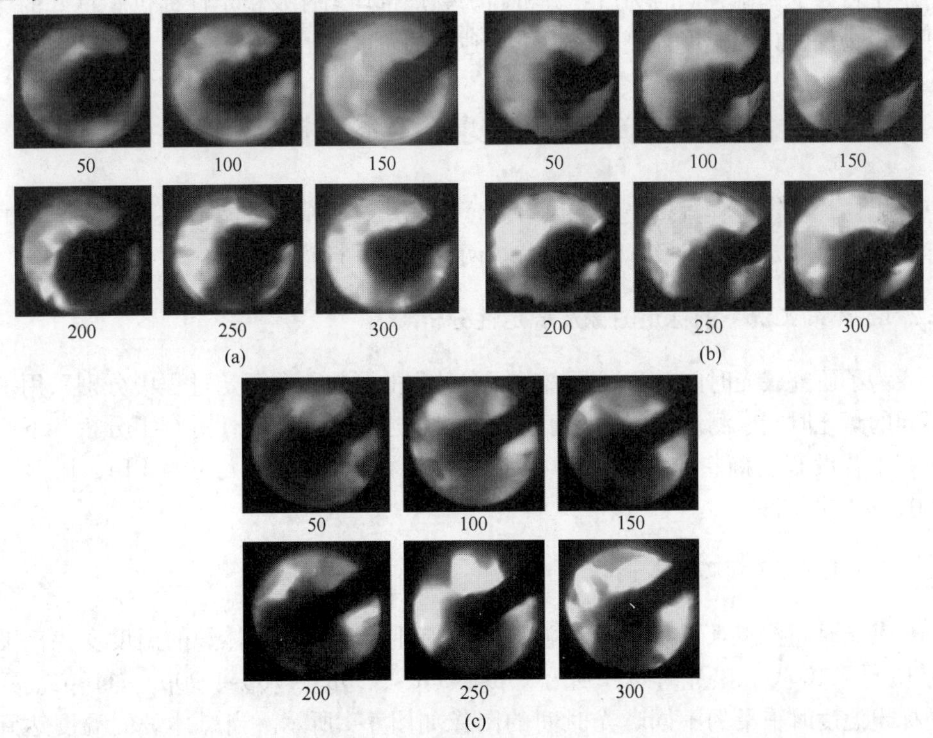

图 5-3 某 2500m^3 高炉不同风口增益变化时所采集的风口图像（曝光时间 70μs）
(a) 14 号风口；(b) 15 号风口；(c) 22 号风口

表 5-3　不同风口图像增益变化时的 R 灰度值的最大值与平均值

增益	14 号风口		15 号风口		22 号风口	
	最大	平均	最大	平均	最大	平均
50	191	31. 25	185	38. 61	200	33. 43
100	206	45. 21	245	51. 45	237	45. 41
150	255	64. 24	255	60. 26	255	49. 62
200	255	72. 98	255	73. 02	255	62. 26
250	255	79. 86	255	86. 12	255	71. 64
300	255	93. 87	255	88. 18	255	88. 67

针对 $2500m^3$ 级的高炉，为了采集到高炉燃烧带的有效辐射信息，综合考虑曝光时间及增益对温度检测系统的影响，最终将高炉燃烧带温度场检测原型系统的光圈设定为 F16，曝光时间设定为 70μs，增益设定为 100。通过对上述回旋区辐射有效采集的研究，为利用高炉燃烧带温度场检测原型系统采集高炉风口图像打下了良好的基础，同时为后续分析高炉燃烧带均匀性及稳定性提供了良好的保证，也为深入认识温度检测系统提供了独特的角度。

5. 2　高炉风口温度在线系统标定过程

黑体炉标定过程直接决定着风口温度在线系统的精度，本节从不同工况下的标定图像及稳定性分析及标定结果分析两个方面进行阐述。

5. 2. 1　不同工况下的标定图像及稳定性分析

为了研究曝光时间及测试距离对标定过程的影响，在标定过程中分别采用了不同的曝光时间、测试距离进行标定，并对上述过程的稳定性进行了分析。下面研究中若没有明确指出，则用于标定的 CCD 相机的光圈大小为 F16，增益为 100，标定距离为 4m。

5. 2. 1. 1　不同曝光时间

曝光时间控制对研究 CCD 检测系统具有重要意义，黑体炉的温度变化范围为 1500~2100℃，曝光时间分别为 10μs、30μs、50μs、70μs、90μs、110μs。不同标定温度时采集的不同曝光时间的图像如图 5-4 所示。当黑体炉的温度达到 2000℃时，曝光时间 90μs 以上的图像出现过了过饱和现象；当黑体炉的温度达到 2100℃时，曝光时间在 30μs 以上的图像均出现过了过饱和现象。

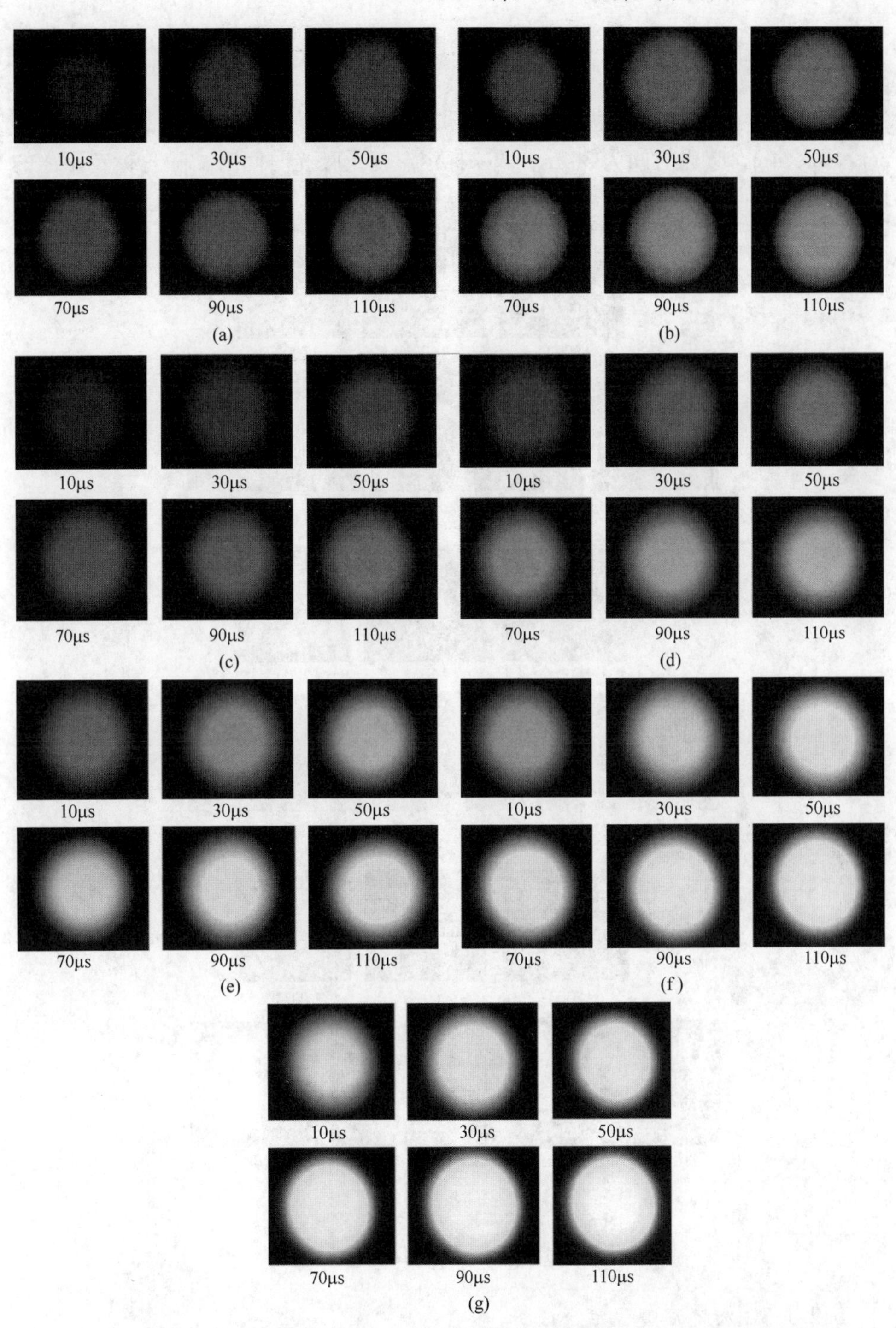

图 5-4 不同曝光时间的黑体炉标定图像

(a) 1500℃; (b) 1600℃; (c) 1700℃; (d) 1800℃; (e) 1900℃; (f) 2000℃; (g) 2100℃

5.2.1.2　不同距离

不同标定距离时 CCD 检测系统黑体炉标定的图像如图 5-5 所示，标定距离为 2m、3m、4m，曝光时间为 30μs。同一标定温度及曝光时间时，随着标定距离的增加，图像的亮度在逐渐降低。

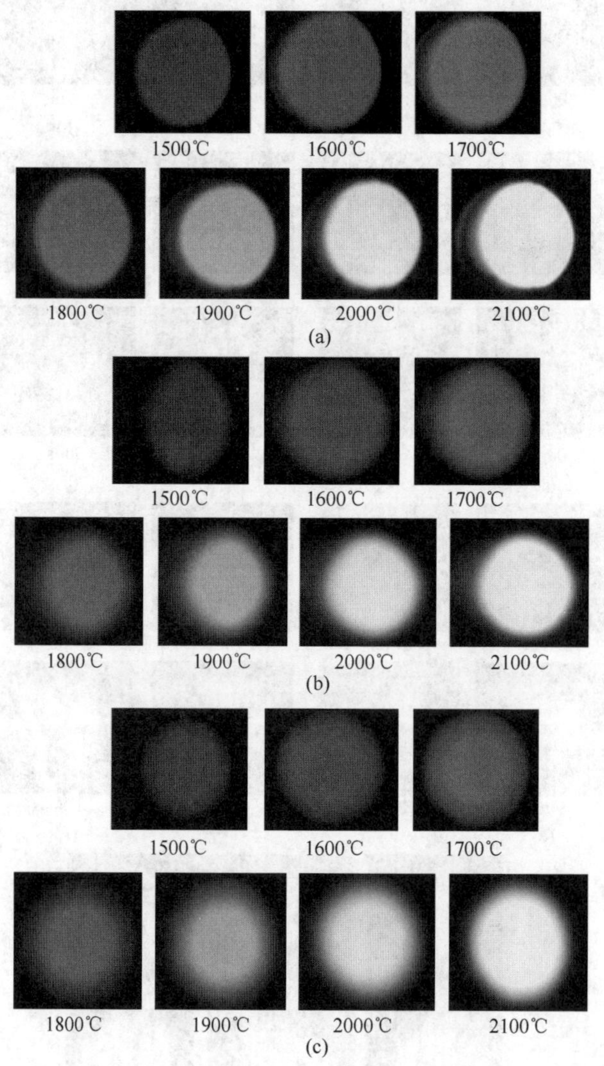

图 5-5　不同距离的黑体炉标定图像
（a）2m，30μs；（b）3m，30μs；（c）4m，30μs

5.2.1.3　标定温度稳定性分析

由于本章采用比色法模型确定相应条件下各波长与温度的关系，为了减少标定过程的误差，因此每个特定的标定参数使用5幅图像的平均灰度作为基准。要判断采集到的风口燃烧带的图像是否稳定，需要通过分析单幅图像的稳定性及5幅图像的平均灰度来判断。

表5-4~表5-6分别为不同距离及曝光时间下的单幅图像灰度值及5幅图像灰度值误差分析。当标定温度为2100℃时，标定距离2m及3m时图像的R、G通道均处于过饱和的状态，因此在此不做分析。当标定温度为2000℃时，标定距离2m及3m时图像的R通道的灰度值处于过饱和状态。

表5-4 2m标定距离及曝光时间为30μs时单幅图像及五幅图像灰度值误差

标定温度/℃	单幅图像R通道		单幅图像G通道		单幅图像B通道	
	最大灰度	平均灰度	最大灰度	平均灰度	最大灰度	平均灰度
1500	21	17.81	11	9.03	2	0.75
1600	42	35.92	23	19.66	4	1.79
1700	79	69.66	48	42.02	7	4.35
1800	133	121.28	86	78.36	13	9.43
1900	215	197.91	151	137.04	25	19.67
2000	—	—	252	231.25	54	43.7

标定温度/℃		五幅图像灰度值误差			
		最大灰度		平均灰度	
		平均值	相对偏差/%	平均值	相对偏差/%
1500	R通道	21	0	17.86	0.43
	G通道	11.4	8.33	9.08	0.57
	B通道	3	0	0.76	2.75
1600	R通道	42.2	2.32	35.95	0.22
	G通道	23	0	19.69	0.23
	B通道	4	0	1.79	2.04
1700	R通道	78.6	1.26	69.70	0.41
	G通道	47.8	2.08	42.06	0.51
	B通道	7.2	12.5	4.37	1.92
1800	R通道	132.8	1.49	121.12	0.12
	G通道	86.6	1.14	78.25	0.13
	B通道	13.2	7.14	9.39	0.41
1900	R通道	215	0.93	197.95	0.36
	G通道	150	1.33	137.04	0.30
	B通道	25	0	19.65	0.64
2000	R通道	—	—	—	—
	G通道	251	0.39	231.14	0.21
	B通道	54	1.85	43.65	0.63

表 5-5 3m 标定距离及曝光时间为 30μs 时单幅图像及五幅图像灰度值误差

标定温度/℃	单幅图像 R 通道		单幅图像 G 通道		单幅图像 B 通道	
	最大灰度	平均灰度	最大灰度	平均灰度	最大灰度	平均灰度
1500	20	17.24	10	8.58	2	0.36
1600	41	35.23	22	19.23	3	1.29
1700	77	68.27	46	41.21	6	3.67
1800	124	117.14	83	75.08	11	7.96
1900	210	193.96	143	133.89	22	17.86
2000	—	—	242	226.4	47	40.92

标定温度/℃		五幅图像灰度值误差			
		最大灰度		平均灰度	
		平均值	相对偏差/%	平均值	相对偏差/%
1500	R 通道	20	0	17.21	0.30
	G 通道	10.6	9.09	8.57	0.07
	B 通道	2	0	0.34	2.29
1600	R 通道	40.80	2.44	35.36	0.24
	G 通道	22	0	19.28	0.25
	B 通道	3	0	1.32	2.32
1700	R 通道	76.2	1.29	68.35	0.21
	G 通道	46.2	2.12	41.18	0.22
	B 通道	6	0	3.67	0.70
1800	R 通道	124.8	0.80	116.79	0.02
	G 通道	82	0.12	74.85	0.29
	B 通道	11	0	7.92	0.50
1900	R 通道	207.40	0.96	194.41	0.22
	G 通道	143.6	0.69	134.17	0.21
	B 通道	22.2	4.34	17.92	0.25
2000	R 通道	—	—	—	—
	G 通道	242.6	0.81	226.47	0.27
	B 通道	48.2	4.08	40.91	0.54

表 5-6 4m 标定距离及曝光时间为 10μs 时单幅图像及五幅图像灰度值误差

标定温度/℃	单幅图像 R 通道		单幅图像 G 通道		单幅图像 B 通道	
	最大灰度	平均灰度	最大灰度	平均灰度	最大灰度	平均灰度
1500	14	11.8	7	5.39	1	0.089

续表 5-6

标定温度/℃	单幅图像 R 通道		单幅图像 G 通道		单幅图像 B 通道	
	最大灰度	平均灰度	最大灰度	平均灰度	最大灰度	平均灰度
1600	27	23.04	15	12.58	2	0.65
1700	51	46.17	30	26.72	4	2.14
1800	86	78.07	55	49.63	7	4.84
1900	142	131.85	97	90.27	14	10.95
2000	214	203.1	158	148.03	27	21.94
2100	—	—	255	243.6	56	48.85

标定温度/℃		五幅图像灰度值误差			
		最大灰度		平均灰度	
		平均值	相对偏差/%	平均值	相对偏差/%
1500	R 通道	14	0	11.59	1.72
	G 通道	7	0	5.44	1.06
	B 通道	1	0	0.1	7.66
1600	R 通道	26.8	3.7	23.28	0.84
	G 通道	15	0	12.63	0.95
	B 通道	2	0	0.65	3.23
1700	R 通道	51	0	45.97	0.47
	G 通道	30.2	3.22	26.6	0.63
	B 通道	4	0	2.118	1.48
1800	R 通道	85.2	1.21	78.27	0.56
	G 通道	54.4	1.81	49.79	0.74
	B 通道	7.2	12.5	4.89	1.09
1900	R 通道	141	1.39	131.73	0.37
	G 通道	97.2	1.23	90.11	0.46
	B 通道	14	0	10.91	0.29
2000	R 通道	215	0.93	202.86	0.2
	G 通道	158	0	147.91	0.22
	B 通道	26.4	3.7	21.87	0.34
2100	R 通道	—	—	—	—
	G 通道	255	0	243.32	0.14
	B 通道	56.4	1.75	48.77	2.01

标定距离为 2m 时，单幅标定图像的 R 通道灰度值在 1500~1700℃时增长幅

度相对 1800～1900℃时低。同样地，单幅标定图像的 G 通道灰度值在 1500～1800℃时增长幅度相对 1900～2000℃时低。单幅标定图像的 B 通道灰度值在整个标定温度范围内增幅在逐渐增加，未出现跳跃式增长。3m、4m 标定距离的单幅图像 R 通道、G 通道、B 通道灰度值增加都有类似的规律出现。

标定距离为 2m 时，5 幅图像的 R 通道最大灰度平均值相对偏差最高出现在 1600℃时，其值为 2. 32%；G 通道的最高出现在 1500℃时，其值为 8. 33%；B 通道的最高出现在 1700℃时，其值为 12. 5%。对于 5 幅图像的 R 通道平均灰度平均值相对偏差最高出现在 1500℃时的 0. 43%；G 通道的最高出现在 1500℃时，其值为 0. 57%；B 通道的最高出现在 1500℃时，其值为 2. 75%。

总体上看，随着标定温度的升高，单幅图像的最大灰度值与平均灰度的偏差增大。除温度为 1500℃时外，R 通道、G 通道的 5 幅图像的平均灰度值的相对偏差大部分小于 1%，B 通道的相对偏差的值一般都比其他两个波长的值高。由此可知，R 通道与 G 通道的 5 幅图像的平均灰度值的稳定性较好，而 B 通道的稳定性较差。以上研究也表明，标定温度低及标定距离近时标定图像的稳定性低，标定温度较高及标定距离较远时标定图像的稳定性高。

5. 2. 2 标定结果

5. 2. 2. 1 标定距离

由于高炉的容积不同，因此风口窥视孔与风口前端回旋区的距离不同。为了研究不同的测量距离对黑体炉灰体及温度之间关系的影响，黑体炉标定过程中，研究了 CCD 测温系统在 2m、3m 及 4m 时采集到的黑体炉辐射图像的灰度与温度之间的关系，如图 5-6 所示。从图中可知，不同距离的 R 通道、G 通道、B 通道

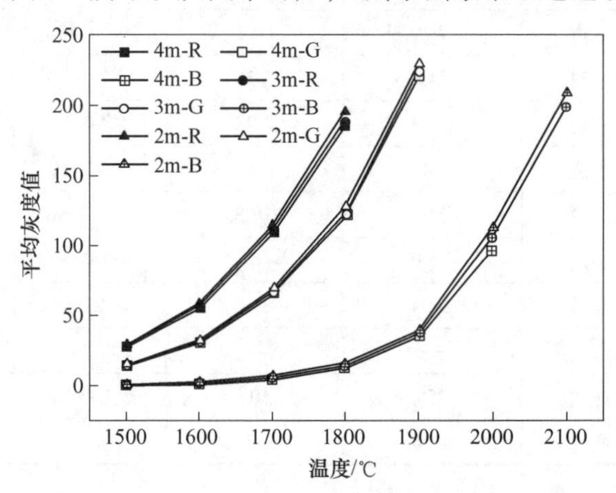

图 5-6 图像平均灰度值随距离的变化

灰度值相差不大。由于 CCD 光电转换系数、暗电流及背景噪声的影响，造成其灰度值产生微小的差别。由成像原理可知，不同距离时成像的大小不同。但在某一温度下由黑体炉辐射出的光强为固定值，同时黑体炉标定区域清洁，没有灰尘等影响光束的传递，因此当 CCD 测温系统采用同一光圈大小及曝光时间时，CCD 靶面所接受到的辐射强度相同。

图 5-7 所示为不同标定距离时图像灰度比与标定系数间的关系图，从图中可知，不同标定距离对图像灰度比与 CCD 测温系统标定系数几乎没有影响。因此在实际检测过程中，可忽略不同的标定距离对 CCD 测温系统的检测准确性的影响。

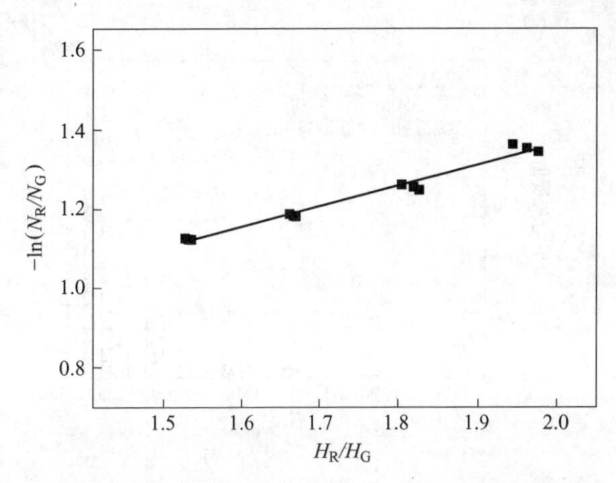

图 5-7 不同标定距离时图像灰度比与 CCD 测温系统转换系数的关系

5.2.2.2 曝光时间

CCD 为积分型器件，CCD 靶面所探测到的辐射能与相机的曝光时间存在一定关系，曝光时间越长进光量越多。在标定过程中，CCD 测温系统的曝光时间从 10μs 增加到 110μs，曝光时间的间隔为 20μs。图 5-8 所示为标定距离为 4m 时，彩色 CCD 测温系统曝光时间与所采集图像灰度之间的关系。从图中可知，R、G 灰度值随着标定温度的升高而增加，R 灰度值的增加幅度大于 G 灰度值的增加幅度。B 灰度值在 1500~1800℃时增幅较小，在 1800℃以后增幅较大。可见 B 灰度值对低温区的温度变化不灵敏。

图 5-9 所示为距离为 4m 时不同曝光时间的灰度比与 CCD 测温系统转换系数的关系，从图中可知，随着 R 与 G 灰度比的增加，$-\ln\dfrac{N_R}{N_G}$ 的值也随之增加。由图 5-7 可知，不同曝光时间对 CCD 检测系统所采集图像的灰度值有影响，但最终的标定结果与曝光时间的大小无关，其主要与 CCD 的类型及所采用的光学系统

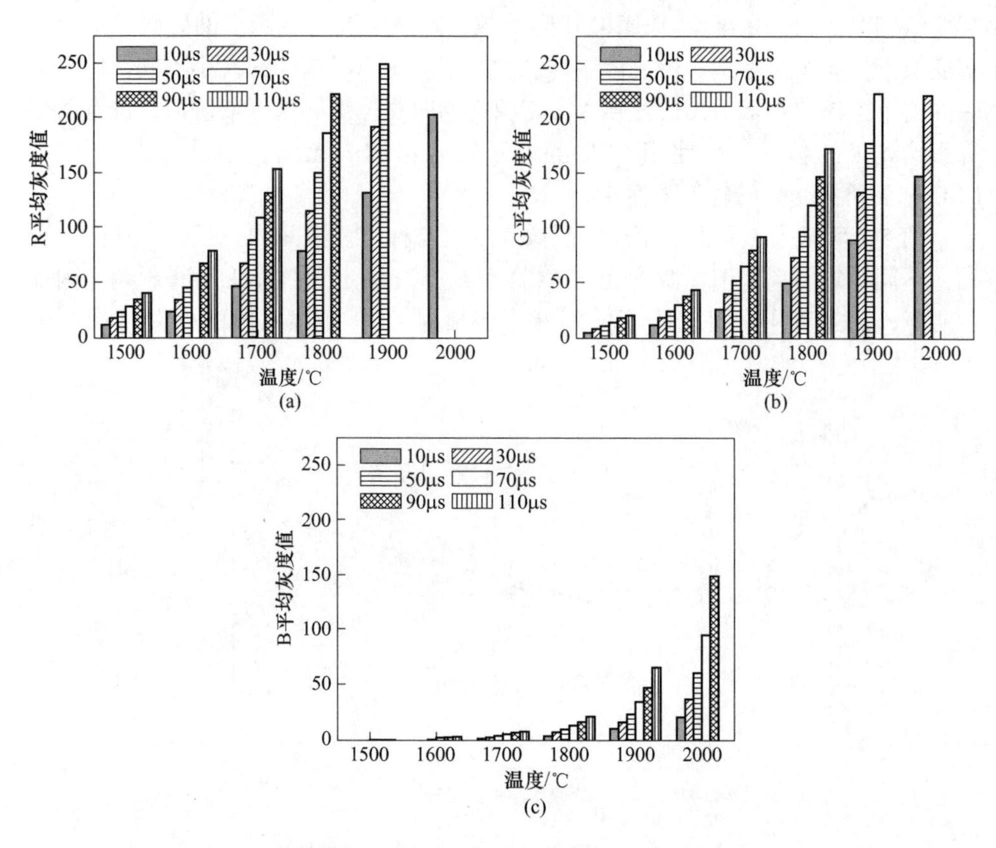

图 5-8　不同曝光时间时图像平均灰度值与标定温度的关系

(a) R；(b) G；(c) B

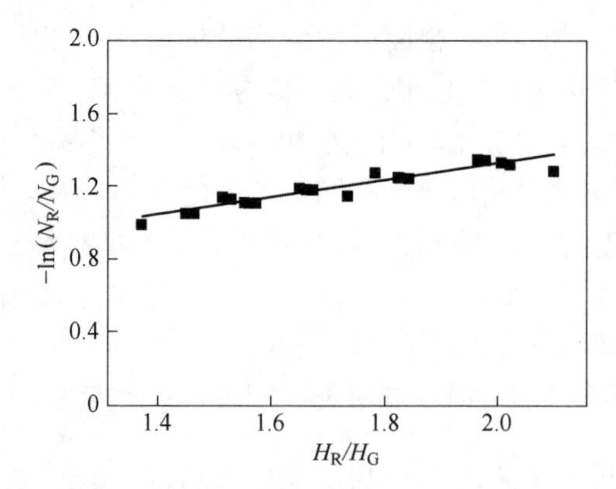

图 5-9　距离为 4m 时不同曝光时间的灰度比与 CCD 测温系统转换系数的关系

有关。上述研究结果与英国肯特大学的研究结果相同，间接验证了标定结果的准确性。因此在选择不同类型的 CCD 检测系统时，其图像灰度值与辐射温度之间的关系需要重新标定。

针对以上的分析可知，随着 $\frac{H_R}{H_G}$ 比值的增大，$-\ln\frac{N_R}{N_G}$ 的值也随之增大。采用最小二乘法对图 5-8 及图 5-9 拟合的 $\frac{H_R}{H_G}$ 与 $-\ln\frac{N_R}{N_G}$ 之间的关系式如所示，拟合式的确定系数 R^2 接近于 1，由此可知该拟合式能够较准确地反应灰度比与 CCD 测温系统转换系数之间的关系，如下式所示，不同拟合次项的比例系数见表 5-7。

$$y = Ax^3 + Bx^2 + Cx + D$$

式中，$y=-\ln\frac{N_R}{N_G}$，$x=\frac{H_R}{H_G}$。

表 5-7 不同次项拟合公式的系数

拟合次项	A	B	C	D	R^2
一次	—	—	0.5169	0.3278	0.9765
二次	—	0.4125	−0.9241	1.5755	0.9866
三次	0.1079	−0.1531	0.0595	1.008	0.9866

为了防止过拟合和拟合偏差太大的情况出现，本章中选用二次项拟合式作为最终的检测系统标定结果。表 5-8 为黑体炉标定时设定温度与计算温度的对比，由计算可知其相对误差最大为 0.53%，该相对误差能够满足检测系统的误差要求。可使用该套检测系统及标定结果来研究回旋区的温度场分布。

表 5-8 设定温度与计算温度的对比

设定温度/℃	计算温度/℃	误差/%
1500	1497.186	−0.18
1600	1608.291	0.52
1700	1691.062	−0.53
1800	1799.723	−0.01
1900	1902.035	0.11
2000	2004.447	0.22

综上所述，通过对黑体炉标定过程不同工况下的温度图像的稳定性进行分析，最终发现测温系统在黑体炉标定温度为 1500~2100℃ 范围内时，不同的曝光时间及距离时拟合得出的标定结果相同。最终采用二次项拟合式算法拟合黑体炉标定系统与温度之间的关系，相对误差最大为 0.53%，说明可使用该套检测系统及标定结果来研究高炉风口的温度场分布。

5.3　高炉风口图像滤波去噪过程

分别应用常见六种去噪方法对高炉风口图像进行去噪处理，添加高斯噪声并去噪后的图像如图 5-10 所示。由图 5-10（b）~图 5-10（g）可以看出，采用上述方法得到去噪后的图像均能够较好地保留图像的边缘细节部分，同时图像内部的高温部分也得到了保留。因此采用该算法能够实现对图像去噪的目的，同时还保留了图像边缘处的部分信息，为后续进行边缘提取打下了较好的基础。相对于小波滤波去噪法，其他的去噪法在一定程度上去除了图像内部的噪声，但是图像的煤粉黑根区域的噪声仍然存在。

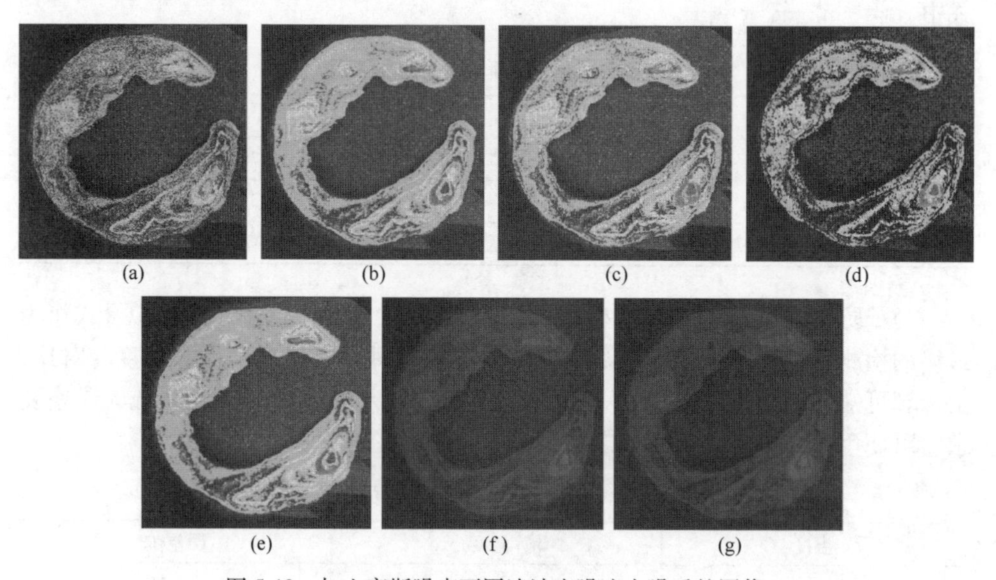

图 5-10　加入高斯噪声不同滤波去噪法去噪后的图像

（a）原图；（b）自适应平滑滤波；（c）自适应中值滤波；（d）几何均值滤波；（e）超限邻域滤波；（f）双边滤波；（g）小波滤波

图 5-11 所示为加入椒盐噪声后不同滤波去噪法去噪后的图像，由图 5-11（b）~图 5-11（g）可以看出，六种去噪方法处理后较好地保存了图像的边缘信息，自适应中值滤波去噪法、双边滤波去噪法及小波滤波去噪法对于高温区域的信息保存较为完整。同时还可以看出，其他三种去噪方法去除椒盐噪声不够彻底，从去噪处理后得到的图像中仍然可以看出椒盐噪声。

为了评价不同去噪方法去噪后的效果，一般主要采用误差评测法，即通过计算滤波去噪后的结果图像与原始无噪声图像的误差来衡量去噪去除的效果。本节采用峰值信噪比（PSNR）标准评价去噪效果的好坏，PSNR 值越大意味着越接

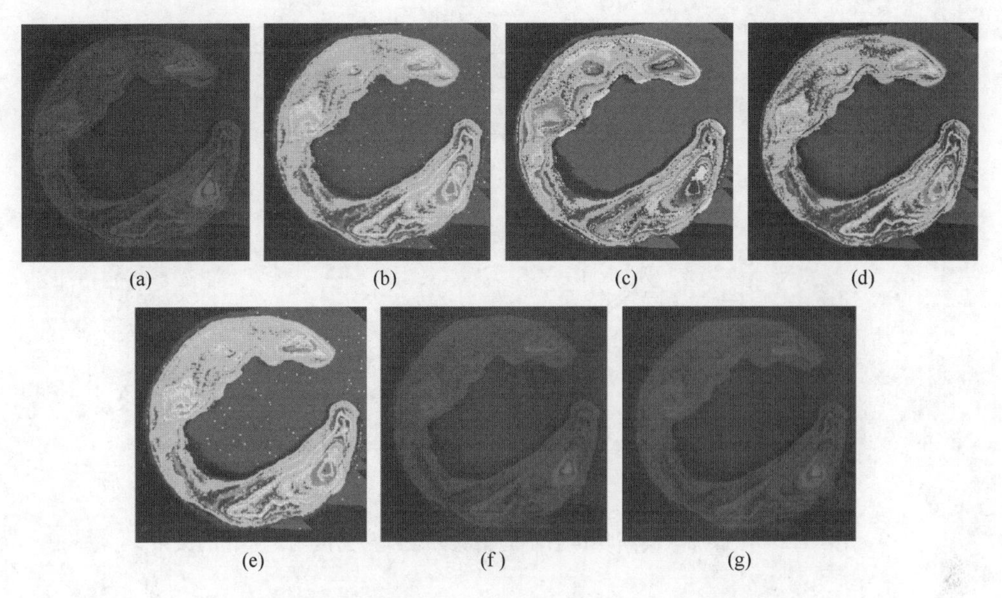

图 5-11 加入椒盐噪声不同滤波去噪法去噪后的图像

（a）原图；（b）自适应平滑滤波；（c）自适应中值滤波；（d）几何均值滤波；（e）超限邻域滤波；（f）双边滤波；（g）小波滤波

近原图，去噪的效果也越好。其原理如下所示：

$$F = \{f(i,j) \mid 1 \leqslant i \leqslant M, 1 \leqslant j \leqslant N\}$$

$$\widetilde{F} = \{\tilde{f}(i,j) \mid 1 \leqslant i \leqslant M, 1 \leqslant j \leqslant N\}$$

式中 F——原始图像的像素矩阵；

$\widetilde{F}$——处理后图像的像素矩阵；

M——图像像素高度方向数值；

$f(i, j)$——图像某点的像素。

$$\mathrm{PSNR} = 10\lg \frac{255 \times 255}{\mathrm{MSE}}$$

$$\mathrm{MSE} = \frac{1}{M \times N} \sum_{i=1}^{m} \sum_{j=1}^{n} (f(i,j) - \widetilde{f}(i,j))^2$$

式中 PSNR——图像像素矩阵的峰值信噪比；

MSE——图像像素矩阵的均方误差。

图 5-12 及图 5-13 所示分别为图像加入高斯噪声及椒盐噪声后不同去噪方法的噪声密度与 *PSNR* 的关系图。图中的噪声密度为 0.01，由图可知，当噪声密度为 0.01 时，图像加入椒盐噪声和高斯噪声后的 *PSNR* 值最大为小波滤波去噪法

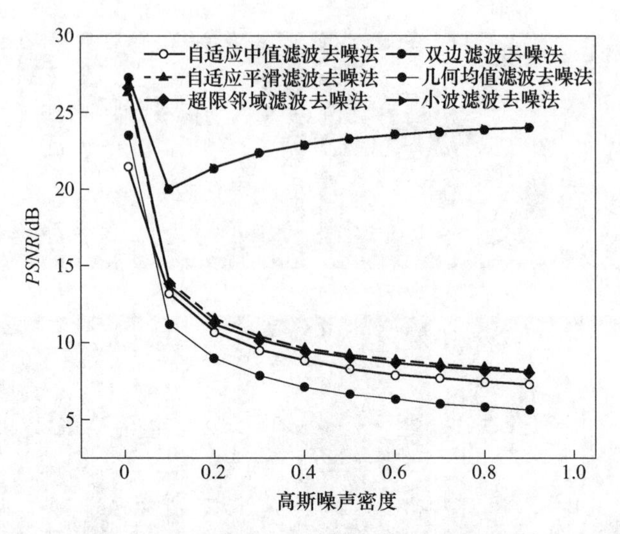

图 5-12　图像加入高斯噪声后不同去噪方法噪声密度与 *PNSR* 的关系

及双边滤波去噪法。随着噪声密度的增加，小波滤波去噪法及双边滤波去噪法的 *PSNR* 值波动较小，而其他 4 种去噪方法的 *PSNR* 值均出现大幅的降低。上述去噪效果与其他学者得出的结论类似，验证了本处理结果的准确性。虽然双边滤波去噪法的去噪效果与小波滤波去噪法接近，但由于其计算速度较慢，因此本章中采用小波滤波去噪法来处理风口图像的噪声。

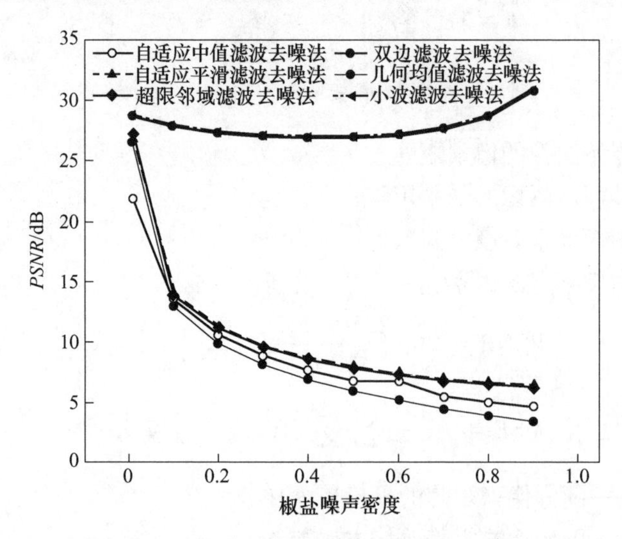

图 5-13　图像加入椒盐噪声后不同去噪方法噪声密度与 *PNSR* 的关系

综上所述，综合考虑自适应平滑滤波去噪法、自适应中值滤波去噪法、几何均值滤波去噪法、超限邻域滤波去噪法、双边滤波去噪法及小波滤波去噪法六种去噪方法，通过对去噪效果进行对比发现小波滤波去噪法的峰值信噪比（*PSNR*）最大且运算速度较快，说明该方法的去噪效果最佳。因此本章最终采用小波滤波去噪法处理高炉风口图像的噪声。

5.4 高炉风口图像边缘检测过程

分别采用 Prewitt 算子、Roberts 算子、Log 算子、Sobel 算子、Canny 算子、形态学边缘检测法对高炉风口燃烧带对应的三种不同的燃烧状态，如不喷煤（全焦冶炼）、正常喷煤及大喷煤情况下的风口图像边缘进行检测。图 5-14～图 5-16 所示分别为采用普通算法对不喷煤（全焦冶炼）、正常喷煤及大喷煤风口图像边缘检测的结果，从图中可以看出 Prewitt 算子、Roberts 算子可检测图像中的大部分边缘轮廓，但该检测的图像边缘是不连续的，有一小部分边缘有间断。而采用 Log 算子及 Sobel 算子无法检测出图像的边缘，Canny 算子能够有效地检测出正常喷煤及大喷煤风口图像边缘，但无法检测出不喷煤高炉的风口图像边缘。

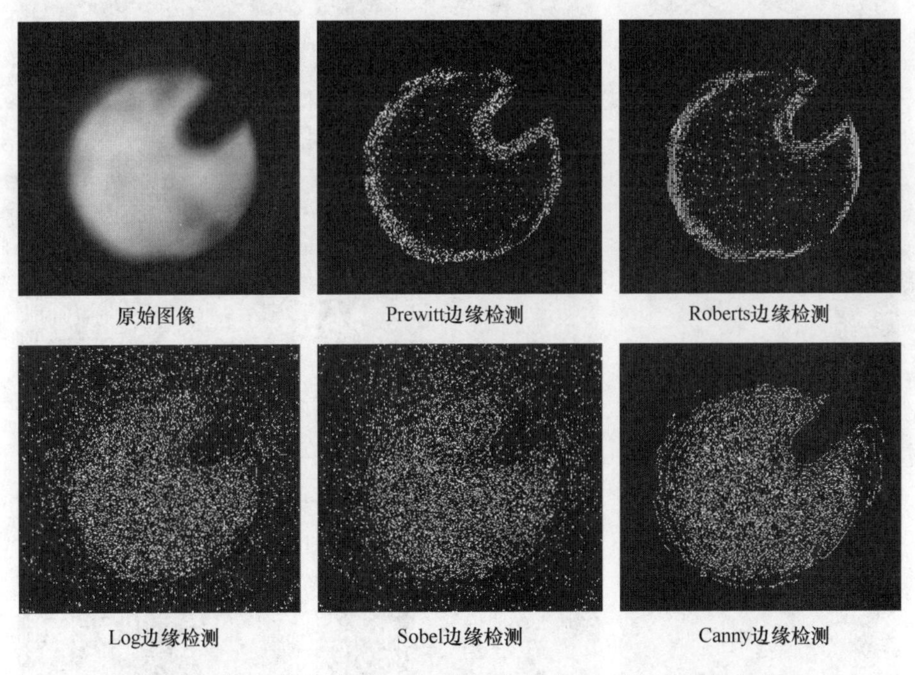

图 5-14 普通边缘算法检测不喷煤（全焦冶炼）的风口图像的结果

采用形态学检测不同喷煤状态的风口图像边缘如图 5-17 所示，从图中可以看出，采用形态学检测法能够较好地检测出三种不同喷煤状态的高炉风口图像的边缘。

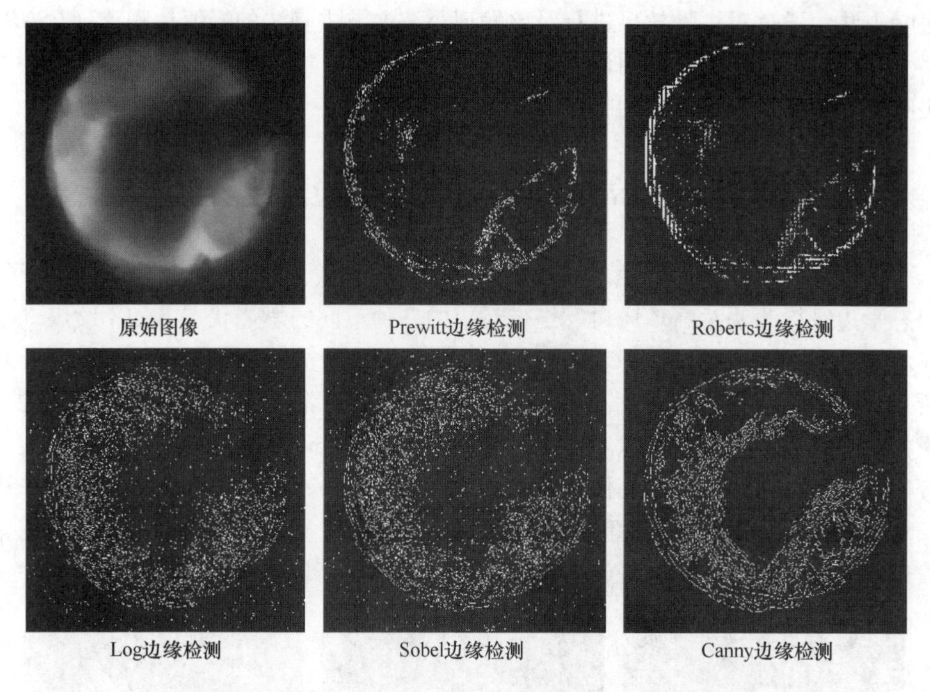

图 5-15　普通边缘算法检测正常喷煤的风口图像的结果

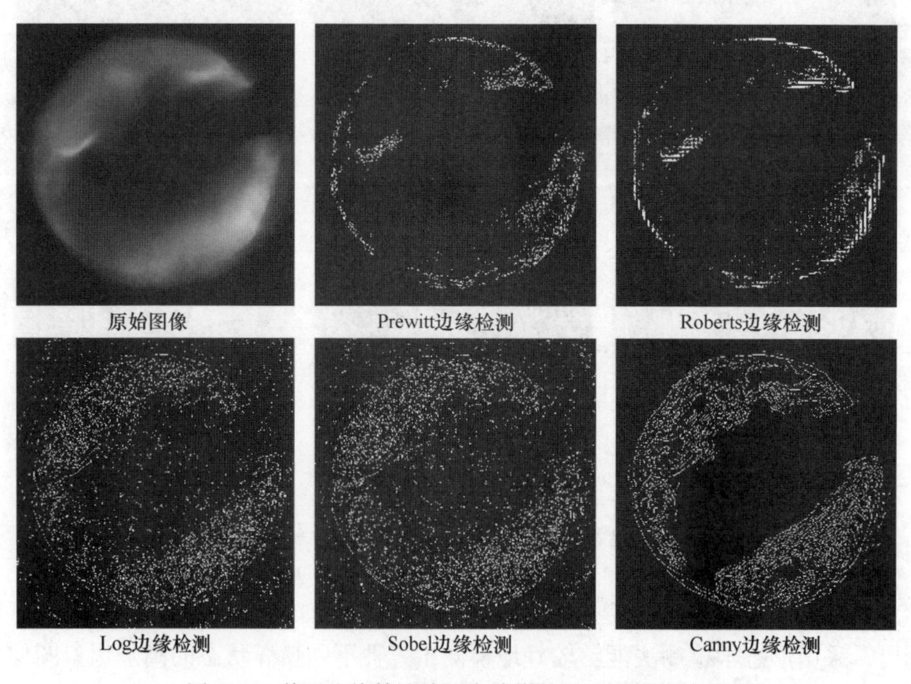

图 5-16　普通边缘算法检测大喷煤的风口图像的结果

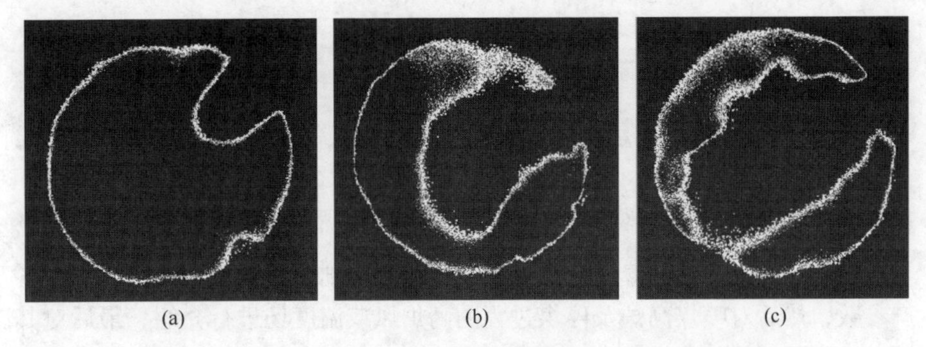

图 5-17 不同喷煤状态时采用形态学检测风口图像边缘结果
(a) 不喷煤(全焦);(b) 正常喷煤;(c) 大喷煤

综上所述,分别采用 Prewitt 算子、Roberts 算子、Log 算子、Sobel 算子、Canny 算子集形态学边缘检测法六种图像边缘检测方法对三种不同高炉喷煤状态的风口图像进行边缘检测,通过分析各种方法的边缘检测图像结果的优劣,最终得出,不喷煤(全焦冶炼)、正常喷煤及大喷煤状态的风口图像的边缘检测采用形态学边缘检测法。

6 高炉风口温度场分布及影响因素研究

以第4章及第5章的温度检测模型及优化为基础，本章首先介绍高炉设备及生产参数，然后对喷煤高炉及停煤过程的高炉风口温度场进行介绍，最后对其影响因素进行详细分析。

6.1 高炉设备及生产参数

本章实测的国内某钢厂 $2000m^3$ 和 $2500m^3$ 高炉的回旋区辐射图像进行分析。两座高炉的内型尺寸、原燃料条件、布料参数、操作参数、风口直径等参数如下所述。

6.1.1 $2000m^3$ 高炉

（1）高炉内型尺寸见表6-1。

表6-1 $2000m^3$ 高炉内型尺寸

序号	项目	参数	序号	项目	参数
1	高炉容积/m^3	2000	9	炉身高度/mm	14600
2	炉缸直径/mm	9630	10	炉喉高度/mm	2000
3	炉腰直径/mm	11700	11	有效高度/mm	25750
4	炉喉直径/mm	8000	12	炉腹角（α）	78°77′75″
5	死铁层厚度/mm	2200	13	炉身角（β）	82°77′84″
6	炉缸高度/mm	4200	14	风口数/个	26
7	炉腹高度/mm	3150	15	铁口数/个	2
8	炉腰高度/mm	1800	16	高径比	2.20

（2）原燃料参数见表6-2、表6-3。

表6-2 $2000m^3$ 高炉焦炭成分

焦炭	固定碳	灰分	挥发分	M_{40}	M_{10}
含量/%	86.16	12.76	1.08	87.4	6.2

表 6-3 2000m³ 高炉烧结矿成分

烧结矿	TFe	FeO	SiO_2	MgO	R^2
含量/%	55.30	9.98	5.65	1.93	2.12

（3）高炉操作参数及铁水和炉渣成分见表 6-4~表 6-6。

表 6-4 2000m³ 高炉操作参数

参数	大块焦比 /kg·t^{-1}	小块焦比 /kg·t^{-1}	煤比 /kg·t^{-1}	风量 /m^3·min	风温 /℃	鼓风压力 /kPa	富氧率 /%	鼓风湿度 /%
值	367	40	115.2	4037	1150	377.5	3.7	0.56

表 6-5 2000m³ 高炉铁水成分

参数	Si	S	Mn	P	C	铁水温度
值/%	0.32	0.023	0.61	0.121	4.56	1508.11℃

表 6-6 2000m³ 高炉炉渣成分

参数	MgO	MnO	FeO	Al_2O_3	SiO_2	[Ti]	CaO	R^2
值/%	8.59	0.25	0.46	13.82	32.8	2.43	41.65	1.27

（4）布料矩阵见表 6-7。

表 6-7 2000m³ 高炉布料矩阵

矿角/(°)	38	40.5	43.0	45.5	47.5	
圈数	1	2	3	3	3.5	
焦角/(°)	31	36.5	39.5	42	44.5	46.5
圈数	4.1	2	2	3	3	2

（5）高炉风口直径见表 6-8。

表 6-8 2000m³ 高炉风口序号及直径

序号	1	2	3	4	5	6	7	8	9
风口直径/mm	120	120	120	110	120	120	120	120	110
序号	10	11	12	13	14	15	16	17	18
风口直径/mm	120	120	120	110	120	120	120	120	120
序号	19	20	21	22	23	24	25	26	
风口直径/mm	120	120	110	120	110	120	120	120	

6.1.2 2500m³ 高炉

（1）高炉内型尺寸见表 6-9。

表 6-9 2500m³ 高炉内型尺寸

序号	项目	参数	序号	项目	参数
1	高炉容积/m^3	2500	9	炉身高度/mm	17000
2	炉缸直径/mm	11400	10	炉喉高度/mm	2000
3	炉腰直径/mm	12750	11	有效高度/mm	28700
4	炉喉直径/mm	8100	12	炉腹角（α）	78°46′16″
5	死铁层厚度/mm	2500	13	炉身角（β）	82°12′44″
6	炉缸高度/mm	4500	14	风口数/个	30
7	炉腹高度/mm	3400	15	铁口数/个	3
8	炉腰高度/mm	1800	16	高径比	2. 25

（2）原燃料参数见表 6-10、表 6-11。

表 6-10 2500m³ 高炉焦炭成分

焦炭	固定碳	灰分	挥发分	M_{40}	M_{10}
含量/%	86. 16	12. 76	1. 08	87. 4	6. 2

表 6-11 2500m³ 高炉烧结矿成分

烧结矿	TFe	FeO	SiO_2	MgO	R^2
含量/%	55. 01	9. 41	5. 61	1. 8	2. 03

（3）高炉操作参数及铁水和炉渣成分见表 6-12~表 6-14。

表 6-12 2500m³ 高炉操作参数

参数	大块焦比 /kg·t^{-1}	小块焦比 /kg·t^{-1}	煤比 /kg·t^{-1}	风量 /m^3·min^{-1}	风温 /℃	风压 /kPa	富氧率 /%	鼓风湿度 /%
值	370. 3	41	130	4770. 5	1040	377. 5	4	0. 56

表 6-13 2500m³ 高炉铁水成分

参数	Si	S	Mn	P	C	铁水温度
值/%	0. 35	0. 021	0. 52	0. 139	4. 37	1504. 31℃

表 6-14 2500m³ 高炉炉渣成分

参数	MgO	MnO	FeO	Al_2O_3	SiO_2	[Ti]	CaO	R^2
值/%	8. 5	0. 5	0. 58	14. 37	33. 01	2. 45	40. 59	1. 23

（4）布料矩阵见表 6-15。

表 6-15 2500m³ 高炉布料矩阵

矿角/(°)	33	36	38	40	42	
圈数	1	2	3	3	3	
焦角/(°)	27	31.5	34.5	37.5	39.5	41.5
圈数	4.2	1	2.5	2.5	2.5	2

(5) 高炉风口直径见表 6-16。

表 6-16 2500m³ 高炉的风口序号及直径

序号	1	2	3	4	5	6	7	8	9	10
风口直径/mm	120	120	120	110	120	120	120	110	120	120
序号	11	12	13	14	15	16	17	18	19	20
风口直径/mm	120	120	120	110	120	120	120	120	120	120
序号	21	22	23	24	25	26	27	28	29	30
风口直径/mm	110	120	120	120	120	120	120	110	120	120

6.2 喷煤高炉正常冶炼风口温度场分布

图 6-1 所示为高炉风口实物，热风由热风围管进入热风支管，随后进入高炉直吹管，最终经过风口进入到高炉本体。如图 6-2 所示为高炉回旋区温度场现场测试图，图 6-2（a）所示为高炉风口窥视孔实物图，风口窥视孔位于直吹管前端，图 6-2（a）中下部明亮的小孔为高炉风口窥视孔。热风与风口前喷入的煤粉及炉内的焦炭发生燃烧反应，所产生火焰辐射出的光束投射到风口窥视孔，被安装于窥视孔前端的风口回旋区检测系统所采集。图 6-2（b）所示为采用风口回旋区检测系统采集风口图像的现场测试图。

图 6-3 所示为高炉燃烧带温度场检测示意图，由数值模拟及高炉理论燃烧温度模型计算可知，高炉回旋区理论燃烧温度为 2000℃ 左右，煤粉及焦炭在回旋区有限区域燃烧，导致由此回旋区辐射出的光束过强，使得 CCD 工业相机出现过饱和。针对高炉燃烧带的燃烧辐射特点，并结合检测系统的主要部件 CCD 相机的动态响应范围，综合考虑光圈大小、曝光时间、增益对采集的影响，采用适合的参数组合确保所采集图像的 R 通道、G 通道及 B 通道灰度值处于不饱和状态。

图 6-4 所示为燃烧带温度场分布计算流程，燃烧带的煤粉及焦炭的火焰经过检测系统的 CCD 输送出风口图像，对图像进行去噪及边缘检测及提取后，得到 R 通道、G 通道和 B 通道灰度值，通过光学模型得到其辐射强度；然后经过黑体

图 6-1　高炉风口实物

(a)

(b)

图 6-2　高炉风口区域形状及现场检测图
（a）风口窥视孔；（b）现场测试图

炉标定得到对应黑体的温度，再通过灰体假设及比色法温度场求解模型得出风口温度场分布。本节中将单个风口采集图像称为风口图像，其求解得出的温度场称为风口温度场，所有的风口温度场组成高炉燃烧带温度场。

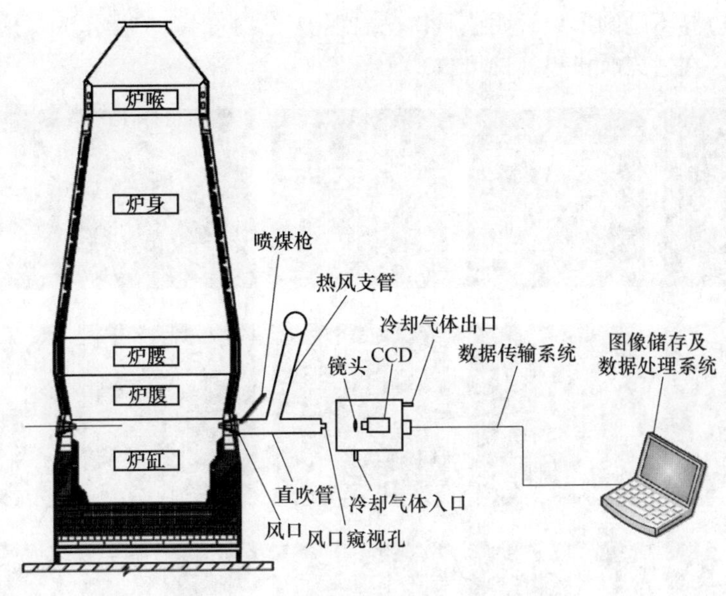

图 6-3 高炉燃烧带温度场检测示意图

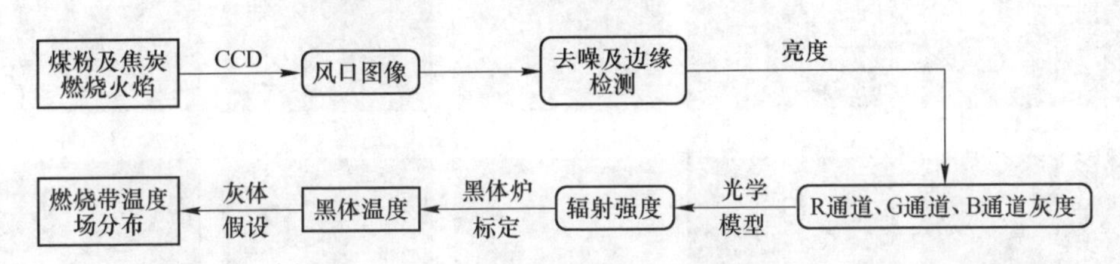

图 6-4 燃烧带温度场分布计算流程

6.2.1 2000m³ 高炉

图 6-5 所示为采用高炉燃烧带温度场检测原型系统采集的 2000m³ 高炉 8 号风口图像，CCD 靶面与风口截面的距离为 4m，光圈大小为 F16，曝光时间为 70μs，增益为 100。为了研究一段时间内高炉风口温度场，连续采集 8 号风口 90s 时间内的风口图像，图 6-5 展示了 2000m³ 高炉 8 号风口不同时刻的图像。喷煤枪位于风口前端，采集得到的风口图像中心区域被喷煤枪及其所喷出煤粉形成的煤粉云遮挡，在该区域产生黑根。由于鼓风参数及煤粉流量随时间变化而变化，造成不同时刻采集的风口图像中煤粉黑根面积不同。图像中出现面积较小的黑色区域为焦炭颗粒或未熔化的原料。

对以上风口图像进行特征分析，发现正常情况下煤粉流形成的煤粉云均出现在图像的中心区域。当采集到的风口图像中煤粉云大量出现在边缘区域时，说明该时刻的煤粉流不正常，此时高炉操作人员应当及时调整喷煤枪的位置。对采集到的风口图像进行边缘提取，能够得到风口的边界。如果对大量风口图像分析后发现风口边界不是圆形，说明该风口已出现破损，此时高炉操作人员应当重点关注该风口，在适当时机更换该风口。

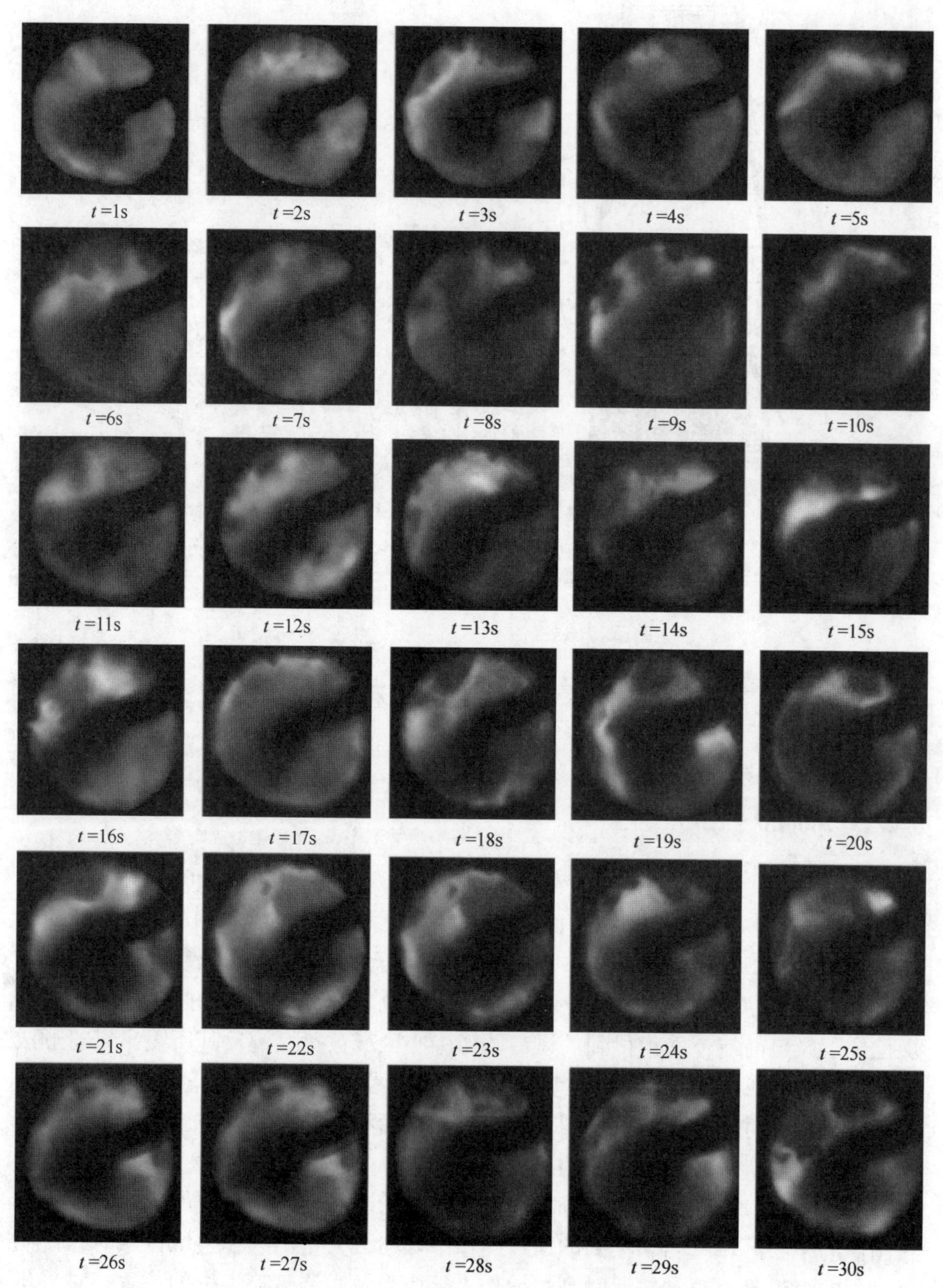

图 6-5　2000m^3 高炉不同时刻的 8 号风口图像

通过边缘检测及局部提取算法，将图像背景及煤粉黑根部分去除，最终通过回旋区温度场模型计算得出风口图像的温度场。图 6-6 所示为 2000m^3 高炉 8 号风口的温度场分布，从图中可以看出，某一时刻的风口图像中各区域温度分布不均匀，靠近黑根部分温度较低。图像中存在煤粉云及颗粒状物体的区域也呈现出温度低的特点，部分图像的局部区域温度低于 1300℃，为了提高温度场计算的准确性，本研究中将该局部区域去除，其在温度场分布中显示为背景色白色。

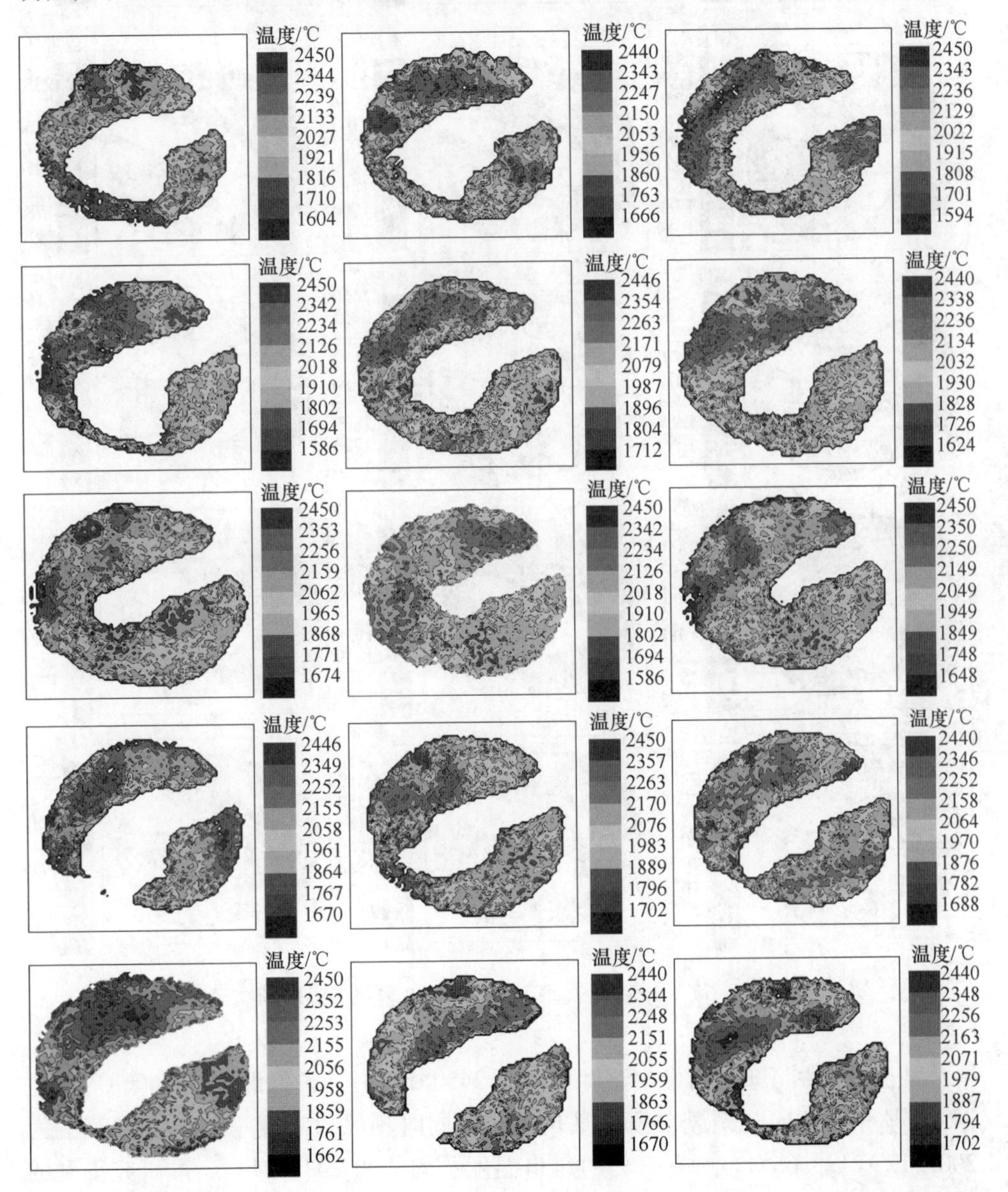

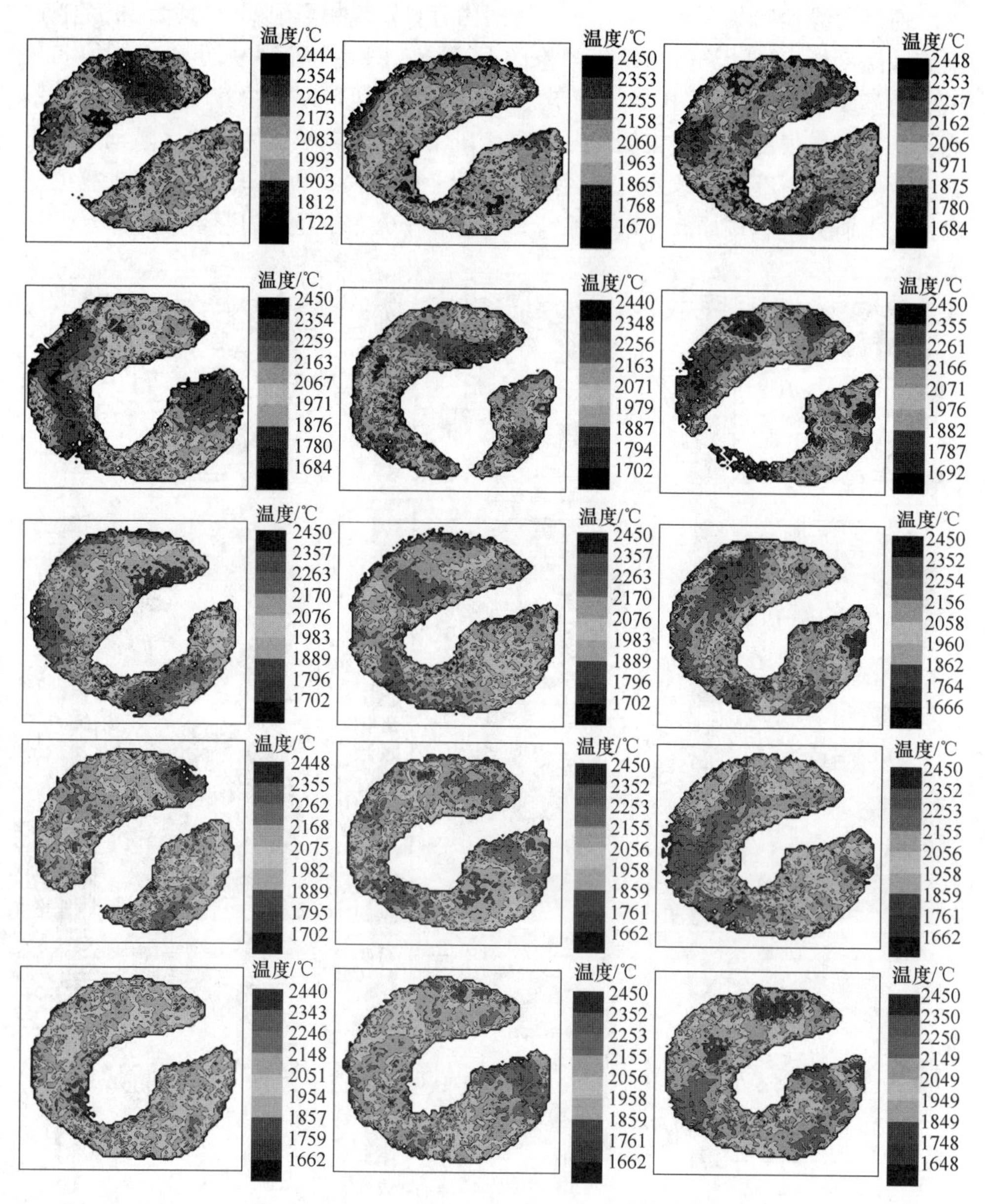

图 6-6　2000m^3 高炉不同时刻的 8 号风口温度场

从图 6-6 中可知，图像中温度最高为 2450℃左右，最低温度为 1600℃左右。图 6-7 所示为不同时刻风口温度平均值，不同时刻风口温度平均值变化范围为 2007. 12~2123. 66℃。所有时刻的风口温度平均值为 2073. 24℃。本研究得到的风口温度平均值与重庆大学的张生富及欧钢联的 Taylor 的研究结果接近，验证了检测结果的准确性。采用理论燃烧温度模型计算得出该高炉操作参数时的理论燃烧温度为2201.29℃。由于理论燃烧温度为绝热条件下计算得出的最高温度，因此它比实际检测得出的温度场平均温度高。通过理论燃烧温度模型得出的平均温度估计值与实测得到的温度值较接近，间接验证了实测结果的准确性。

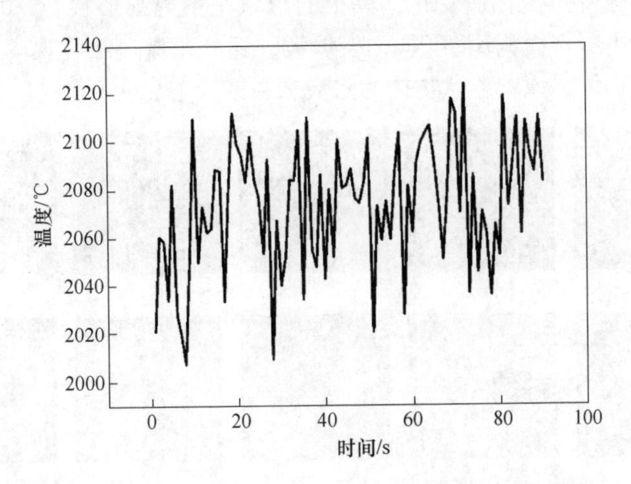

图6-7 2000m³ 高炉8号风口不同时刻的温度平均值

高温区域大部分出现在图像边缘，图像中心区域被煤粉云遮挡，无法确定图像中心区域的温度。根据高炉回旋区大小数学模型，高炉回旋区大小受风压的影响。在实际高炉操作过程中，冷风需经过富氧加压，并通过热风炉预热提供高温热风，当热风经过热风围管进入热风支管及直吹管时，不同时刻热风压力及风量不稳定。此外，高炉喷煤枪的煤粉量随时间变化而变化，该风口回旋区不同时刻的燃烧状态不同，导致某段时间内风口断面处温度场分布不相同。

以上实测的温度场分布表明，同一时刻高炉风口温度场中不同位置温度不同，即高炉燃烧带温度场在空间上分布不均匀；不同时刻风口温度场分布不同，即高炉燃烧带温度场在时间上分布不均匀。

当高炉其他冶炼参数不变时，如果通过实测发现某时刻的温度平均值与前时刻相比，其变化幅度超过了120℃的正常波动范围，且所采集的风口图像中煤粉流股形成的煤粉云面积较大，可认为该风口的煤粉燃尽率较低，应尽快检查该风口输煤管开关及煤粉分配器是否工作正常。以某一时间间隔为单位，分别计算不同时间段内某风口的温度场平均值。如果上一时间段的温度平均值高于下一时间段，说明高炉炉温降低；如果上一时间段的温度平均值低于下一时间段，则说明高炉炉温升高。通过以上方法可判断高炉炉温变化趋势，为高炉操作人员调节炉况、更加及时及全面的掌握高炉冶炼规律提供指导。

6.2.2　2500m³ 高炉

图 6-8 所示为 2500m³ 高炉 5 号风口不同时刻采集到的风口图像，从图中可以看出，不同时刻的煤粉黑根区域在图像中位置不同，煤粉黑根的喷射方向及所占面积的大小随时间变化而变化，黑根的形状呈不规则形状。2500m³ 高炉的黑根区域在图像中所占面积比 2000m³ 高炉大。部分图像边缘可观察到灰色或近似黑色的颗粒状物体，该颗粒状物体为焦炭颗粒或未熔化的原料。

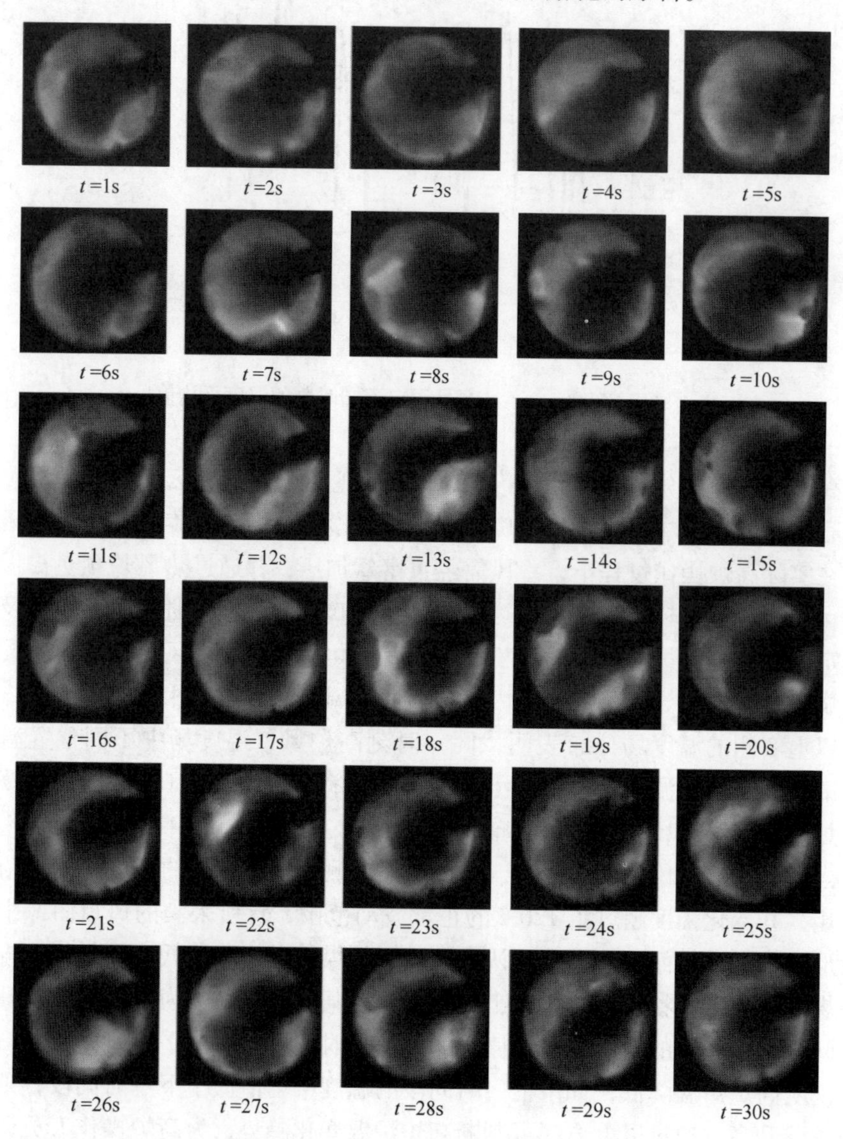

图 6-8　2500m³ 高炉不同时刻的 5 号风口图像

图 6-9 所示为 2500m^3 高炉不同时刻的 5 号风口温度场，从图中可知，风口温度场的最高温度为 2440℃，最低温度为 1678℃。图 6-10 所示为 2500m^3 高炉 5 号风口图像的温度平均值，所有时刻该风口平均值范围为 1965. 02~2046. 04℃，整个时间段内风口温度平均值为 2006. 33℃。图中高温区域比 2000m^3 高炉少。高炉理论燃烧温度模型计算得出 2500m^3 高炉对应的理论燃烧温度为 2117. 78℃。理论燃烧温度比该段时间内风口的温度平均值高 111. 45℃。

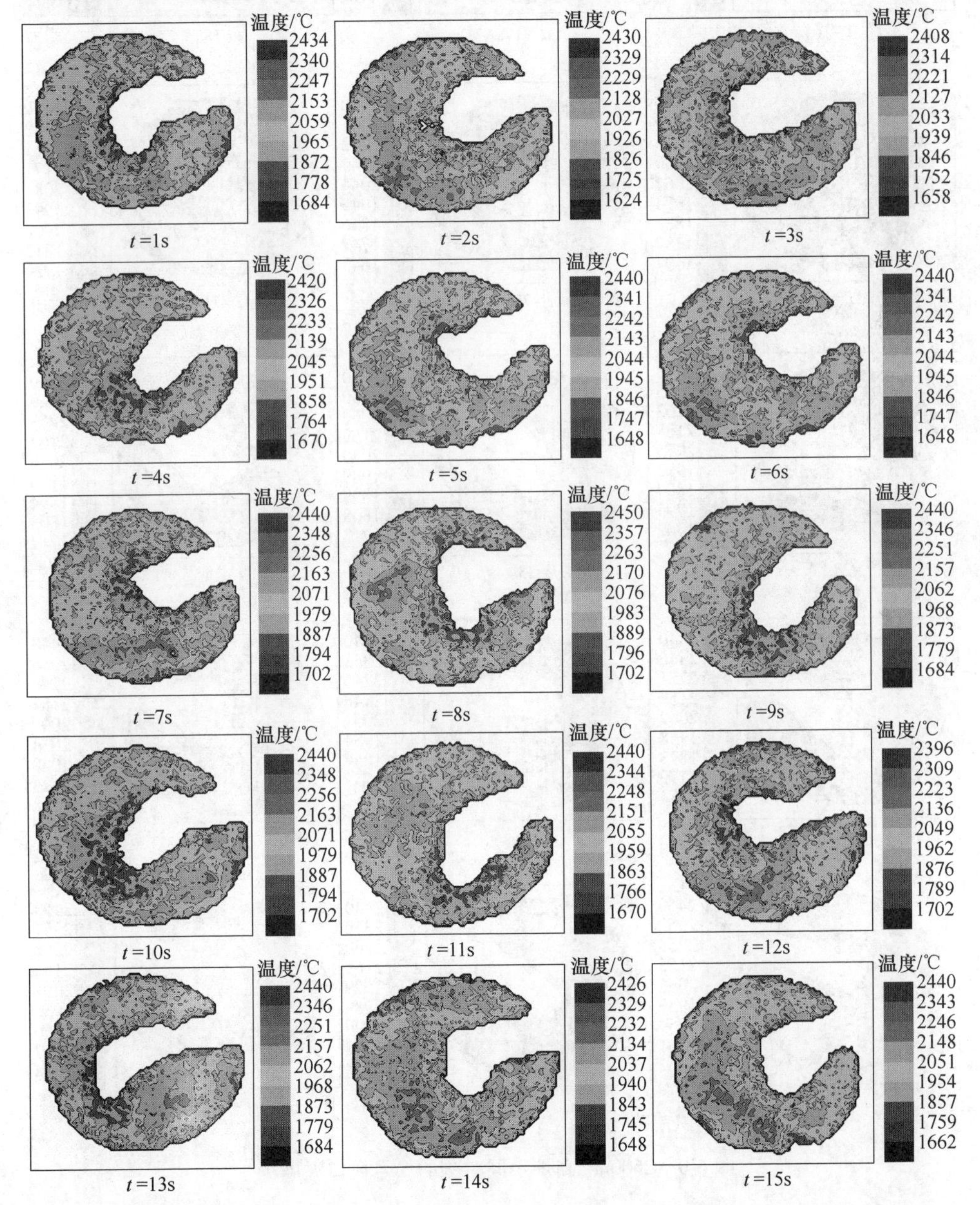

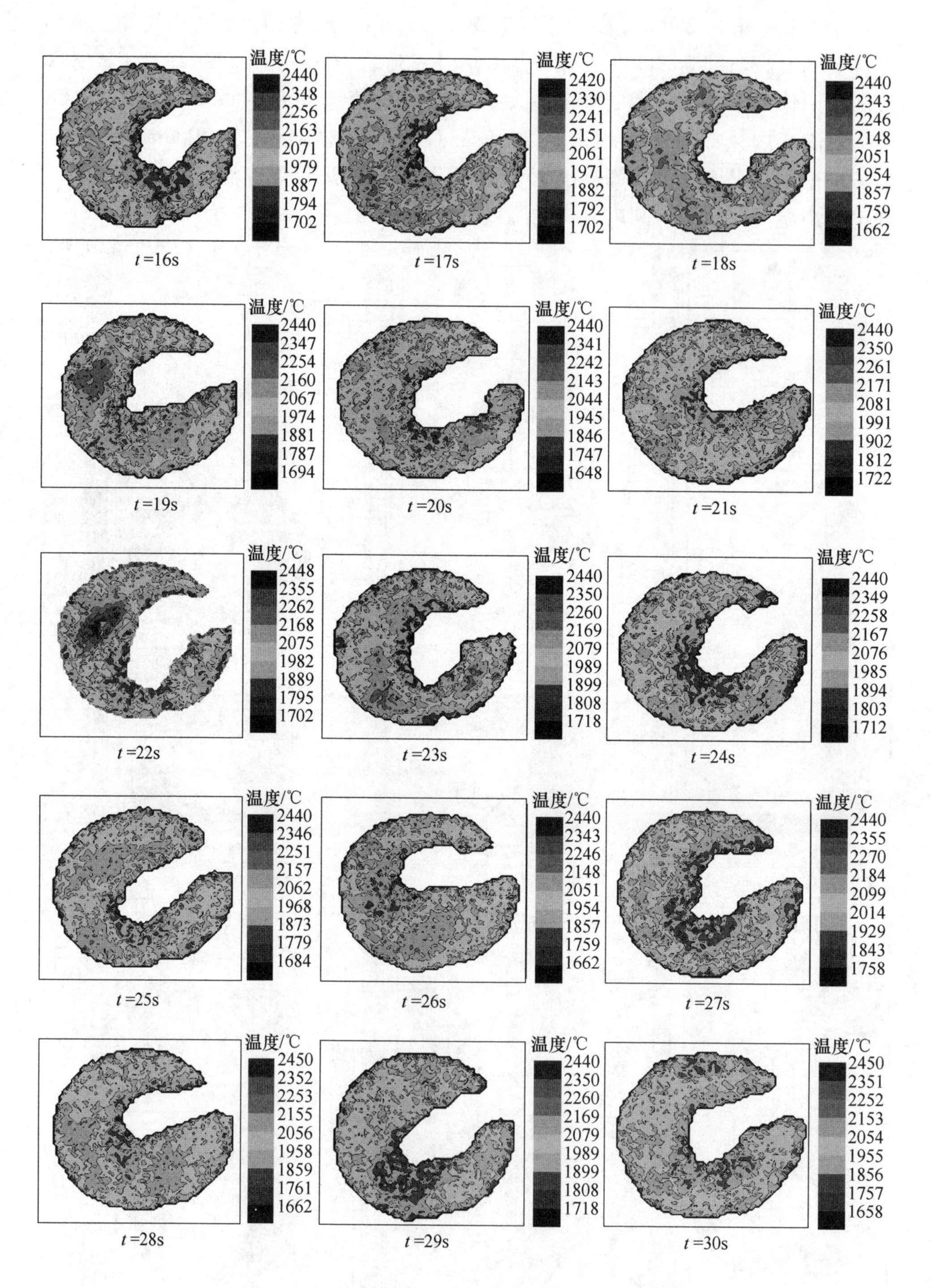

图 6-9　2500m^3 高炉不同时刻的 5 号风口温度场

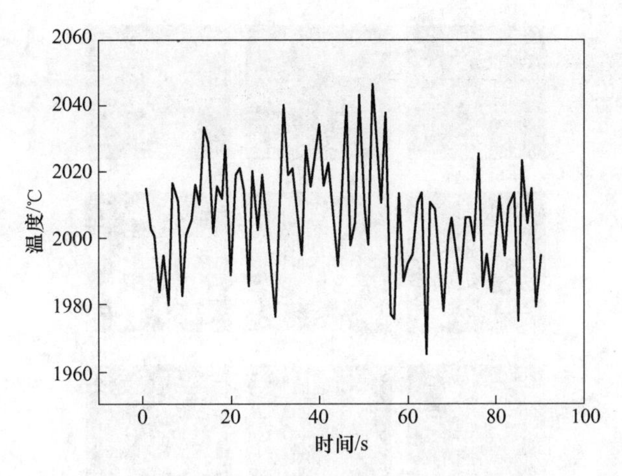

图 6-10 2500m^3 高炉 5 号风口温度平均值

6.3 停煤过程及全焦冶炼风口温度场分布

上节研究了喷煤高炉正常冶炼状态时的风口温度场分布，本节主要讨论全焦冶炼状态时高炉风口温度场分布。为了节能减排及提高冶炼强度，现代高炉一般喷吹大量的煤粉，但当停风检修时或者复风时，高炉会停止喷煤进入全焦冶炼状态。本节采集了某 2500m^3 高炉 12 号风口停煤过程及全焦冶炼状态时的风口图像。研究高炉停煤过程及全焦冶炼的回旋区温度场分布，对于进一步认识高炉冶炼机理及指导高炉生产实际具有重要的意义。

6.3.1 停煤过程

某 2500m^3 高炉停煤过程的 12 号风口图像如图 6-11 所示，将停煤过程分为前期，中期及后期三个阶段。停煤前期煤粉形成的煤粉云所占图像的风口面积的比例较大，停煤中期煤粉云所占风口图像面积的比例进一步降低，停煤后期只有少许煤粉出现在风口图像中，煤粉云几近消失。图 6-12 所示为某 2500m^3 高炉停煤过程风口温度场分布，随着煤粉喷吹量的逐步减少，风口图像中的高温区域逐渐增加。

图 6-13 所示为停煤过程前期、中期及后期的风口平均温度，从图中可知，停煤前期的风口平均温度为 1981.93 ~ 2000.56℃，停煤中期风口平均温度为 2005.73 ~ 2035.54℃，停煤后期风口平均温度为 2049.41 ~ 2066.99℃。从高炉理论燃烧温度模型可知，由于煤粉分解会消耗热量，因此随着煤粉喷吹量的减少，风口区域的温度会随之升高。间接验证了检测结果的准确性。

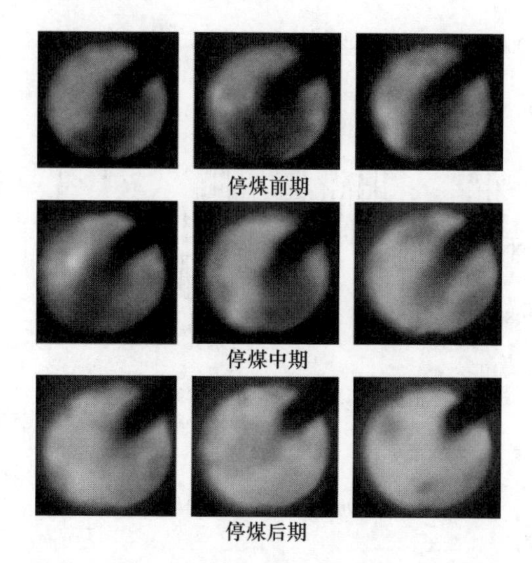

图 6-11 某 2500m^3 高炉停煤过程 12 号风口图像

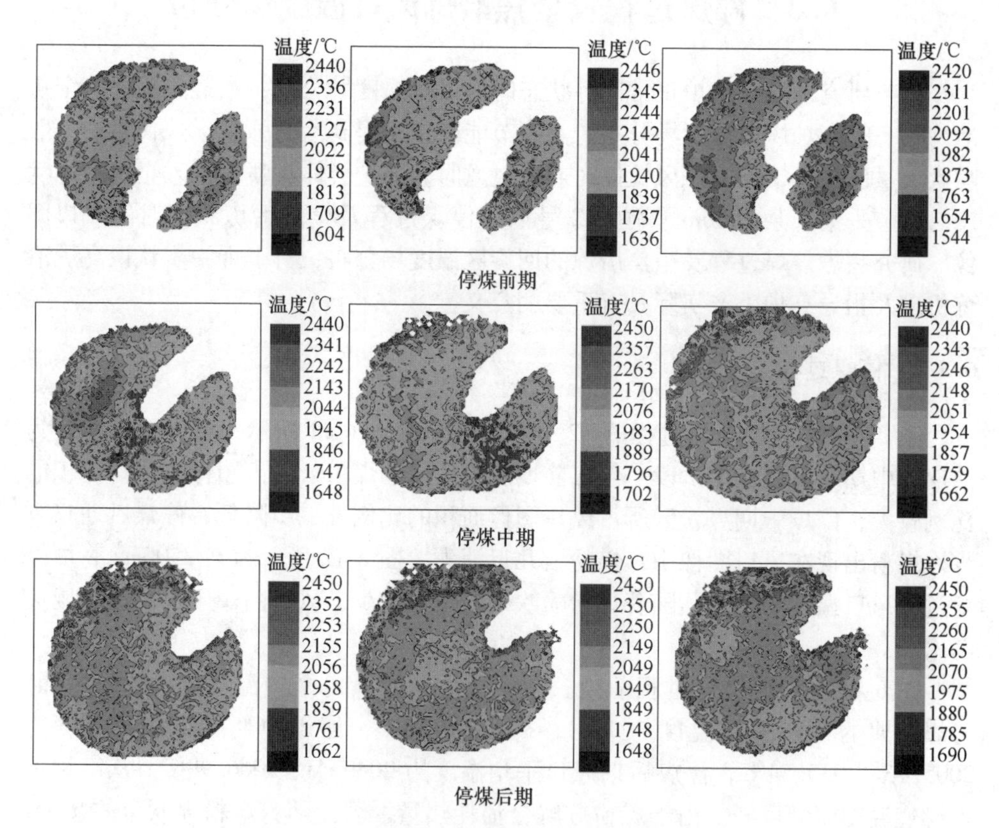

图 6-12 某 2500m^3 高炉停煤过程风口温度场分布

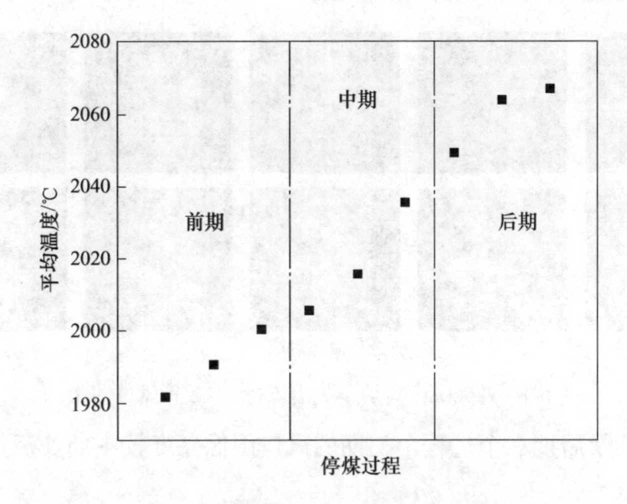

图 6-13 停煤过程前期、中期及后期的风口平均温度

6.3.2 全焦冶炼过程

高炉停炉及开炉过程或者炉况不良时会停止喷煤，采用全焦方式冶炼，即风口前不喷吹煤粉、天然气及重油等燃料，风口前燃烧的全部为焦炭。全焦冶炼时高炉燃烧带的温度分布对把握高炉冶炼规律及失常炉况调节具有重要作用，为高炉下部调剂提供有效的依据。本节采集了某 2500m^3 高炉 12 号风口全焦冶炼过程的图像，如图 6-14 所示，为了对比高炉全焦冶炼过程的特点，将全焦冶炼过程

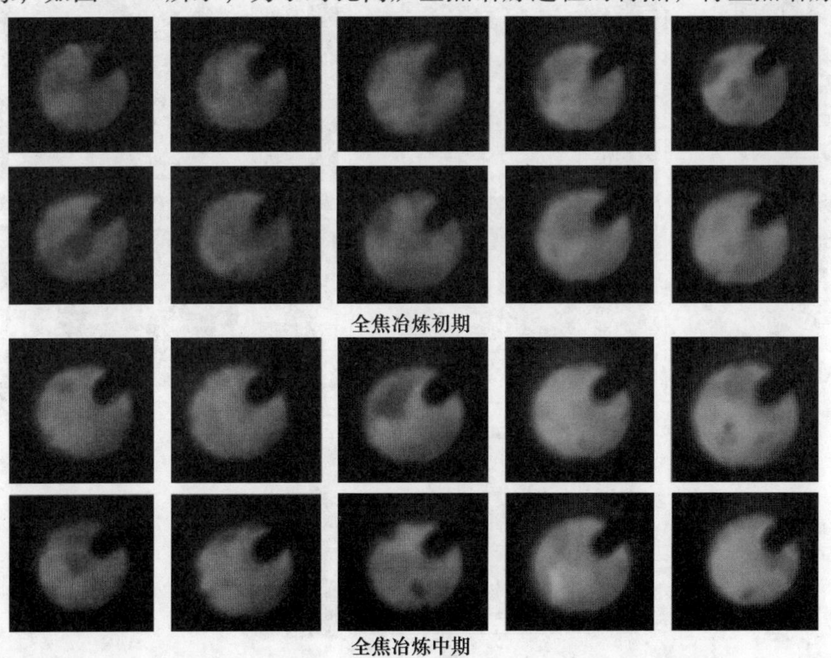

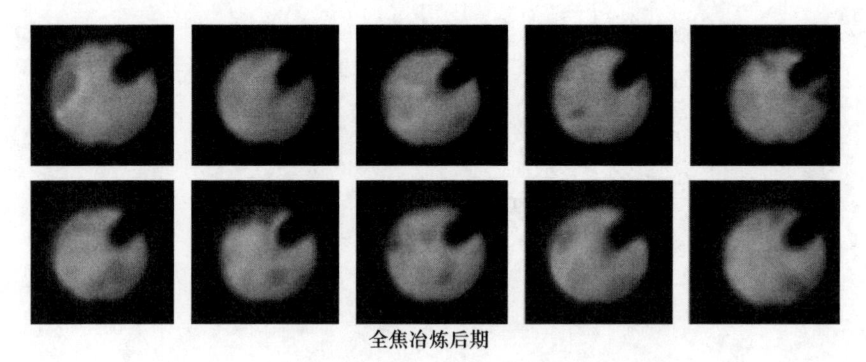

图 6-14　2500m^3 高炉全焦冶炼过程 12 号风口图像

分为初期、中期及后期三个过程。初期的风口图像亮度较中期及后期暗，且图像中的灰色区域较多。

全焦冶炼初期、中期及后期的风口温度场如图 6-15 所示，平均温度如图 6-16

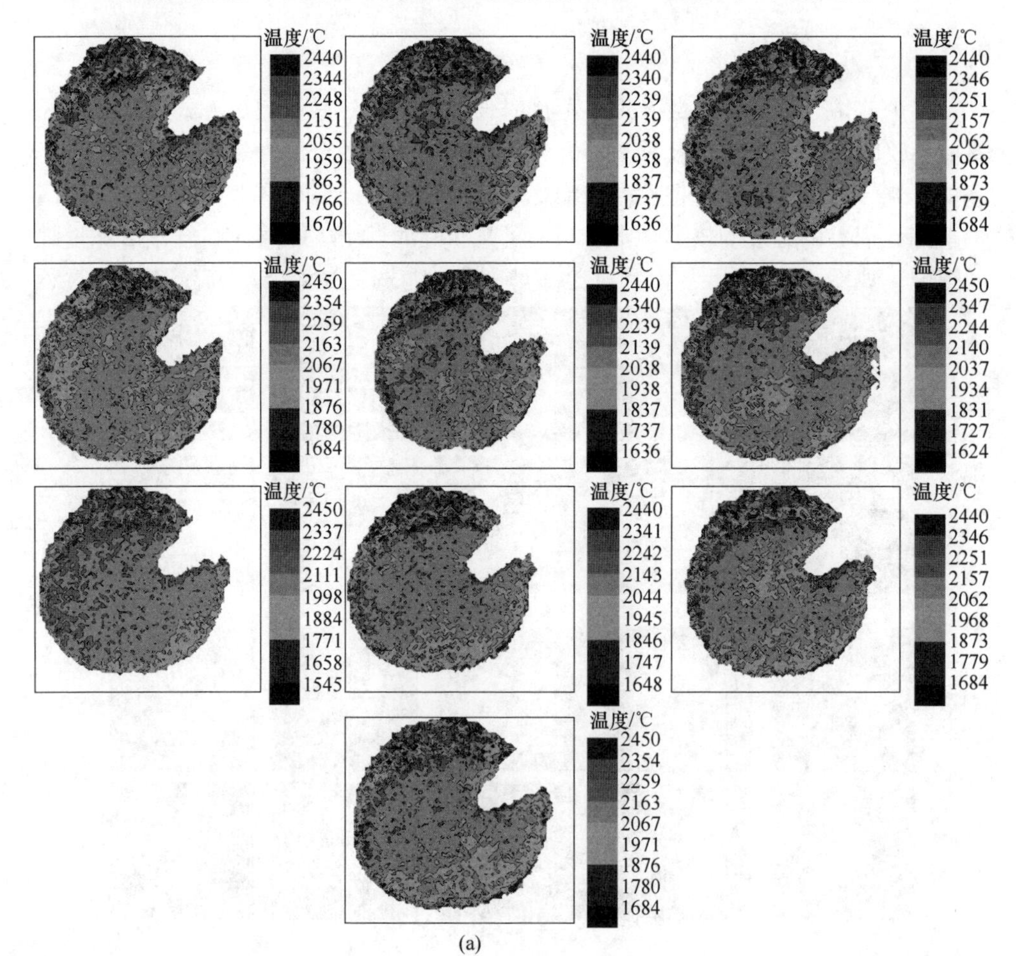

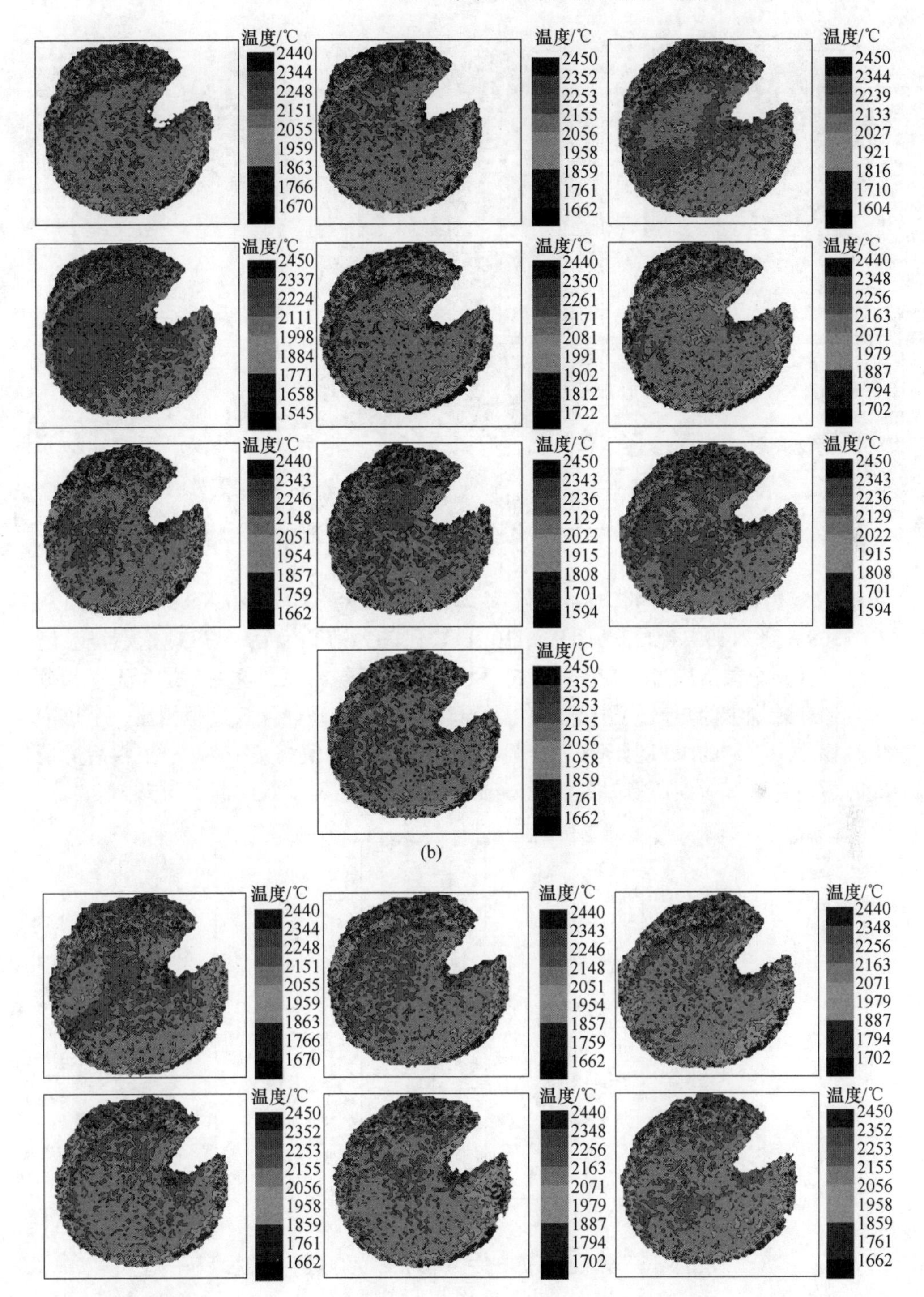
温度/℃
2440
2344
2248
2151
2055
1959
1863
1766
1670
温度/℃
2450
2352
2253
2155
2056
1958
1859
1761
1662
温度/℃
2450
2344
2239
2133
2027
1921
1816
1710
1604
温度/℃
2450
2337
2224
2111
1998
1884
1771
1658
1545
温度/℃
2440
2350
2261
2171
2081
1991
1902
1812
1722
温度/℃
2440
2348
2256
2163
2071
1979
1887
1794
1702
温度/℃
2440
2343
2246
2148
2051
1954
1857
1759
1662
温度/℃
2450
2343
2236
2129
2022
1915
1808
1701
1594
温度/℃
2450
2343
2236
2129
2022
1915
1808
1701
1594
温度/℃
2450
2352
2253
2155
2056
1958
1859
1761
1662
温度/℃
2440
2344
2248
2151
2055
1959
1863
1766
1670
温度/℃
2440
2343
2246
2148
2051
1954
1857
1759
1662
温度/℃
2440
2348
2256
2163
2071
1979
1887
1794
1702
温度/℃
2450
2352
2253
2155
2056
1958
1859
1761
1662
温度/℃
2440
2348
2256
2163
2071
1979
1887
1794
1702
温度/℃
2450
2352
2253
2155
2056
1958
1859
1761
1662
(b)

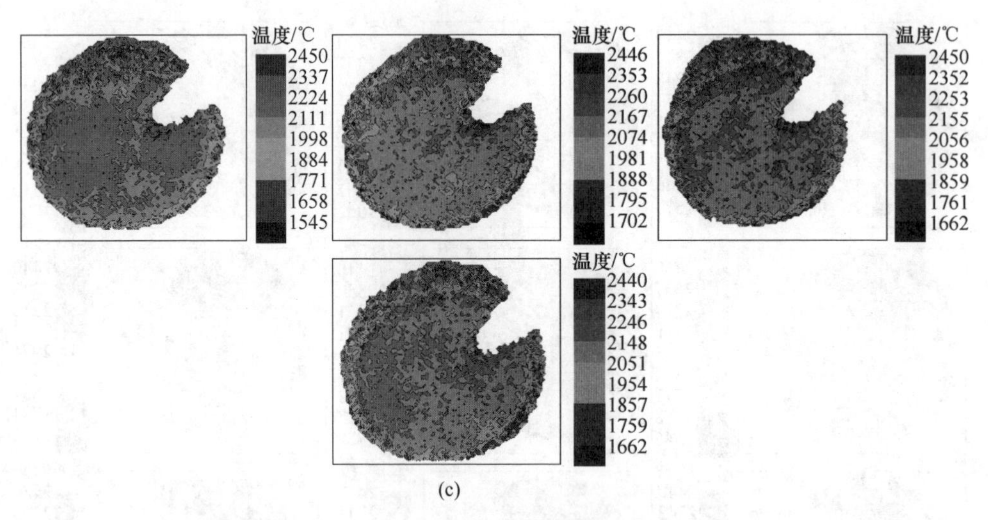

图 6-15　全焦冶炼初期、中期及后期的风口温度场
(a) 全焦冶炼初期；(b) 全焦冶炼中期；(c) 全焦冶炼后期

所示。全焦冶炼初期的风口温度平均值从 2070.5℃ 到 2088.82℃，中期从 2103.68℃到 2115.74℃，后期从 2110.43℃到 2122.73℃。从高炉理论燃烧温度模型可知，全焦冶炼过程高炉的风口平均温度比喷煤时高，这主要是由于煤粉分解会消耗燃烧带的热量，导致燃烧温度降低。与上节高炉停煤过程相比，全焦冶炼过程所有时刻的风口温度平均值为比停煤过程平均值高 78.67℃。正常冶炼情况时，全焦冶炼后期所有时刻的风口温度平均值比正常喷煤时高 124.29℃。

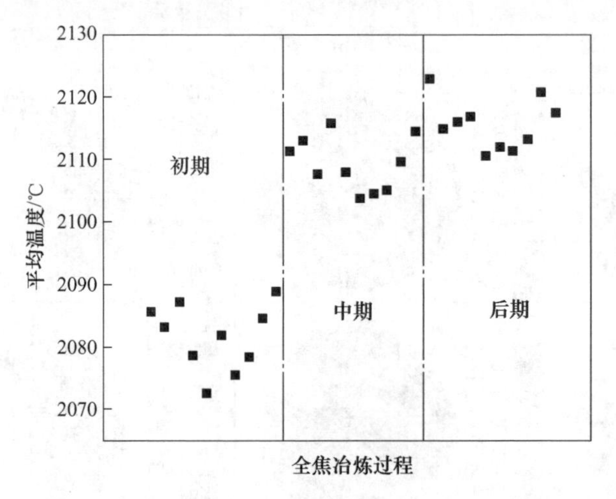

图 6-16　全焦冶炼初期、中期及后期的风口平均温度

通过研究停煤过程及全焦冶炼过程的风口图像特征及风口温度场，能够对高

炉特殊工况时期高炉燃烧带的工作状况有一定的了解；同时对研究喷煤对高炉的影响打下基础。

6.4 影响因素分析

高炉每天进入的炉料较多，其质量及成分也会产生波动，导致高炉的炉况经常变化。目前常用的下部调节手段为风温及喷煤量，由于不同高炉的风口尺寸不同，因此本节研究风口尺寸、喷煤量、风温对风口温度场的影响。

6.4.1 风口尺寸

不同容积的高炉采用的风口尺寸不同，同一高炉的不同风口往往也采用不同的风口尺寸。因此研究不同风口尺寸对高炉风口燃烧带的影响，可为研究煤粉燃烧、风口回旋区的运动情况、风速与燃烧的对应关系奠定基础。本节研究了某 2500m^3 高炉风口尺寸分别为 110mm 和 120mm 的图像及其温度场分布，图 6-17 所示为采集的不同尺寸的风口图像。从图中可知，110mm 的风口图像中明亮的区域较多，大部分时刻煤粉云的面积较小。反映到风口温度场中为高温区域较多，低温区域较少，图 6-18 所示为不同尺寸的风口温度场。对比可见，120mm 的风口图像中的灰色区域较多，煤粉云面积较大，反映到温度场分布为低温区域较多，高温区域少。

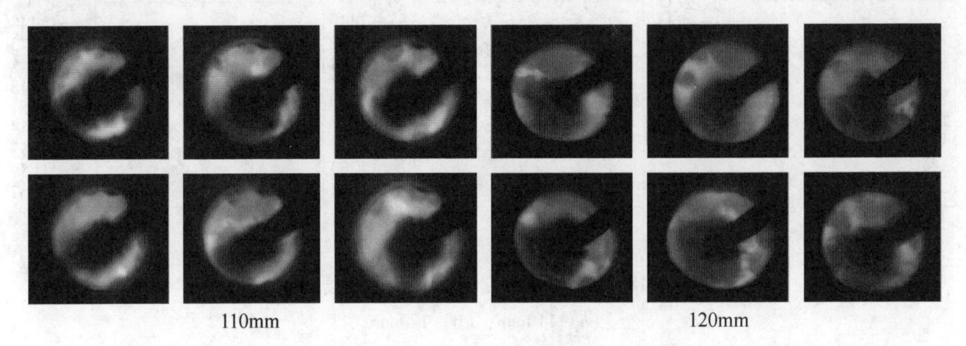

图 6-17 不同风口尺寸时采集的风口图像

风口尺寸对其平均温度的影响如图 6-19 所示，110mm 的风口平均温度从 1977.32℃到 2009.40℃，不同时刻的平均值为 1987.83℃。120mm 的风口平均温度从 1941.06℃到 1965.29℃，不同时刻的平均值为 1955.71℃。上述结果与高炉日常生产中小尺寸风口比大尺寸风口更亮相符，验证了实测结果的准确性。随着风口尺寸的增加，回旋区前端距风口最大水平距离变短，同时回旋区的宽度及高度增加，导致回旋区的形状向着宽度和高度方向发展，可能是由于小尺寸风口回旋区的能量更容易辐射到风口前端断面处。进而造成小尺寸风口的断面温度比大尺寸风口高。

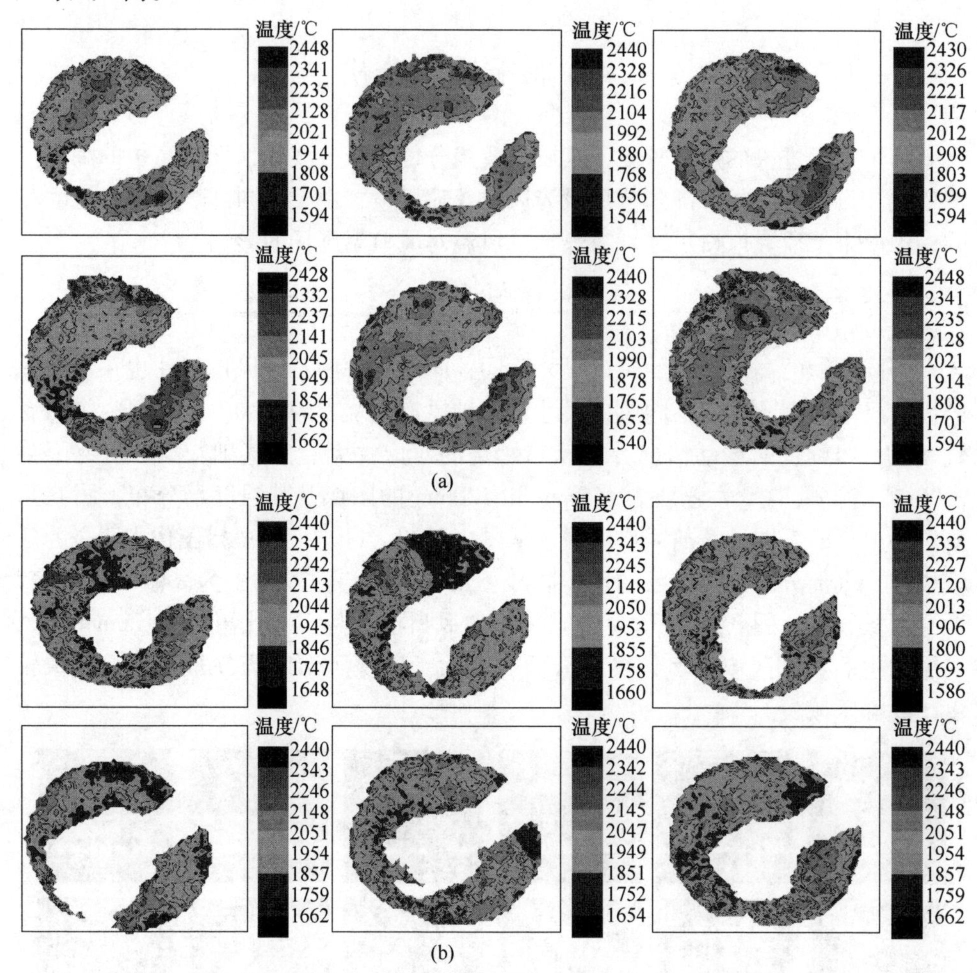

图 6-18　不同风口尺寸的风口温度场分布

（a）110mm；（b）120mm

6.4.2　喷煤量

喷煤是现代高炉节能减排、降低焦比、增加产量的重要手段之一，也是高炉下部调剂的重要措施。与全焦冶炼时焦炭在燃烧带燃烧相比，喷吹煤粉在高炉中的行为主要有以下几个：

（1）热值低：煤粉所含的固定碳比例比焦炭低，因此煤粉热值较低。

（2）燃烧率低：焦炭在进入高炉前已完成了煤的脱气和结焦过程，而煤粉在风口前要经历脱气、结焦及残焦燃烧的过程。煤粉在风口回旋区内停留的时间

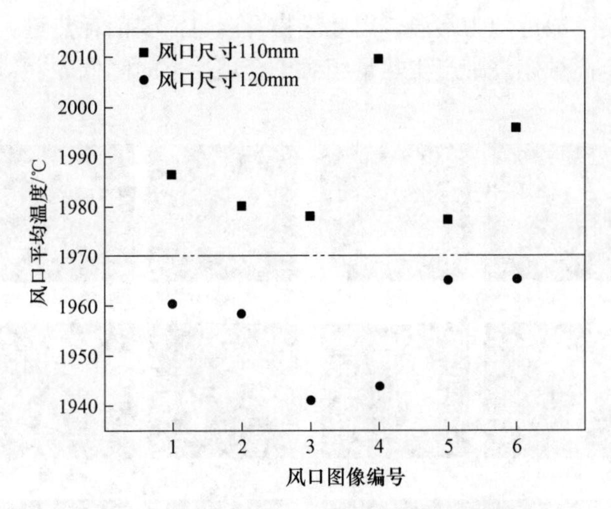

图 6-19 风口尺寸对风口平均温度的影响

约为千分之几到百分之几秒内，因此其燃烧率比焦炭低。

（3）热滞后性：由于喷煤初期煤粉在炉缸分解吸收热量导致炉缸温度降低，直到新增加的煤粉燃烧所产生的热量积蓄及经过煤气加热和还原的炉料下降到炉缸后，才开始提高炉缸的温度，因此喷吹煤粉具有热滞后性。

由以上分析可知，喷吹煤粉后容易造成高炉理论燃烧温度降低，且未燃烧煤粉较多时会导致高炉料柱透气性降低，严重时会造成炉缸堆积，造成下部难行或悬料。目前我国绝大部分高炉采用了大喷煤的技术，研究喷煤量对高炉燃烧带温度场的影响对于把握高炉冶炼规律、及时调节炉况、维持高炉稳定顺行的状态具有重要的作用。图 6-20 所示为某 2500m^3 高炉不同煤比时采集的风口图像，煤比分别为 127kg/t、134kg/t、137kg/t、142kg/t、154kg/t、160kg/t、176kg/t。从图 6-20 可知，随着喷煤量的增加，图像的亮度逐渐变暗，且煤粉流股所占面积逐渐增大。其温度场分布如图 6-21 所示，局部区域温度分布不均匀，靠近中心煤粉流股边缘处的温度较低，部分边缘区域温度较高。煤比为 127kg/t 时高温区域的面积最大，176kg/t 时最小。某 2500m^3 高炉不同煤比与风口平均温度的关系如图 6-22 所示，煤比为 127kg/t 时风口平均温度为 2163. 47℃，煤比为 142kg/t 时风口平均温度为 2078. 04℃，煤比为 154kg/t 时风口平均温度为 2041. 23℃，煤比为 160kg/t 时风口平均温度为 2007. 67℃，煤比为 176kg/t 时风口平均温度为 1984. 97℃。风口平均温度随着煤比的升高而降低，且降低幅度递减。

由实测可知，喷煤量增加使风口温度降低，这与高炉理论燃烧温度模型计算结果及日常高炉生产实践相一致，验证了本实测结果的准确性。由于煤粉中挥发分及水分分解耗热，且与高炉回旋区上部区域下降的焦炭温度较高不同，煤粉进入回旋区的温度一般近似为常温，因此煤粉升温也需要消耗热量。因此导致煤粉喷吹量增加时，高炉燃烧带产生热量相对于全焦冶炼时降低。

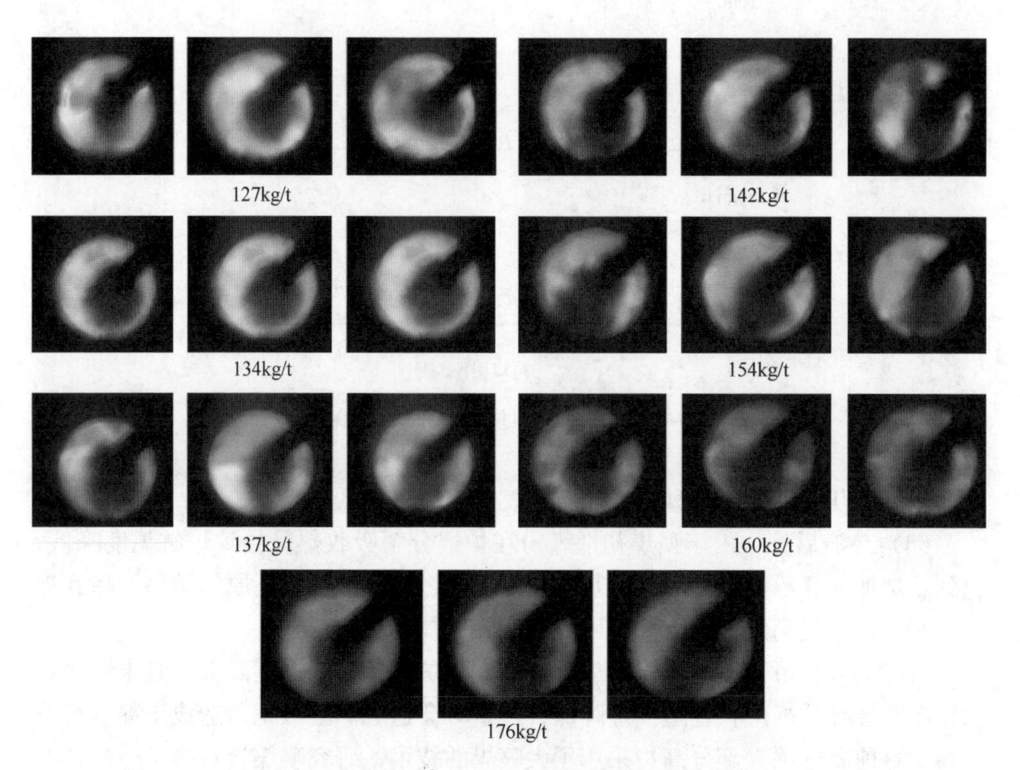

图 6-20 某 2500m^3 高炉不同煤比时采集的风口图像

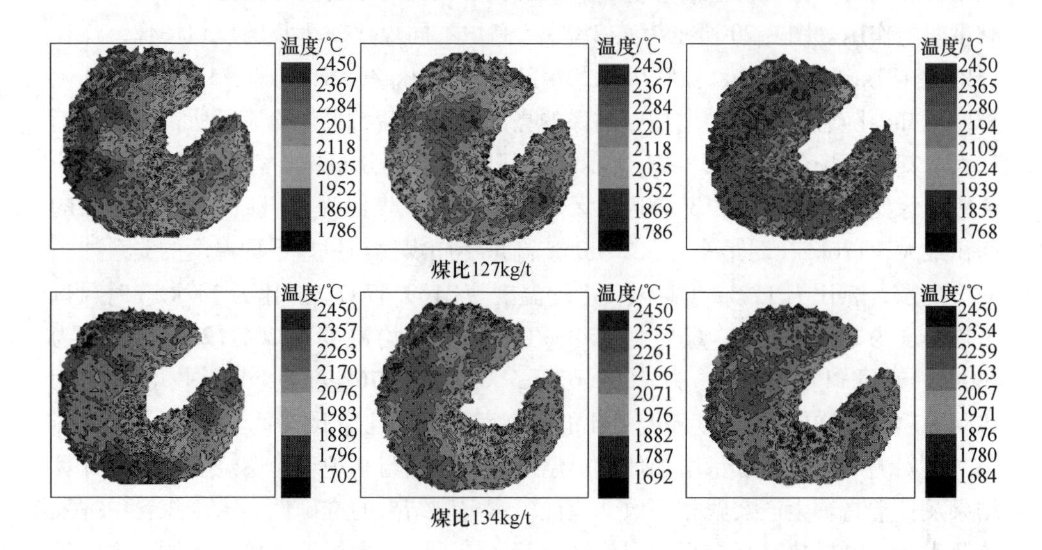

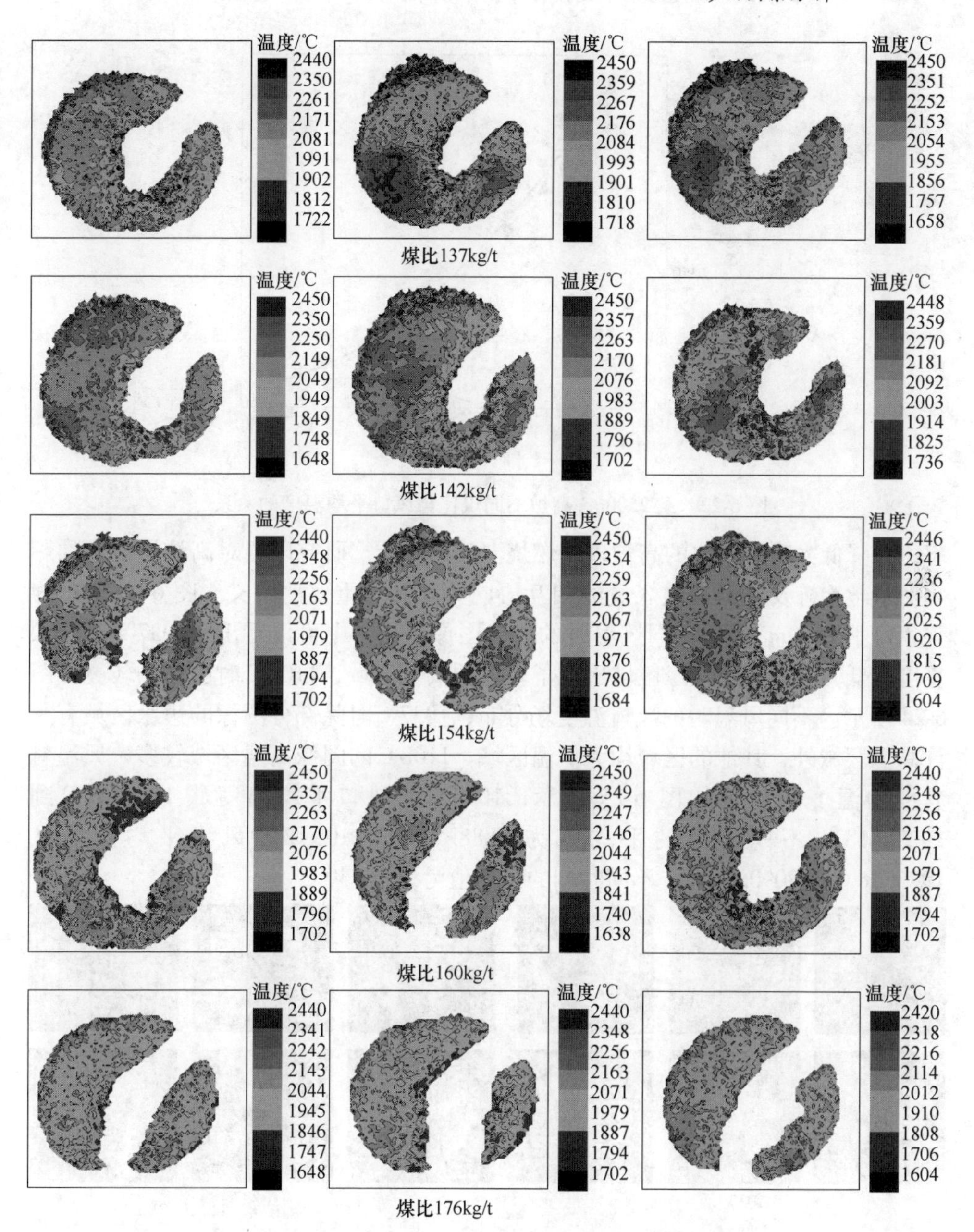

图 6-21 某 $2500m^3$ 高炉不同煤比时风口温度场

6.4.3 风温

高风温能够大幅度降低焦比和提高产量，尤其是对大喷煤高炉更为重要，也是高炉日常下部调剂的重要手段之一。大喷煤高炉提高风温能够提高煤粉燃烧

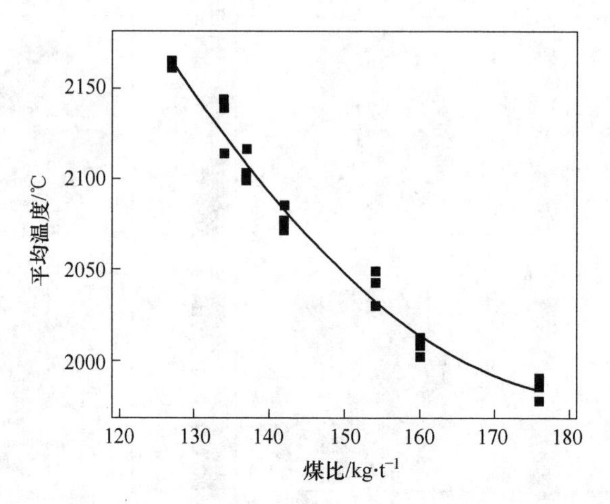

图 6-22　某 2500m³ 高炉不同煤比与风口平均温度的关系

率，并降低大喷煤造成的高炉理论燃烧温度的降低。研究风温对高炉燃烧带的影响对科学冶炼及风温与喷煤量的相互协同关系具有重要的意义。图 6-23 所示为采集的某 2500m³ 高炉不同风温时的风口图像，从图中可以看出，1037℃时图像亮度较低，在图像的边缘区域出现了较多的灰色区域，1108℃时图像的较亮。图 6-24 所示为不同风温时的风口温度场分布，1037℃时除部分图像的边缘区域有少许高温区域外，其他的区域均为低温区域。1108℃的图像高温区域较多。风温对其平均温度的影响如图 6-25 所示，1037℃的风口平均温度从 1850.69℃到 1923.61℃，不同时刻的平均值为 1888.51℃。1108℃的风口平均温度从 1985.26℃到 2090.36℃，不同时刻的平均值为 2036.30℃。

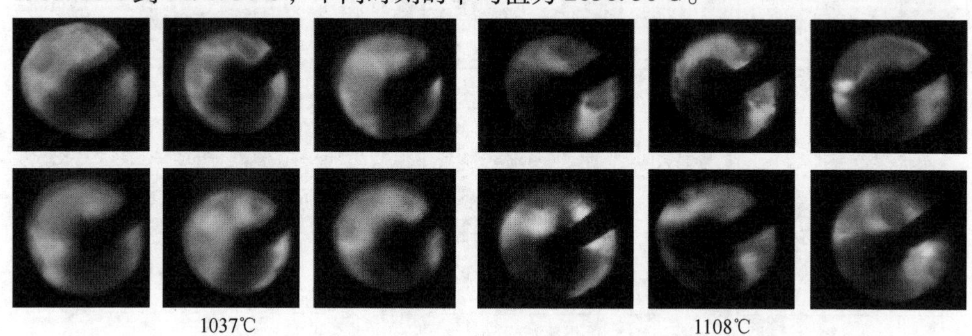

图 6-23　不同风温时采集的风口图像

风温高的风口平均温度比风温低的高，这与高炉理论燃烧温度模型计算结果及日常高炉生产实践结果一致，验证了实测结果的准确性。这主要是由于随着风温的升高，鼓风带入回旋区的热量增加，同时回旋区内焦炭及煤粉的燃烧率升高，产生的热量较多，因此辐射到风口前端断面处的能量也较高。

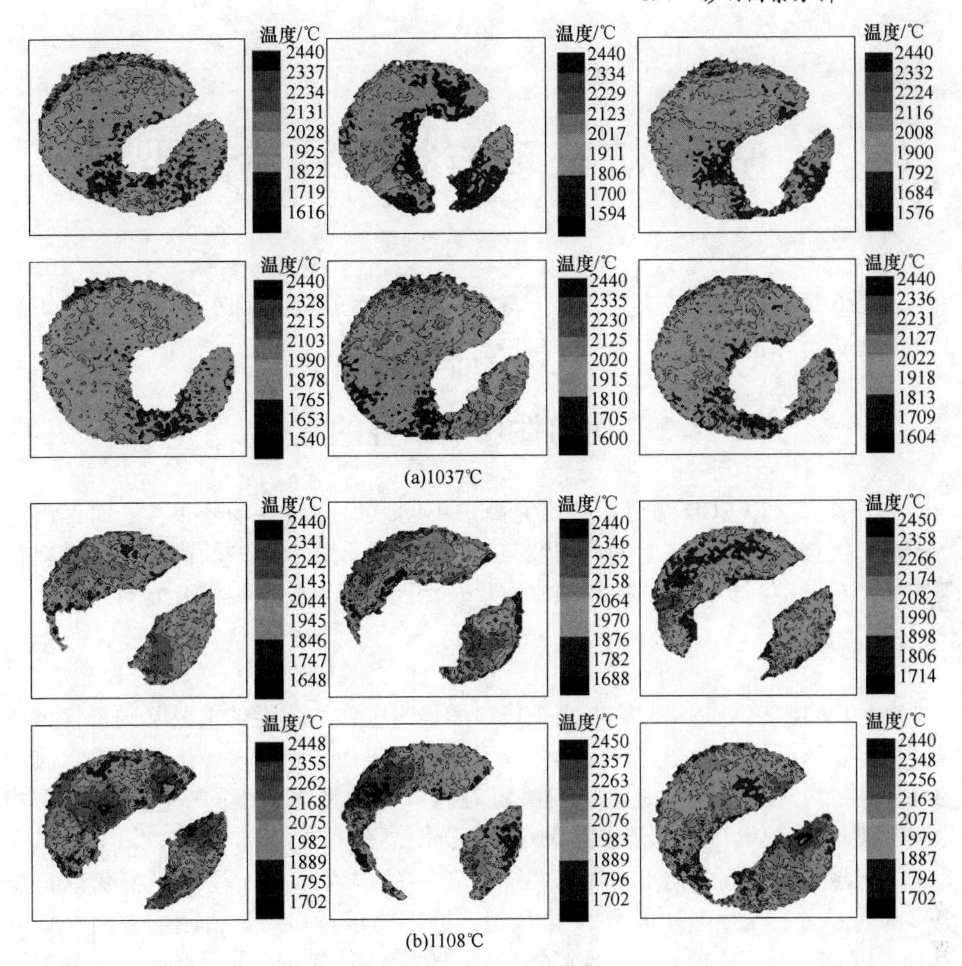

图 6-24 不同风温时的风口温度场分布

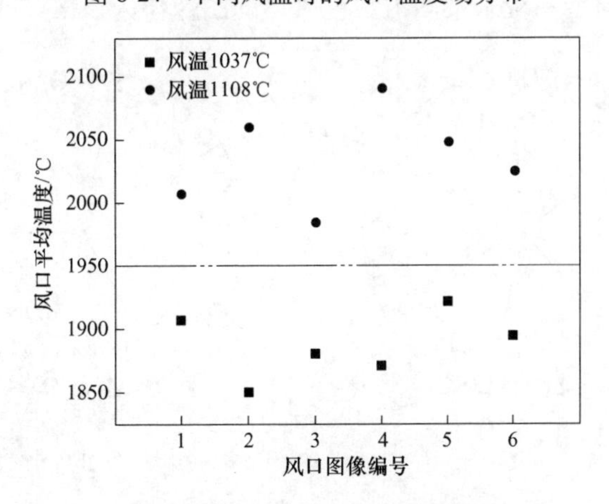

图 6-25 风温对风口平均温度的影响

7 高炉炉缸工作状态评价模型

将第 6 章研究的高炉圆周方向上各风口的温度场作为基础，本章对高炉炉缸工作状态进行评价。

7.1 均匀性及活跃性的定义

本章首先采用 CCD 测温系统研究高炉不同风口的温度场分布，进而提出了高炉风口燃烧带圆周方向上的均匀性与活跃性指数，为及时判断高炉风口燃烧带工作状态、调节高炉炉况、控制铁水质量及活跃风口燃烧带提供有力的指导。

7.1.1 均匀性

高炉风口温度场是实时判断高炉风口燃烧带工作均匀性的重要基础，各风口温度决定着该区域风口燃烧带的热量是否充沛，进而影响风口燃烧带内铁水质量的好坏。风口燃烧带温度是否均匀决定着风口燃烧带煤气流的一次分布是否均匀。2000m^3 高炉风口燃烧带在圆周方向上等距离分布着 26 个风口，以 2 个风口为一个区域，在圆周方向上将风口燃烧带划分为 13 个区域。2500m^3 高炉风口燃烧带圆周方向上等距离分布着 30 个风口，同理将该风口燃烧带圆周方向上划分为 15 个区域。图 7-1 所示为 2 座高炉的风口燃烧带区域划分示意图，通过高炉燃烧带温度场检测原型系统采集图中灰色风口的图像作为该区域的风口图像。

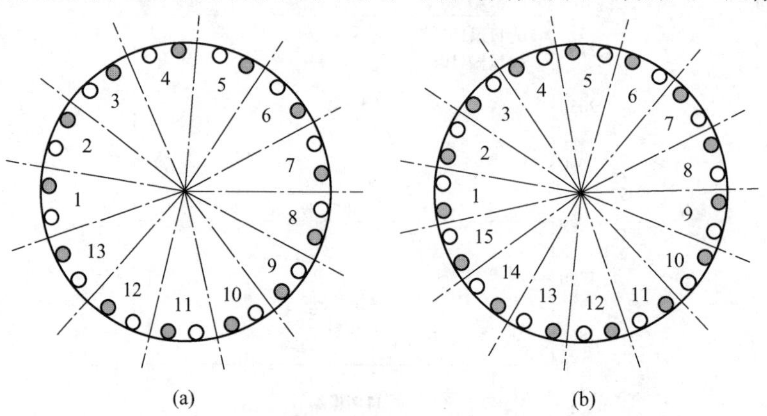

图 7-1 两座高炉的风口燃烧带区域划分示意图

(a) 2000m^3 BF；(b) 2500m^3 BF

风口燃烧带局部区域工作均匀性以 U_i 来表示：

$$U_i = \begin{cases} 100; & T_i - 1 \leqslant \overline{T}_c \leqslant T_i + 1 \\ \dfrac{100}{\sqrt{(\overline{T}_c - T_i)^2}}; & 其他 \end{cases}$$

式中 U_i ——风口燃烧带第 i 区域的均匀性指数；

$\overline{T}_c$ ——所有区域的风口温度平均值，℃；

T_i ——第 i 区域的风口温度平均值，℃。

风口燃烧带圆周方向均匀性指数以 U 表示：

$$U = \frac{100}{\sqrt{\dfrac{1}{n}\sum_{i=1}^{n}(\overline{T}_c - T_i)^2}}$$

式中 U——风口燃烧带圆周方向均匀性指数；

n ——高炉风口燃烧带圆周方向上划分的区域数。

7.1.2 活跃性

高炉风口燃烧带的活跃性对于提高铁水质量、维持高炉稳定顺行具有重要的意义。风口燃烧带局部区域的活跃性指数定义如下：

$$A_i = \frac{T_i}{\overline{T}_A}$$

式中 A_i ——风口燃烧带第 i 区域的活跃性指数；

$\overline{T}_A$ ——高炉风口燃烧带活跃所需的风口平均温度，℃。

高炉风口燃烧带圆周方向上的活跃性指数为

$$A = \frac{1}{n}\sum_{i=1}^{n}\frac{T_i}{\overline{T}_A}$$

式中 A ——高炉风口燃烧带圆周方向上的活跃性指数；

n ——高炉风口燃烧带圆周方向上划分的区域数；

$\overline{T}_A$ ——高炉风口燃烧带活跃所需的风口平均温度，℃。

综合考察高炉风口的温度场分布及高炉操作参数，最终取高炉风口燃烧带活跃所需的风口平均温度值为2050℃。

7.2 风口燃烧带局部区域均匀性与活跃性研究

针对高炉冶炼的周期长、炉况变化快的特点，分别采集了2座高炉3个不同时间段各区域的回旋区图像，以研究风口燃烧带局部区域工作的均匀性及活跃性。

7.2.1 2000m^3 高炉

7.2.1.1 第一时间段

图 7-2 所示为第一时间段风口燃烧带各区域采集的风口图像，从图中可以看出，2000m^3 高炉的各区域图像亮暗程度不一，煤粉黑根所占的面积不同，部分区域图像中煤粉黑根占的面积较大。由于高炉各个风口的长度及风口直径不同，送风总管到高炉各风口热风支管之间的距离不同，导致各风口的进风量不一致。同时由于高炉喷吹系统与高炉风口区域的喷煤枪距离较远，各个喷煤枪分配的输煤气体压力及分配的煤粉量不同，造成各个风口的进煤量也不同。由高炉理论燃烧温度计算模型可知，生产吨铁时风量增加和煤粉量减少使理论燃烧温度值升高。由此造成各个区域图像亮暗不一，当该区域的进风量及喷煤量相对于其他区域减小时，该区域的风口图像较亮。

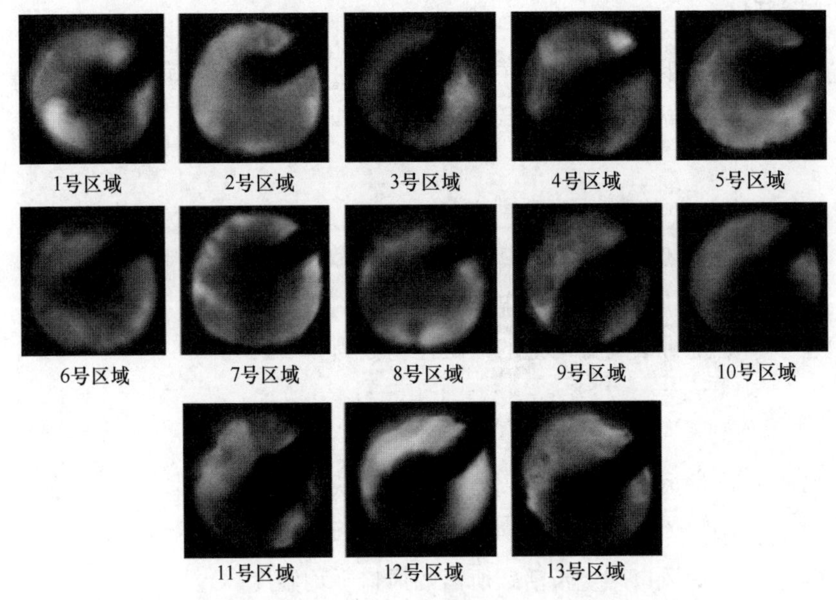

图 7-2 2000m^3 高炉第一时间段所采集的各区域风口图像

第一时间段风口燃烧带各区域风口温度场如图 7-3 所示，温度平均值最高为 4 号区域，其值为 2074.58℃；温度平均值最低为 3 号区域，其值为 1898.02℃。图 7-4 所示为 2000m^3 高炉各时间段风口燃烧带各区域的温度平均值，所有区域的平均温度为 1978.064℃。由以上计算结果可知，第一时间段 2000m^3 高炉各区域之间的平均温度差别较大，最大温度差为176.56℃。

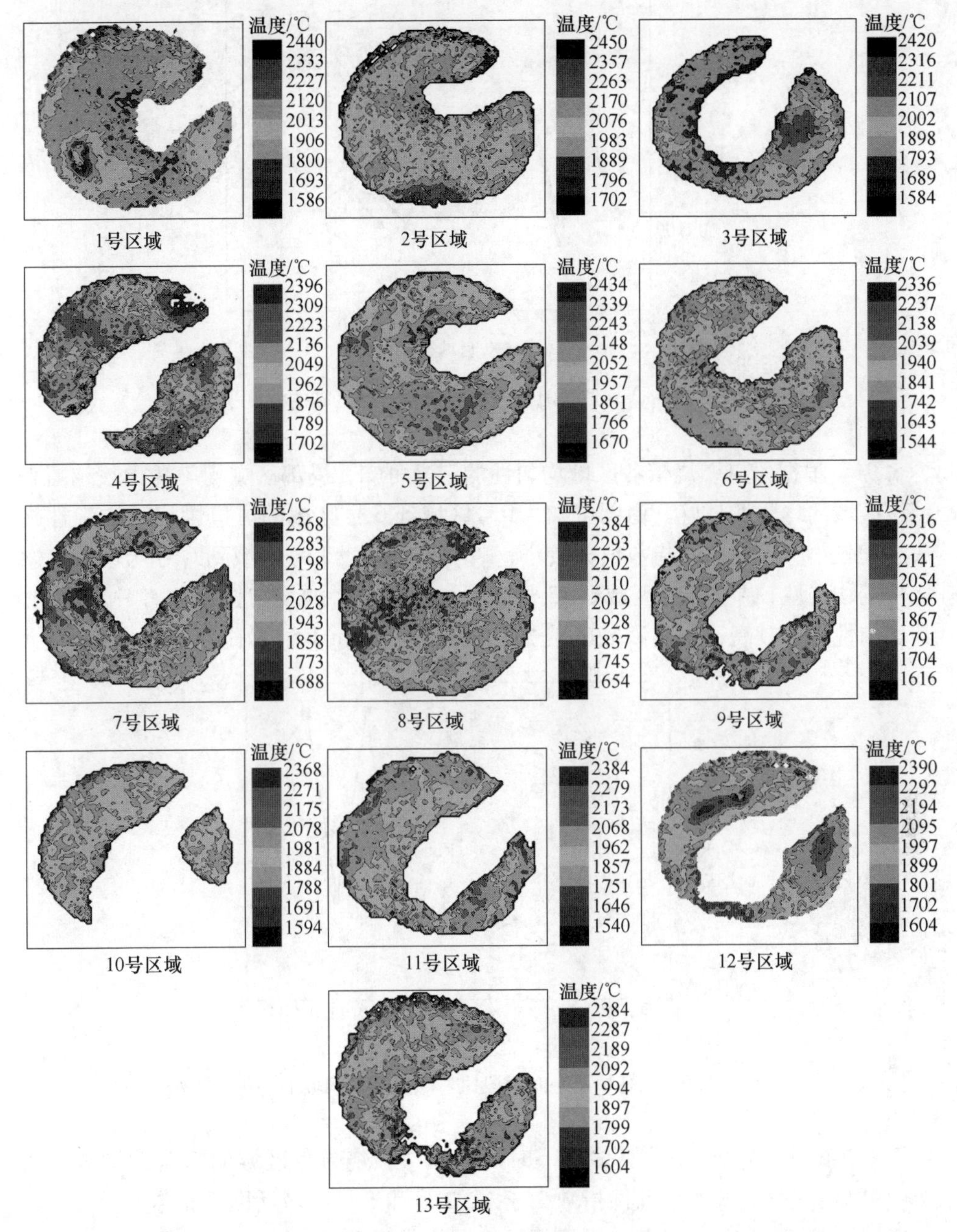

图 7-3 2000m^3 高炉第一时间段风口燃烧带各区域的风口温度场

图7-5所示为2000m^3 高炉第一时间段风口燃烧带局部区域的均匀性指数，均匀性指数最小为4号区域，其值为1.03；均匀性指数最大为10号区域，其值

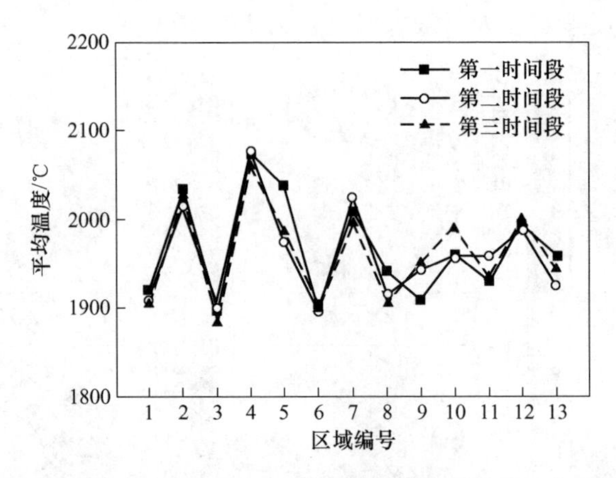

图 7-4　2000m³ 高炉各时间段风口燃烧带各区域的温度平均值

为5.91。根据风口燃烧带各区域均匀性的定义可知，局部区域均匀性指数越高表示该区域的均匀性越好。由图可知，1 号区域到 6 号区域的风口燃烧带均匀性指数波动较小，其均匀性指数值亦较小，表明该时间段 1 号区域到 6 号区域风口燃烧带的均匀性较差。7 号区域到 13 号区域风口燃烧带的均匀性指数有一定波动，其均匀性指数较高，表明该风口燃烧带的局部区域均匀性较好。

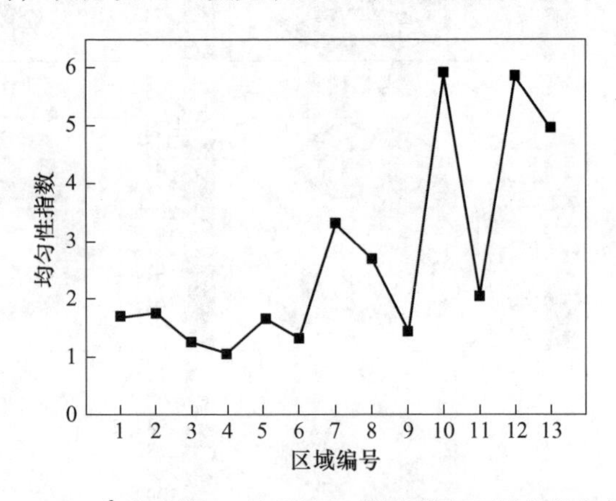

图 7-5　2000m³ 高炉第一时间段风口燃烧带各区域的均匀性指数

图 7-6 所示为 2000m³ 高炉第一时间段风口燃烧带各区域的活跃性指数，从图中可知，4 号区域的活跃性指数大于 1，2 号和 5 号区域活跃性指数接近 1。其他区域的活跃性指数均小于 1。根据风口燃烧带活跃性的定义，大于 1 的区域认为是活跃性较好的区域，第一时间段大部分区域风口燃烧带的活跃性较差，只有 1 个区域达到了风口燃烧带活跃的要求，其他区域未达到风口燃烧带活跃的要求。因此可知，该 2000m³ 高炉第一时间段风口燃烧带绝大部分区域不活跃。

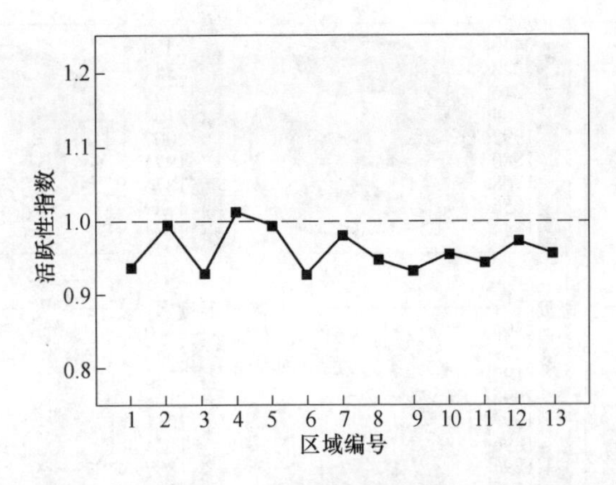

图 7-6 2000m³ 高炉第一时间段风口燃烧带各区域的活跃性指数

7.2.1.2 第二时间段

图 7-7 所示为第二时间段风口燃烧带各区域采集的风口图像，与第一时间段相比，第二时间段各区域的风口图像中出现的颗粒较少。部分图像边缘出现的黑色区域为未熔化原料或焦炭颗粒下降所致。第二时间段风口燃烧带各区域风口温度场如图 7-8 所示。温度平均值最高为 4 号区域，其值为 2078.54℃；温度平均值最低为 6 号区域，其值为 1893.89℃。所有区域的平均温度为 1961.31℃。第二时间段 2000m³ 高炉风口燃烧带各区域之间的平均温度差别较大，各区域的最大温度差为 184.65℃。与第一时间段相比，各区域最大温度差有所升高。

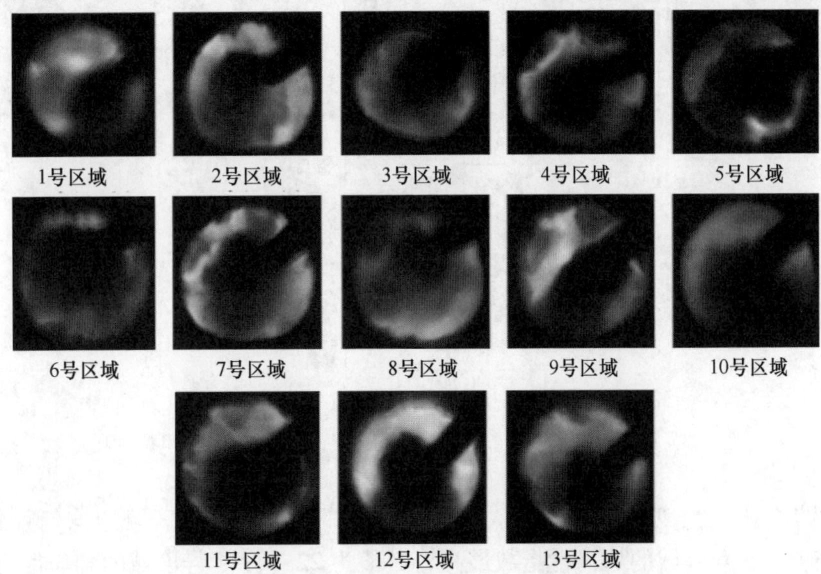

图 7-7 2000m³ 高炉第二时间段所采集的风口燃烧带各区域风口图像

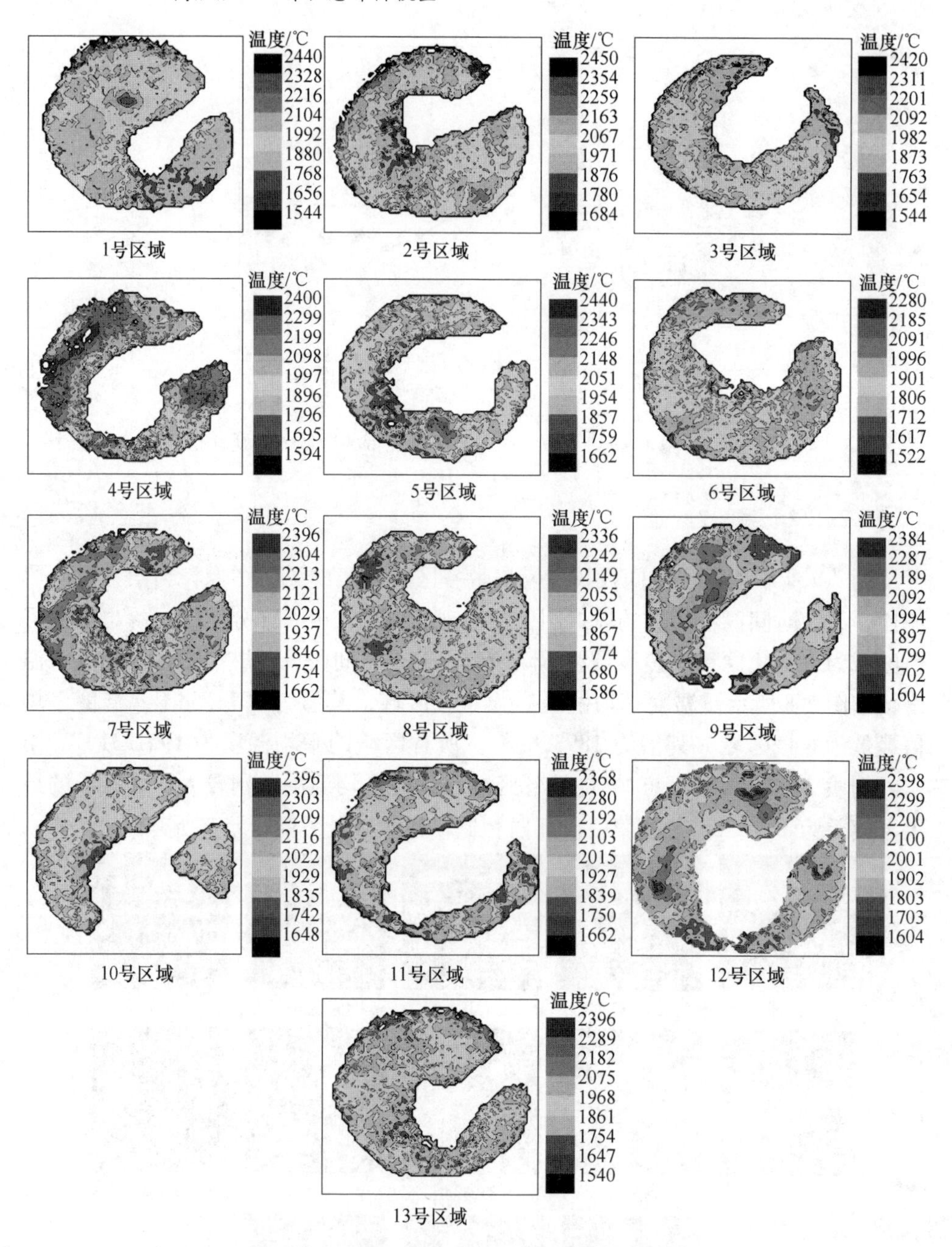

图 7-8 2000m^3 高炉第二时间段风口燃烧带各区域的风口温度场

图 7-9 所示为 2000m^3 高炉第二时间段风口燃烧带局部区域的均匀性指数，由图可知，5 号区域的均匀性指数最高，其值为 22.66；4 号区域的均匀性指数最低，其值为 0.93。5 号、10 号、11 号及 12 号区域的均匀性指数大于 5，其他区

域的均匀性指数均小于5。由以上分析可知，第二时间段风口燃烧带各区域的均匀性指数分布不均匀，个别区域均匀性指数较高，其他区域均匀性指数较低。第二时间段风口燃烧带各区域的均匀性指数比第一时间段的高。

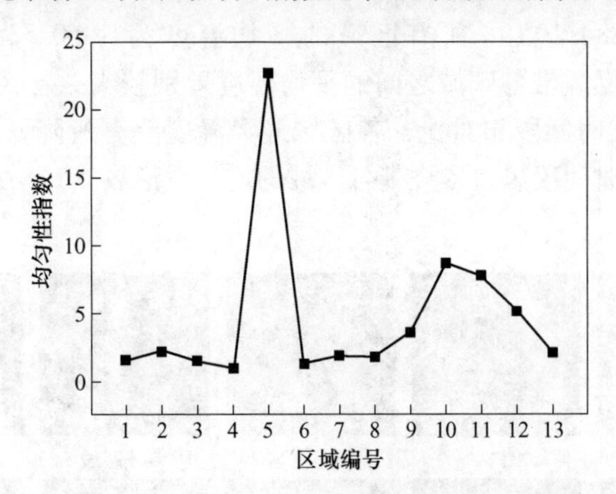

图7-9 2000m^{3}高炉第二时间段风口燃烧带各区域的均匀性指数

图7-10所示为2000m^{3}高炉第二时间段风口燃烧带各区域的活跃性指数，活跃性指数大于1的区域为4号，其他区域的活跃性指数均小于1。从1号区域到7号区域，风口燃烧带活跃性指数的波动较为剧烈，8号区域到13号区域的活跃性指数相近。与第一时间段风口燃烧带活跃性指数相对比，第二时间段的风口燃烧带活跃性指数有所下降。

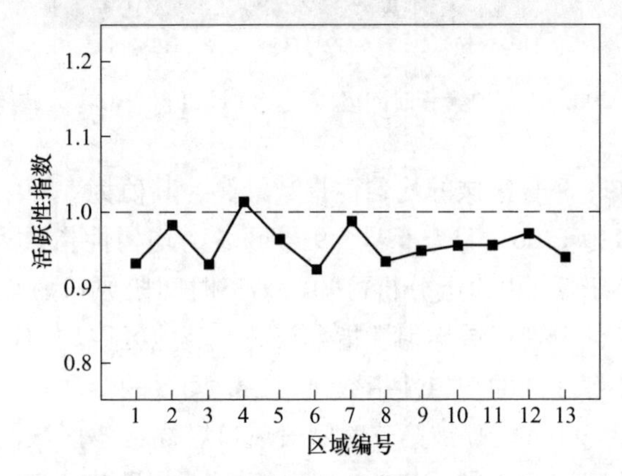

图7-10 2000m^{3}高炉第二时间段风口燃烧带各区域的活跃性指数

7.2.1.3 第三时间段

图7-11所示为第三时间段采集的风口燃烧带各区域风口图像，与第一和第

二时间段相似，该时间段的风口图像中黑根区域所占面积较大，有个别图像的局部区域出现了较亮的现象。第三时间段风口燃烧带各区域的风口温度场如图 7-12 所示，温度平均值最高为 4 号区域，其值为 2062. 15℃；温度平均值最低为 3 号区域，其值为 1884. 19℃。所有区域的平均温度为 1960. 53℃。第三时间段 2000m^3 高炉风口燃烧带各区域之间的平均温度差别较大，各区域最大温度差为 177. 96℃。与第二时间段相对比，各区域最大温度差有所降低。图 7-13 所示为 2000m^3 高炉第三时间段风口燃烧带各区域的均匀性指数。

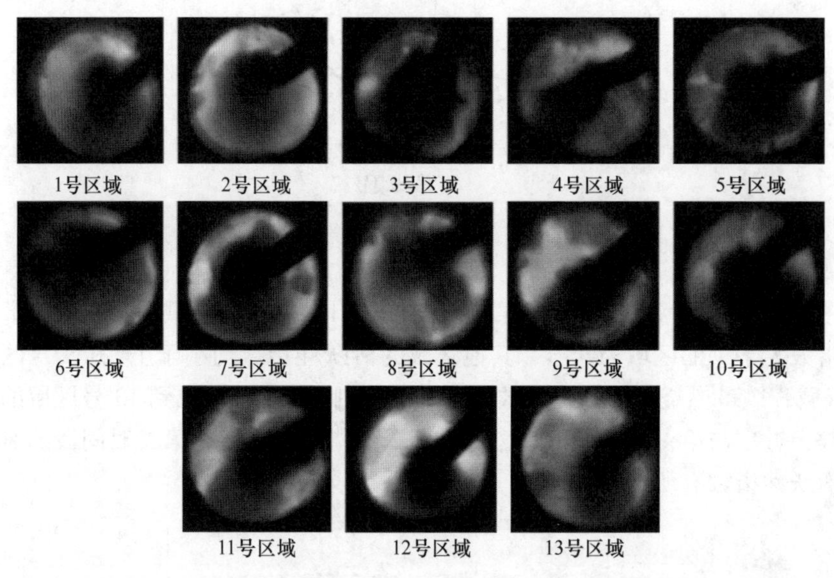

图 7-11 2000m^3 高炉第三时间段所采集的风口燃烧带各区域风口图像

由图 7-13 可知，9 号区域的均匀性指数最高，其值为 5. 69；4 号区域的均匀性指数最低，其值为 1. 06。只有 5 号、9 号区域的均匀性指数大于 5，其他区域的均匀性指数均小于 5。由以上分析可知，第三时间段风口燃烧带各区域的均匀性指数分布不均匀，个别区域均匀性指数较高，其他区域均匀性指数较低。第三时间段风口燃烧带各区域的均匀性指数比第二时间段的低。

图 7-14 所示为 2000m^3 高炉第三时间段风口燃烧带各区域的活跃性指数，活跃性指数大于 1 的区域为 4 号，其他区域的活跃性指数均小于 1。与第二时间段类似，从 1 号区域到 7 号区域，风口燃烧带活跃性指数的波动较为剧烈，8 号区域到 13 号区域的活跃性指数相近。与第一时间段风口燃烧带活跃性指数相对比，第三时间段的风口燃烧带活跃性指数有所下降。

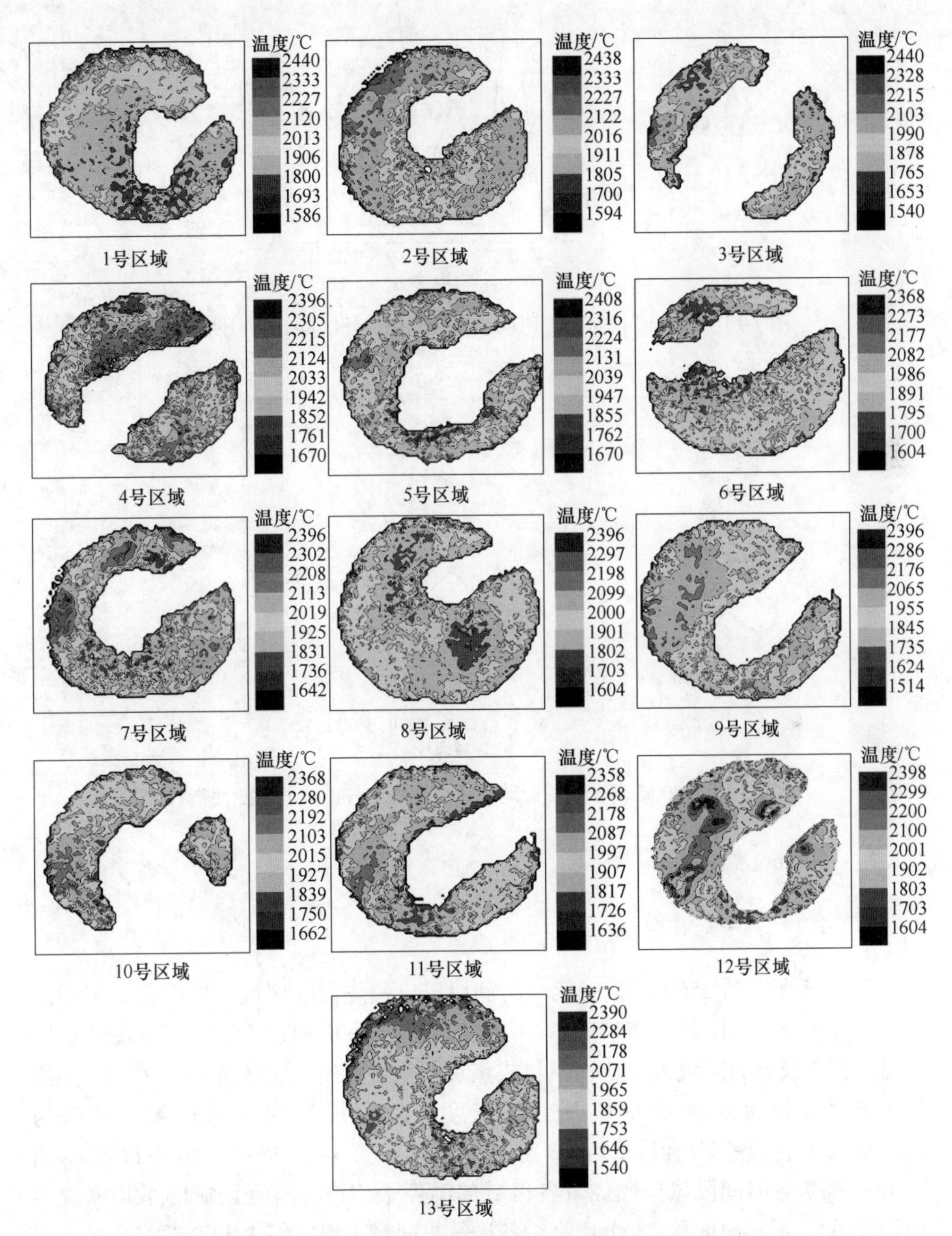

图 7-12 2000m^3 高炉第三时间段风口燃烧带各区域的风口温度场

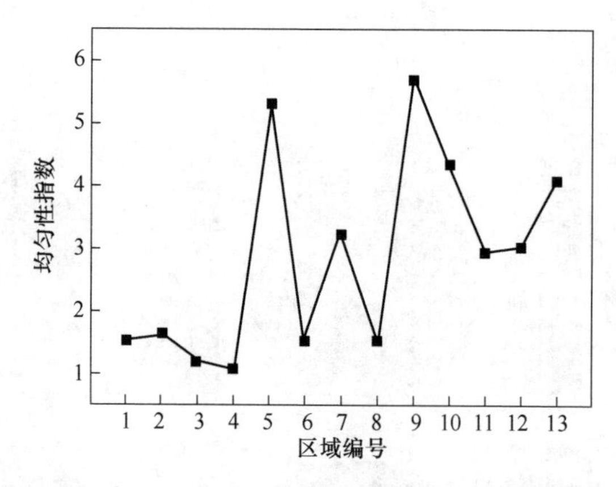

图 7-13 2000m³ 高炉第三时间段风口燃烧带各区域的均匀性指数

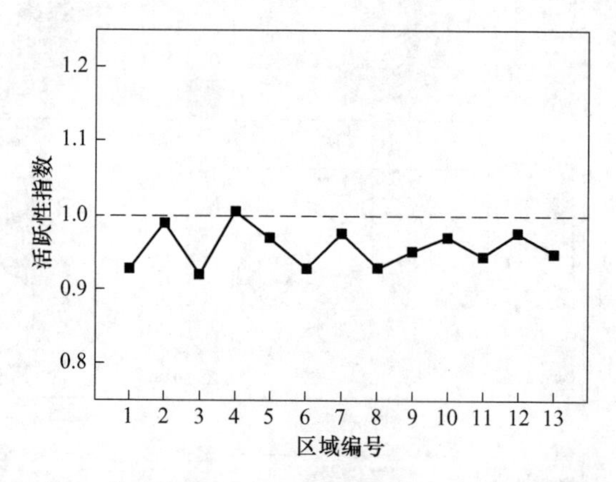

图 7-14 2000m³ 高炉第三时间段风口燃烧带各区域的活跃性指数

7.2.2 2500m³ 高炉

7.2.2.1 第一时间段

图 7-15 所示为 2500m³ 高炉第一时间段风口燃烧带各区域风口图像，如图所示，风口回旋区的图像亮暗程度不一，煤粉黑根所占面积也不同。部分图像边缘出现的颜色较暗的区域为未熔化原料或焦炭颗粒下落到回旋区所致。第一时间段各区域风口温度场如图 7-16 所示，温度平均值最高为 3 号区域，其值为 2018.77℃；温度平均值最低为 13 号区域，其值为 1880.95℃。图 7-17 所示为 2500m³ 高炉各时间段风口燃烧带各区域的温度平均值，所有区域的平均温度为 1952.11℃。第一时间段 2500m³ 高炉各区域之间最大温度差为 137.82℃。最大温度差比 2000m³ 高炉小。

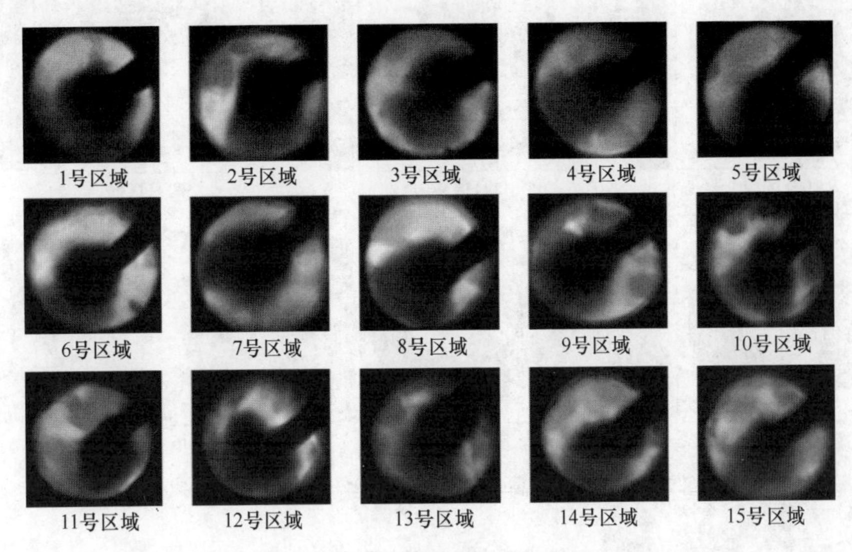

图 7-15 2500m³ 高炉第一时间段所采集的各区域风口图像

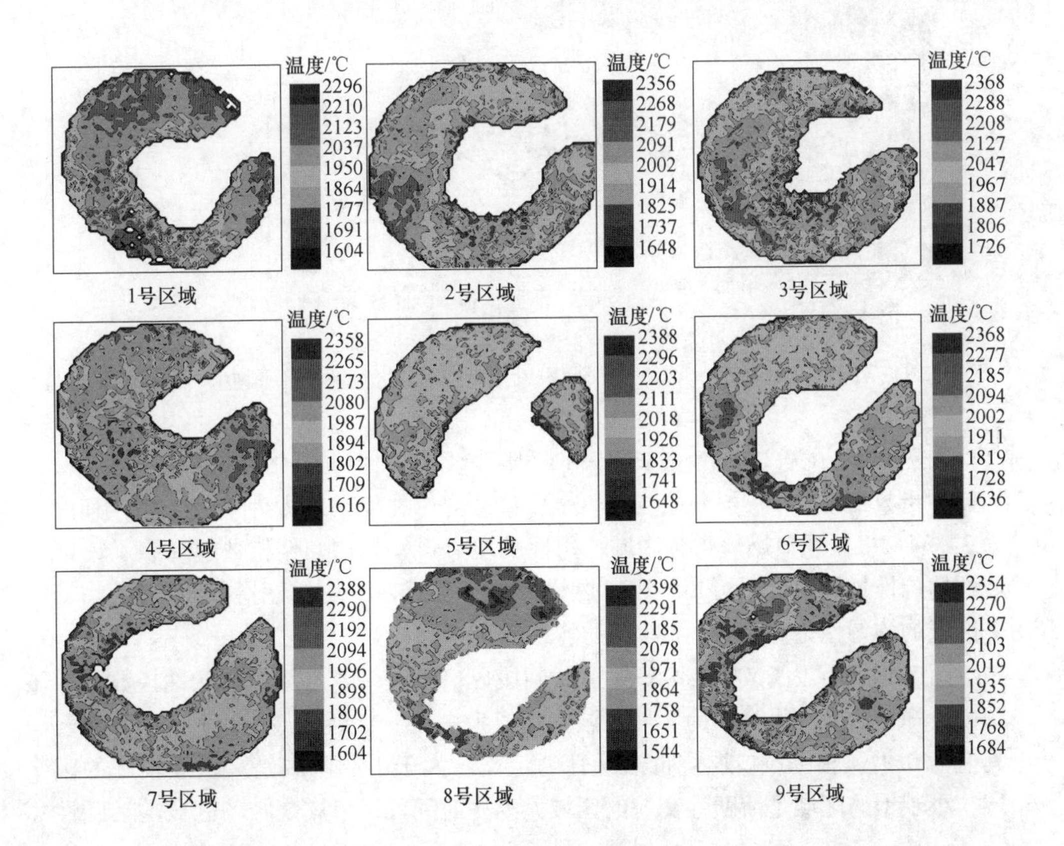

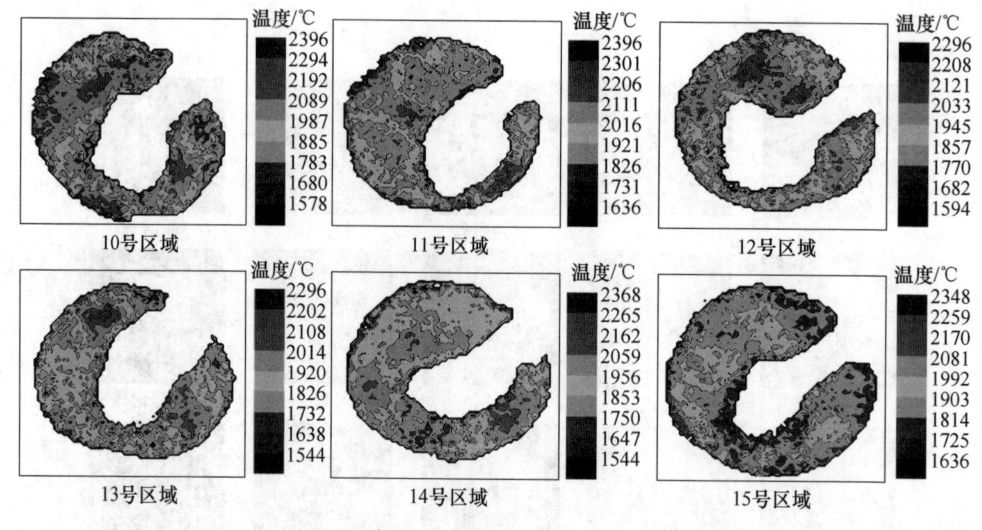

图 7-16 2500m³ 高炉第一时间段各区域的风口温度场

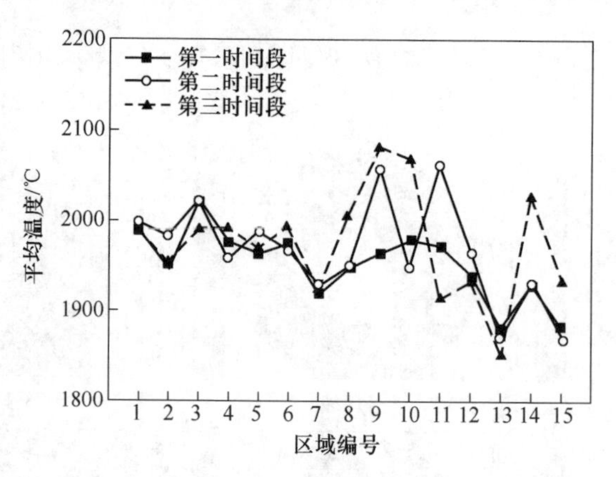

图 7-17 2500m³ 高炉各时间段风口燃烧带各区域的温度平均值

图 7-18 所示为 2500m³ 高炉第一时间段风口燃烧带局部区域的均匀性指数，均匀性指数最小为 13 号区域，其值为 1.41；均匀性指数最大为 2 号区域，其值为 24.34。根据风口燃烧带各区域均匀性的定义可知，均匀性指数越高表示该区域的均匀性越好。由图可知，风口燃烧带整个区域内的均匀性指数波动较大。5 个区域的均匀性指数大于 5，其他的均小于 5。

图 7-19 所示为 2500m³ 高炉第一时间段风口燃烧带各区域的活跃性指数，从图中可知，活跃性最高的为 3 号区域，其值为 0.98；活跃性最低的为 13 号区域，其值为 0.91。根据风口燃烧带活跃性的定义，大于 1 的区域是活跃性较好的区域，小于 1 的区域是活跃性交差的区域。第一时间段风口燃烧带各区域的活跃性

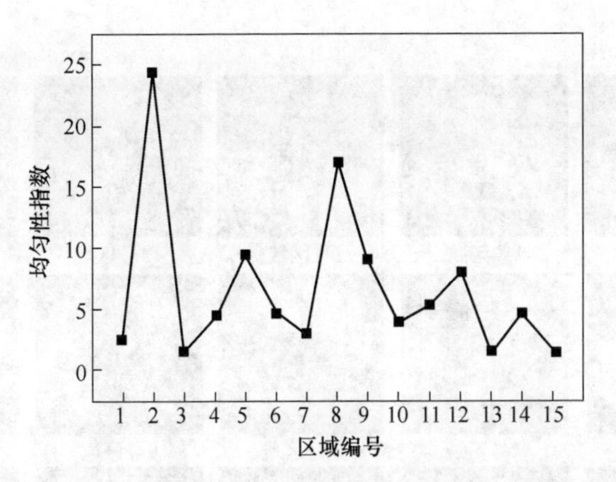

图 7-18 2500m³ 高炉第一时间段风口燃烧带各区域的均匀性指数

较差，没有一个区域达到了风口燃烧带活跃的要求，与 2000m³ 高炉相对比，2500m³ 高炉第一时间段风口燃烧带各区域的活跃性变差。

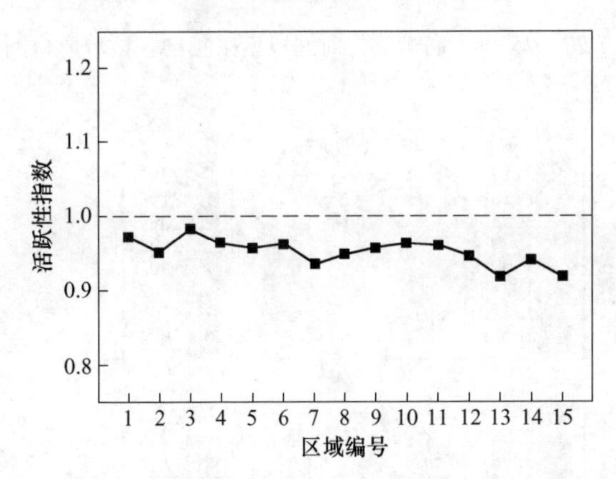

图 7-19 2500m³ 高炉第一时间段风口燃烧带各区域的活跃性指数

7.2.2.2 第二时间段

图 7-20 所示为 2500m³ 高炉第二时间段风口燃烧带各区域风口图像，与 2000m³ 高炉风口图像相比，第二时间段 2500m³ 高炉各区域的风口图像中出现的颗粒较少。2500m³ 高炉第二时间段风口燃烧带各区域的风口温度场如图 7-21 所示，温度平均值最高为 11 号区域，其值为 2060.41℃；温度平均值最低为 13 号区域，其值为 1868.48℃。所有区域的平均温度为 1965.67℃。各区域的平均温度差别较大，最大温度差为 191.93℃，比第一时间段高。

图 7-22 所示为 2500m³ 高炉第二时间段风口燃烧带局部区域的均匀性指数，均匀性指数最小为 13 号区域，其值为 1.02；均匀性指数较大的两个区域为 6 号

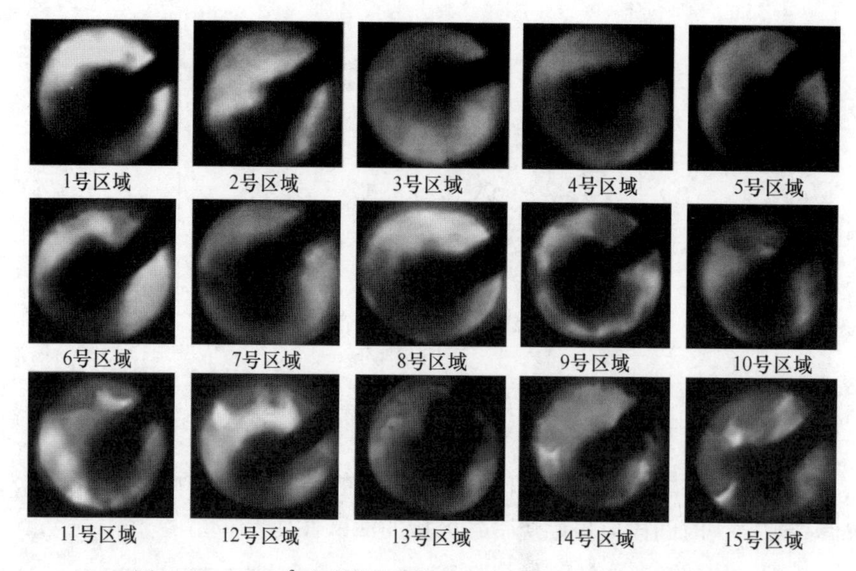

图 7-20 2500m^3 高炉第二时间段所采集的各区域风口图像

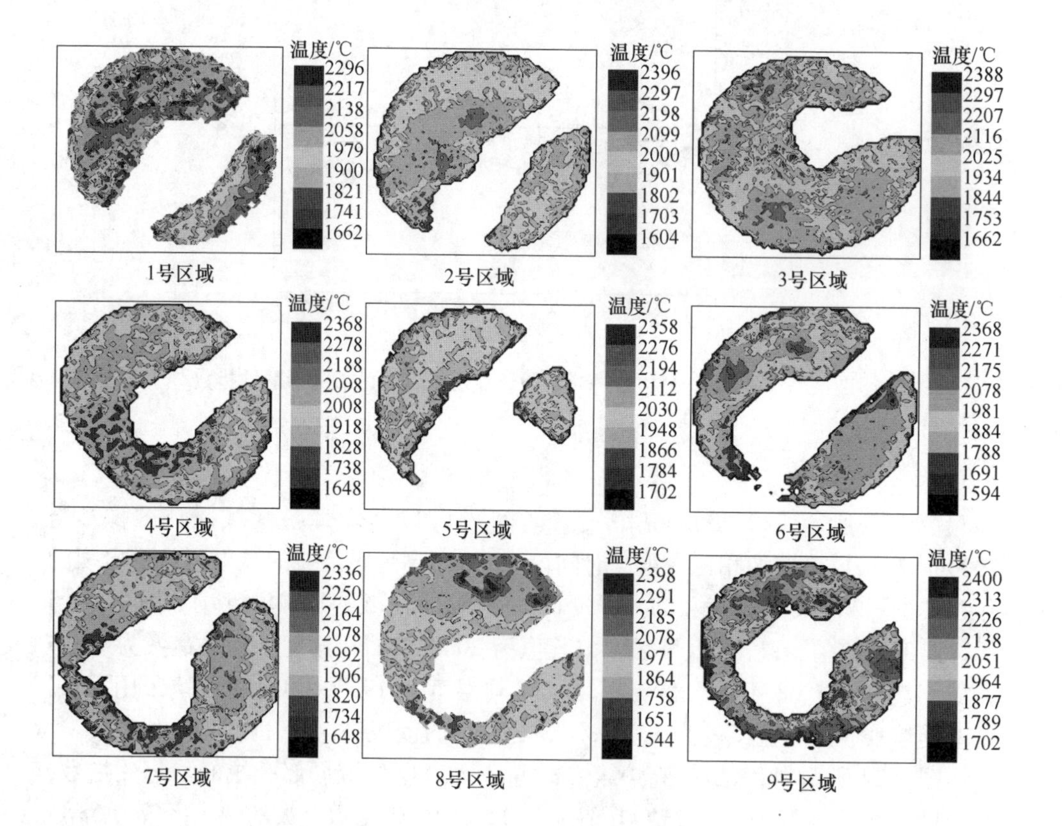

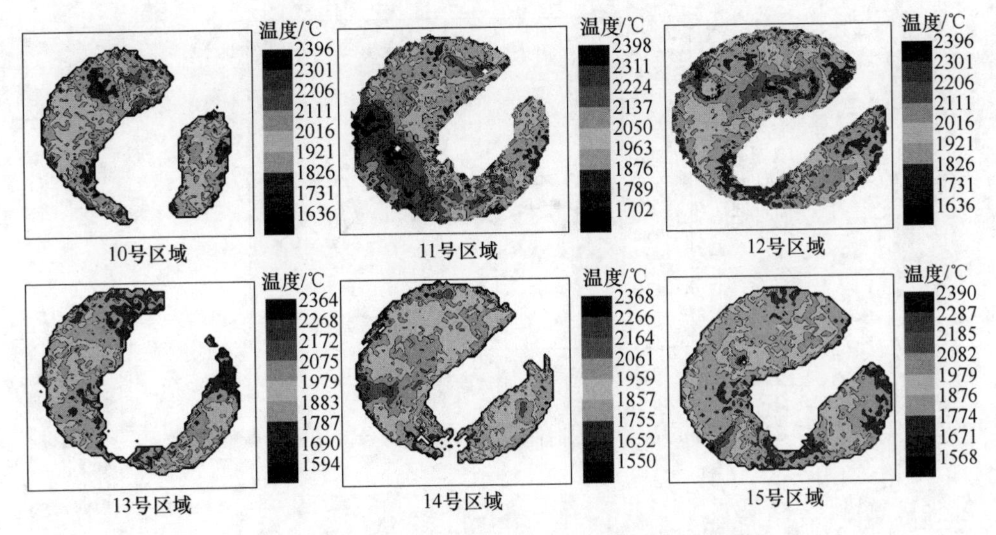

图 7-21 2500m^3 高炉第二时间段各区域的风口温度场

区域和 12 号区域，其值分别为 90.41 和 66.49。由图可知，风口燃烧带整个区域内的均匀性指数波动较大。均匀性指数大于 5 的区域有 6 个，其他的均小于 5。与第一时间段相比，该时间段风口燃烧带均匀性较好的区域较多。

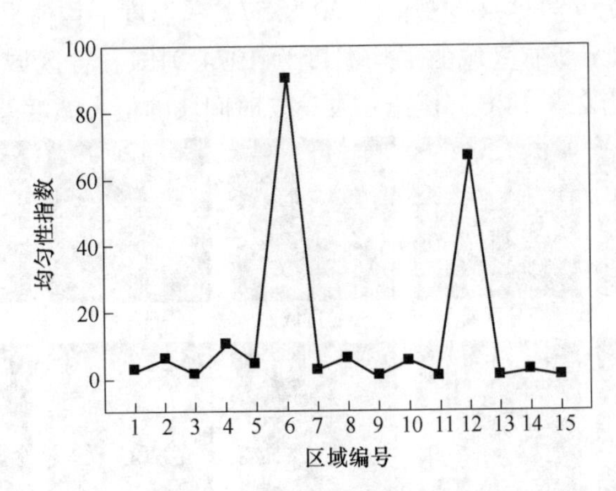

图 7-22 2500m^3 高炉第二时间段风口燃烧带各区域的均匀性指数

图 7-23 所示为 2500m^3 高炉第二时间段风口燃烧带各区域的活跃性指数，从图中可知，活跃性最高的区域为 11 号，其值为 1.01；活跃性最低的区域为 13 号，其值为 0.91。第二时间段风口燃烧带有两个区域活跃性指数大于 1，其他的都小于 1。第二时间段风口燃烧带各区域的活跃性较差，仅比该高炉第一时间段风口燃烧带各区域的活跃性略好。

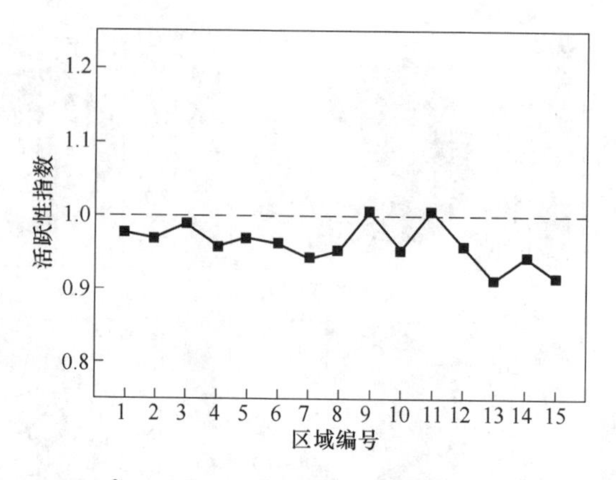

图 7-23 2500m³ 高炉第二时间段风口燃烧带各区域的活跃性指数

7.2.2.3 第三时间段

图 7-24 所示为 2500m³ 高炉第三时间段风口燃烧带各区域风口图像，与 2500m³ 高炉第二时间段相比，部分风口图像中出现的颗粒数增加，颜色较暗的煤粉云所占面积较大。2500m³ 高炉第三时间段风口的风口温度场如图 7-25 所示，温度平均值最高为 9 号区域，其值为 2078.57℃；温度平均值最低为 13 号区域，其值为 1850.43℃。所有区域的平均温度为 1974.91℃。各区域平均温度差别较大，最大温度差为 228.14℃，比第一及第二时间段的最大温度差高。

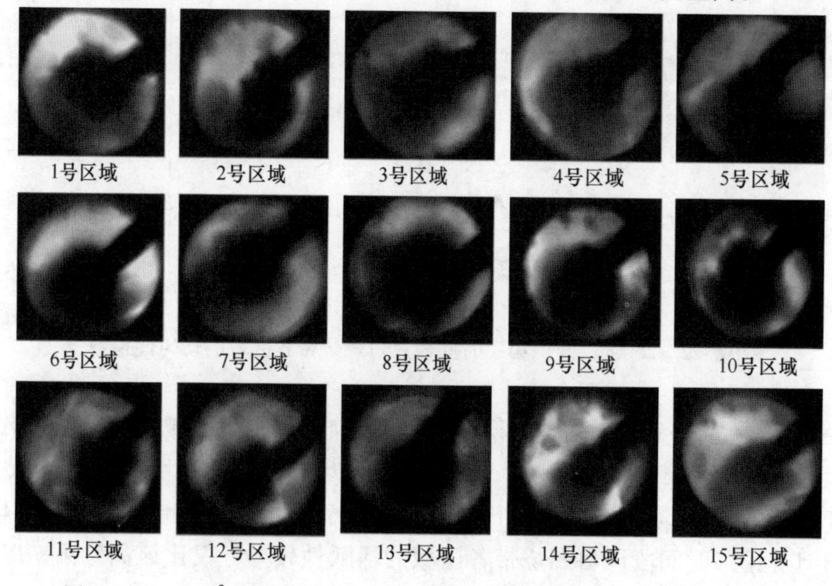

图 7-24 2500m³ 高炉第三时间段所采集的风口燃烧带各区域风口图像

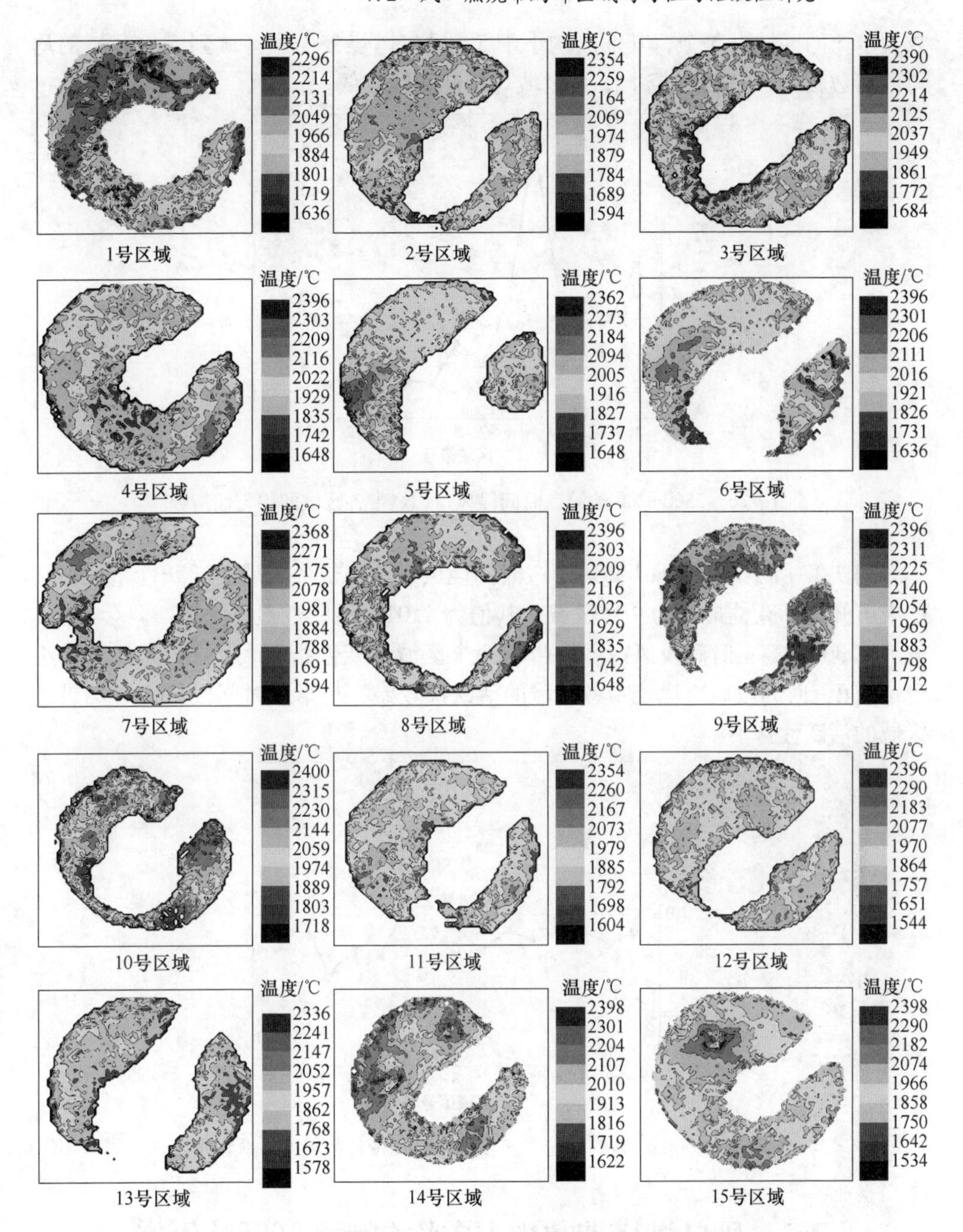

图 7-25 2500m^3 高炉第三时间段风口燃烧带各区域的风口温度场

图 7-26 所示为 2500m^3 高炉第三时间段风口燃烧带局部区域的均匀性指数，均匀性指数最小为 13 号区域，其值为 0.803；均匀性指数最大为 5 号区域，其值为 14.40。由图可知，风口燃烧带整个区域内的均匀性指数波动较大。均匀性指

数大于5的区域有5个，其他的均小于5。风口燃烧带1号区域到5号区域的均匀性指数较高，6号区域到15号区域均匀性指数较低。

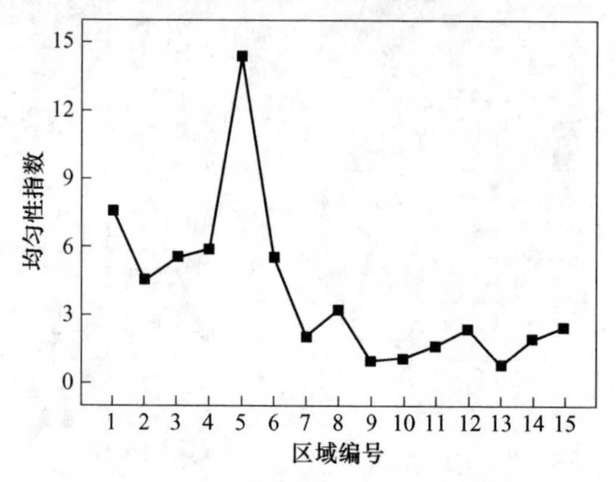

图7-26 2500m^{3}高炉第三时间段风口燃烧带各区域的均匀性指数

图7-27所示为2500m^{3}高炉第三时间段风口燃烧带各区域的活跃性指数，从图中可知，活跃性最高为9号区域，其值为1.01；活跃性最低为13号区域，其值为0.902。第三时间段风口燃烧带有两个区域活跃性指数大于1，其他的都小于1。第三时间段风口燃烧带各区域的活跃性较差，与第二时间段风口燃烧带各区域的活跃性持平。

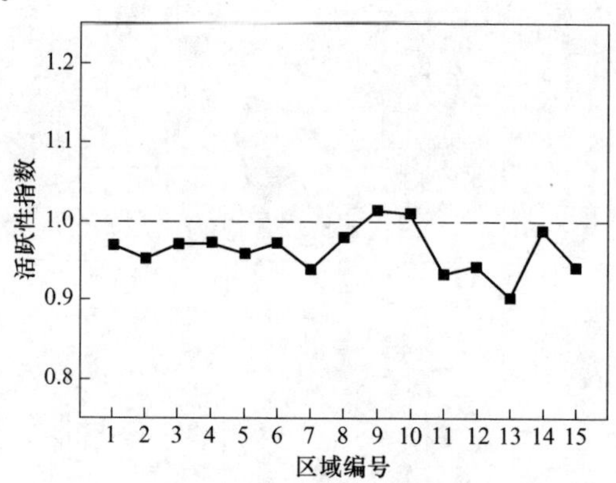

图7-27 2500m^{3}高炉第三时间段风口燃烧带各区域的活跃性指数

7.3 风口燃烧带圆周方向均匀性及活跃性研究

图7-28所示为2000m^{3}高炉不同时间段风口燃烧带圆周方向上均匀性及活跃性，由图可知，第二时间段的均匀性指数最大，其值为4.72；第一时间段的均匀性指数最小，其值为2.69。由以上分析可知，不同时间段时2000m^{3}高炉的风口

燃烧带圆周方向上的均匀性指数有差别。从图中还可以看出，活跃性指数之间差别不大，3 个时间段的活跃性指数均小于 1，由此可知该 2000m³ 高炉风口燃烧带圆周方向上的活跃性较差，应通过提高风温、增加富氧率等综合调剂措施以提高回旋区的温度值，以达到活跃风口燃烧带的目的。

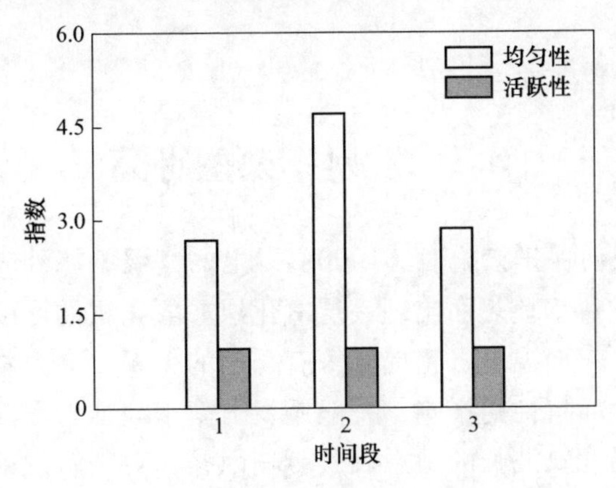

图 7-28 2000m³ 高炉不同时间段风口燃烧带圆周方向上均匀性及活跃性

图 7-29 所示为 2500m³ 高炉不同时间段风口燃烧带圆周方向上均匀性及活跃性，由图可知，第二时间段的均匀性指数最大，其值为 13. 69；第三时间段的均匀性指数最小，其值为 3. 98。不同时间段的均匀性指数差别较大。从图中还可以看出，活跃性指数之间差别不大，3 个时间段的活跃性指数均小于 1。与 2000m³ 高炉相比，活跃性指数略有下降。

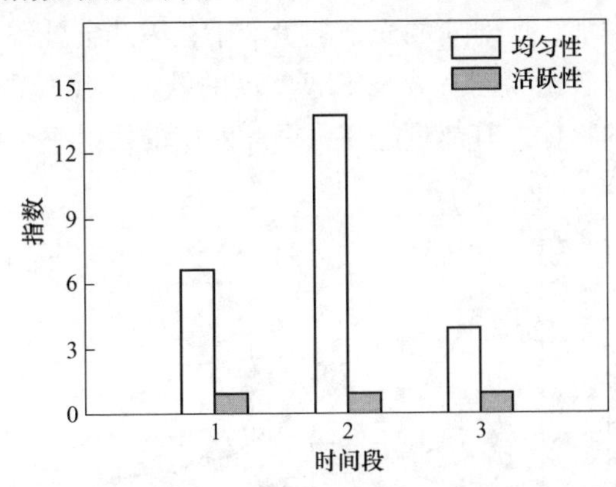

图 7-29 2500m³ 高炉不同时间段风口燃烧带圆周方向上均匀性及活跃性

综上所述，容积小的高炉其风口燃烧带活跃性一般比容积大的高，但容积小的高炉其风口燃烧带的均匀性低于容积大的高炉。通过对风口燃烧带工作均匀性及活跃性评价体系的建立，有力地指导了高炉生产实践，对提高铁水质量、节能减排具有重要意义。

8　高温钢坯轧制过程温度在线检测应用

8.1　发射率模型研究

在外部不加任何保护措施时，1000℃以上的高温钢坯外表面会与空气中的氧气发生反应，导致钢坯表面出现一层氧化层。氧化层的厚度及组织等物理特性与其化学成分、表面温度、粗糙度等有一定的关系，高温物体向外界辐射的能量也会受到其表面特性的影响，一般用发射率来表征。因此研究不同条件下钢坯的发射率随温度及波长的关系及其影响因素，对理解发射率规律具有重要作用。

8.1.1　影响因素分析

8.1.1.1　波长

图 8-1 所示为光谱发射率随波长的变化规律，随着波长从 400nm 增加到 750nm，同一温度下铁的光谱发射率从 0.42 降低到 0.32，呈现减小趋势。主要是由于随着波长的增加，所对应的光子能量减小，因此会导致相应的光谱发射率下降。从图中还可以看出，同一波长下温度高的铁比温度低的光谱发射率要高，可解释为温度越高的物体，其能量越高，因此对应的发射率会增加。

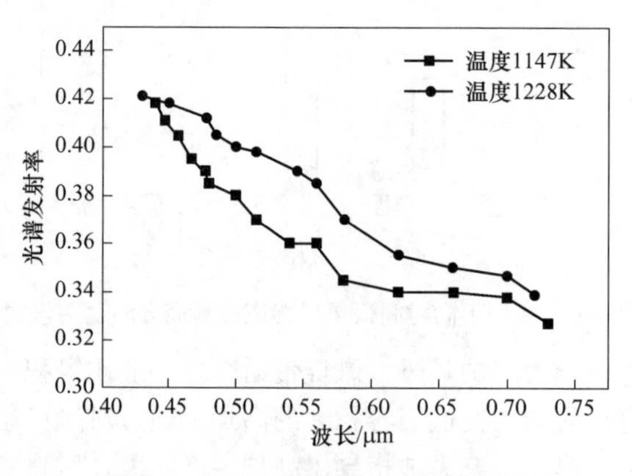

图 8-1　光谱发射率随波长的变化规律

8.1.1.2 温度

图 8-2 所示为光谱发射率随温度的变化规律，随着温度从 1100K 升高到 1600K，光谱发射率也从 0. 31 增加到 0. 47 左右，光谱发射率随着温度升高呈增加趋势。这主要是由于铁表面发射出的光子能量随着温度升高而增加，相应地光谱发射率也随之增加。从图还可以看出，在相同温度下，不锈钢的光谱发射率要比 0. 03%的碳钢低，这主要是由于合金元素含量较多的不锈钢表面比较致密所致。

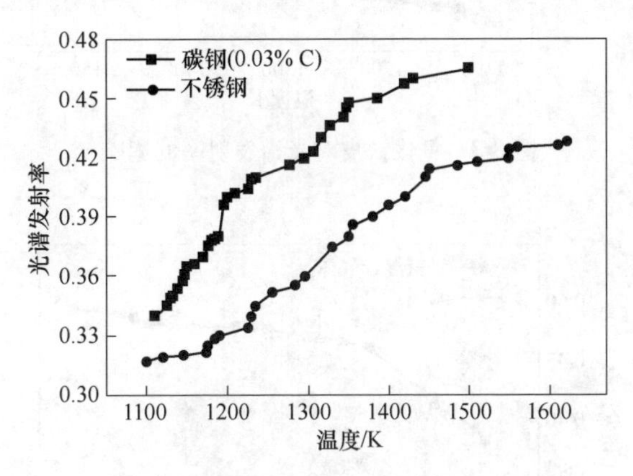

图 8-2 光谱发射率随温度的变化规律

此外，随着温度越来越高，增长率逐渐变低。产生这一现象的原因是由于物体表面随温度升高而发生氧化，但温度继续升高时表面氧化膜的厚度逐渐趋于稳定，对发射率的影响逐渐变小。

8.1.1.3 氧化铁皮

图 8-3 所示为氧化铁皮对光谱发射率的影响规律，表面抛光的铁比表面氧化的光谱发射率低，且随着温度的增加，表面抛光的铁光谱发射率的增速比表面氧化的慢。这主要是由于表面氧化膜对发射率的影响，可以使消光系数、厚度及粗糙度发生改变，表面氧化的铁表面粗糙度增大会使发射率增大。

8.1.1.4 保护气体

图 8-4 所示为保护气体对光谱发射率的影响规律，随着温度的升高，氢气保护下的铁样品光谱发射率增长缓慢，氮氢混合气体的发射率升高速率会更高一些。氢气比氮氢混合气体的光谱发射率要低很多，这主要是由于氢气保护气体能有效隔绝铁样品表面的氧化，使之难以形成氧化层，由此引起的表面粗糙度未发生较大变化使其光谱发射率也未发生较大的改变。

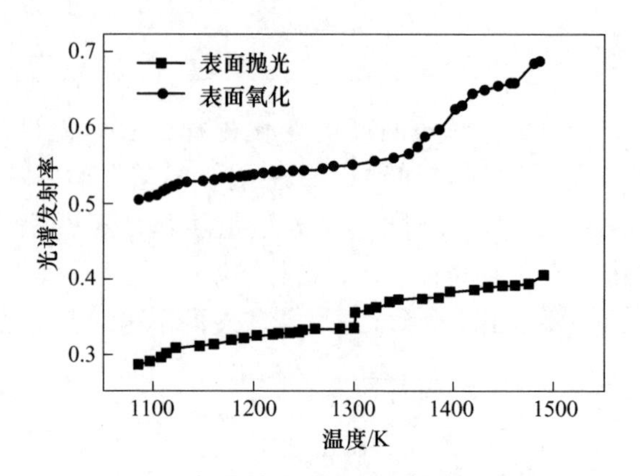

图 8-3　氧化铁皮对光谱发射率的影响

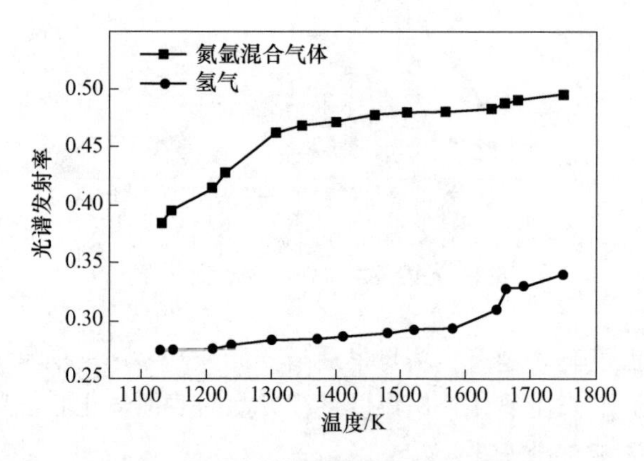

图 8-4　保护气体对光谱发射率的影响

在近似的范围内，随着铁及其合金温度的升高，由于金属电阻率的变化和表面区域热平衡现象，会导致其表面的光谱发射率逐渐增大。而在某一确定的温度值下，对应波长越长，根据史蒂芬玻尔兹曼定律，材料在该波长下对应的光谱发射率就越小；但是，随着温度的升高，其对发射率值的影响越来越小；不过，当温度处于较高水平时，增长率又会变大。造成这种现象的原因可能与材料在加热过程中表面的氧化和形变有关。以上研究对连铸、冷轧或者热轧等过程中的钢坯的光谱发射率规律有重要的参考价值。

8.1.2　光谱发射率的温度变化模型

对于本书研究的实际工业应用中的钢材，要考虑上述数据中组成比较类似的样本，因此选择含有 0.03%碳元素的铁的数据。结合上文的光谱发射率模型，考虑到该组数据是在波长 0.665μm 下逐渐升温得到的，因此采用国际上通用的光谱发射率数值随温度变化的函数模型来进行拟合。

(1) 使用 $\varepsilon_T = \exp\left(a + \frac{b}{T + c}\right)$ 模型，结合正交距离回归算法，拟合结果如表 8-1 和图 8-5 所示。

表 8-1 拟合参数

参数	拟合值	标准误差	相关性
a	-0.573	±0.0287	0.99506
b	-110.088	±19.534	0.9989
c	-899.634	±28.435	0.99661
残差平方和	6.10453×10^{-4}	—	—
拟合优度	0.996	—	—

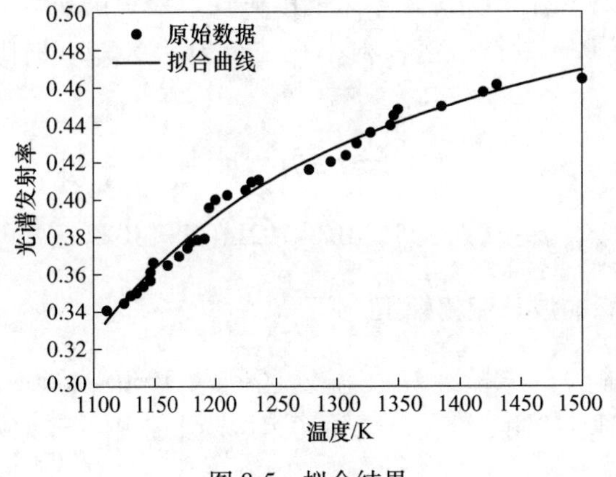

图 8-5 拟合结果

(2) 使用 $\varepsilon_T = a + b\ln(T + c)$ 模型，结合 Levenberg-Marquardt 算法，拟合结果如表 8-2 和图 8-6 所示。

表 8-2 拟合参数

参数	拟合值	标准误差	相关性
a	-0.03365	±0.05734	0.99978
b	0.08192	±0.00906	0.99969
c	-1022.27336	±21.37137	0.9935
残差平方和	6.61917×10^{-4}	—	—
拟合优度	0.98544	—	—

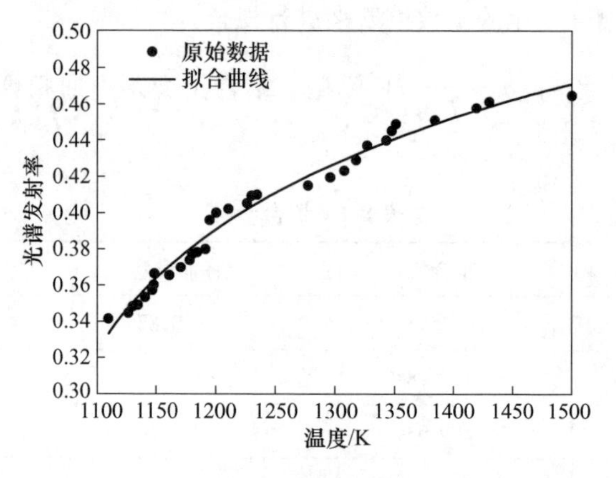

图 8-6 拟合结果

比较上述两种拟合结果，可以发现两种模型的拟合度都非常好，拟合优度 R^2 值均达到了 0.98 以上。为保证结果的准确性，避免随机误差，将两种拟合结果都作为含碳量 0.03%的铁光谱发射率在波长为 0.665μm 时随温度的变化关系式备用，即

$$\varepsilon_{T_1} = \exp\left(-0.57337 - \frac{110.08875}{T - 899.6343}\right)$$

$$\varepsilon_{T_2} = -0.03365 + 0.08192\ln(T - 1022.27)$$

8.1.3 光谱发射率的波长变化模型

考虑波长影响时，选择纯铁在温度区间为 1030～2090K 的范围内，波长 0.66μm 下光谱发射率的测量数据。选用两组国际上通用的光谱发射率数值随波长变化的函数模型 $\varepsilon_\lambda = \exp(a_0 + a_1\lambda + a_2\lambda^2)$，$\varepsilon_\lambda = \exp(a_0 + a_1\sqrt{\lambda})$ 来进行拟合。

（1）在 1147K 温度下。

1）首先采用模型 $\varepsilon_\lambda = \exp(a_0 + a_1\lambda + a_2\lambda^2)$，结合 Levenberg-Marquardt 算法，拟合结果如表 8-3 和图 8-7 所示。

表 8-3 拟合参数

参数	拟合值	标准误差	相关性
a	0.4644	±0.12815	0.99954
b	-4.45124	±0.45664	0.99988
c	3.16577	±0.40025	0.9995
残差平方和	1.89709×10^{-4}	—	—
拟合优度	0.98425	—	—

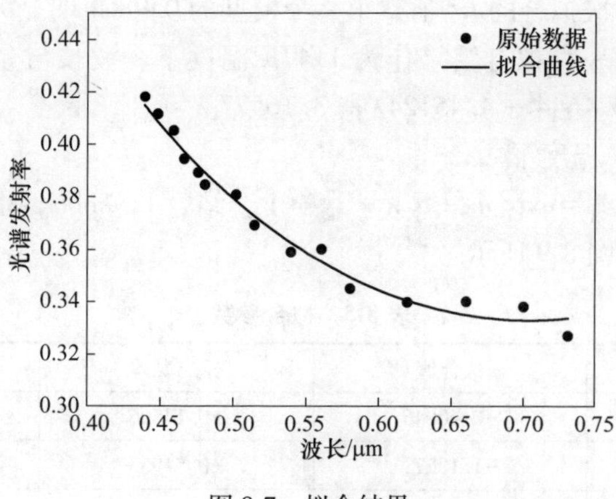

图 8-7 拟合结果

2）使用模型 $\varepsilon_\lambda = \exp(a_0 + a_1\sqrt{\lambda})$，结合 Levenberg-Marquardt 算法，拟合结果如表 8-4 和图 8-8 所示。

表 8-4 拟合参数

参数	拟合值	标准误差	相关性
a	−0. 07276	±0. 07553	0. 9938
b	−1. 25314	±0. 10336	0. 9938
残差平方和	9.53965×10^{-4}	—	—
拟合优度	0. 9208	—	—

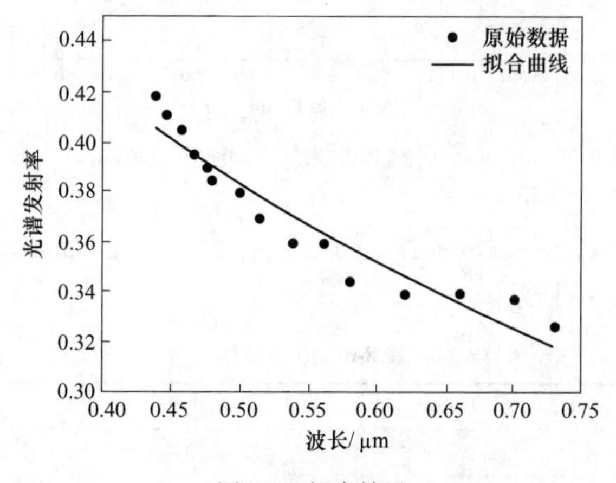

图 8-8 拟合结果

容易看出，使用第一个模型的拟合曲线相比第二个模型的效果明显更加接近实际情况，比较两次拟合的 R^2 值，第一个模型的 0.98 也明显大于第二个模型的 0.92，因此选用第一种拟合结果作为 1147K 温度下，波长与光谱发射率的关系式，即 $\varepsilon_\lambda = \exp(0.4644 - 4.45124\lambda + 3.16577\lambda^2)$。

（2）在 1288K 温度下。

1）采用模型 $\varepsilon_\lambda = \exp(a_0 + a_1\lambda + a_2\lambda^2)$，结合 Levenberg-Marquardt 算法，拟合结果如表 8-5 和图 8-9 所示。

表 8-5　拟合参数

参数	拟合值	标准误差	相关性
a	−0.40846	±0.14566	0.9995
b	−1.18271	±0.51953	0.99987
c	0.33716	±0.45459	0.9995
残差平方和	2.05875×10^{-4}	—	—
拟合优度	0.97905	—	—

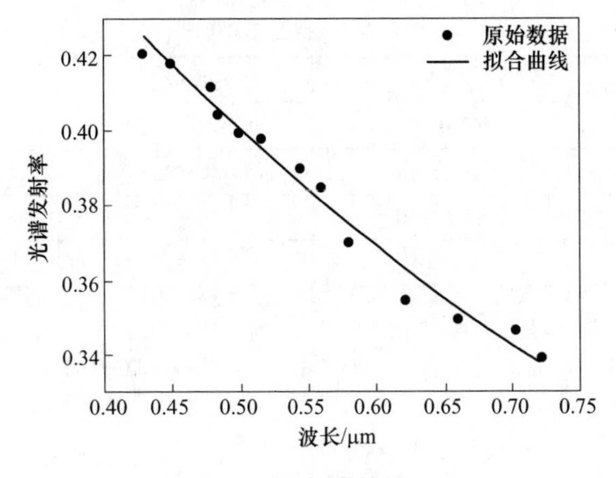

图 8-9　拟合结果

2）使用模型 $\varepsilon_\lambda = \exp(a_0 + a_1\sqrt{\lambda})$，结合 Levenberg-Marquardt 算法，拟合结果如表 8-6 和图 8-10 所示。

表 8-6　拟合参数

参数	拟合值	标准误差	相关性
a	−0.06858	±0.03996	0.99377
b	−1.1981	±0.05403	0.99377
残差平方和	2.10575×10^{-4}	—	—
拟合优度	0.97857	—	—

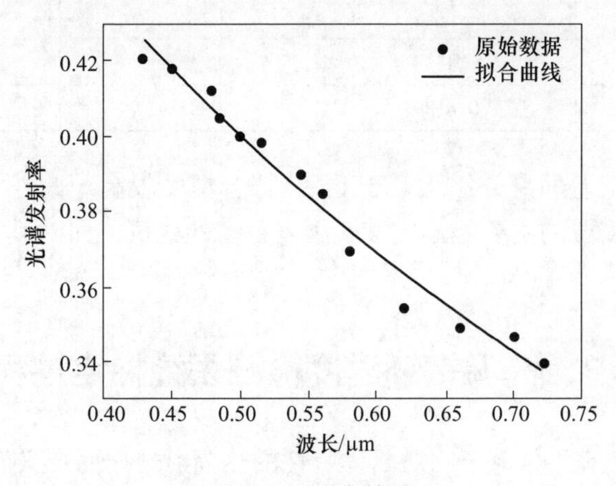

图 8-10 拟合结果

比较两种模型的拟合结果，可以发现两个模型的拟合优度值相似，考虑到1147K 温度下的函数模型，为了区别结果，选取第二种模型作为 1288K 温度下波长与光谱发射率的关系式，即

$$\varepsilon_\lambda = \exp(-0.06858 - 1.1981\sqrt{\lambda})$$

综合以上不同温度下的拟合结果，结合被测对象为连铸坯和热轧钢坯的情况，其温度范围大致处于 800~1300℃，因此选择大概的起始温度即 1147K 下的拟合结果。最终确定，经过复杂处理后在氢气中测量的铁样品，其光谱发射率的值在不同波长下的模型为

$$\varepsilon_\lambda = \exp(0.4644 - 4.45124\lambda + 3.16577\lambda^2)$$

综上可知，最后得出的发射率模型如下所示。

$$\begin{cases} \varepsilon_B = 0.96688\exp\left(-0.57337 - \dfrac{110.08875}{T - 899.6343}\right) \\ \varepsilon_G = -0.03357 + 0.08172\ln(T - 1022.27) \\ \varepsilon_R = 0.91551\exp\left(-0.57337 - \dfrac{110.08875}{T - 899.6343}\right) \\ \varepsilon_{NIR} = -0.03196 + 0.07778\ln(T - 1022.27) \end{cases}$$

将该结果与其他学者的研究结果相比，在形式上较为相似，都是将发射率与温度之间的变化关系用指数函数与对数函数的模型表示出来。在数值精度方面，经过资料查阅，参考热辐射领域的经典书籍《Thermal radiative properties：metallic elements and alloys》第七卷中，选择几组相同条件下铁的具体发射率数值，与本章模型结果进行对比，结果见表 8-7。

表 8-7　数据精度对比结果

参数	$\lambda=0.43\mu m$ $T=1500K$	$\lambda=0.54\mu m$ $T=1600K$	$\lambda=0.7\mu m$ $T=1700K$
资料数据	0.4317	0.4376	0.4098
本章结果	0.4139	0.4514	0.4296

可以看出，偏差的百分比均低于 6%，拟合精度较高。此外，在模型的使用过程中，比色法需要的主要是不同波长下发射率的比值，而对其具体数值的依赖度不高。

8.2　高温钢坯温度检测系统标定过程

黑体是为了研究不依赖于物质具体物性的热辐射规律而定义的一种理想物体。由斯蒂芬-玻耳兹曼定律可知，黑体辐射能与热力学温度有关。温度检测原型系统的温度标定是温度检测的基础，标定过程的关键是找到产生类似黑体的辐射源。自然界不存在绝对黑体，人工黑体对辐射的吸收率接近 1，反射率几乎为零。

采用最小二乘法拟合的 $\frac{H_R}{H_G}$ 与 $-\ln\frac{N_R}{N_G}$ 之间的关系见表 8-8，标定结果的拟合确定系数为 0.9988，表明拟合结果能够很好地反应图像各通道灰度比与多光谱测温系统转换系统比之间的关系。最终采用二次项拟合公式，如图 8-11 所示。

表 8-8　不同次项拟合公式的系数

拟合次项	A	B	C	D	R^2
一次	—	—	0.5169	0.3278	0.9765
二次	—	0.4125	−0.9241	1.5755	0.9866
三次	0.1079	−0.1531	0.0595	1.008	0.9866

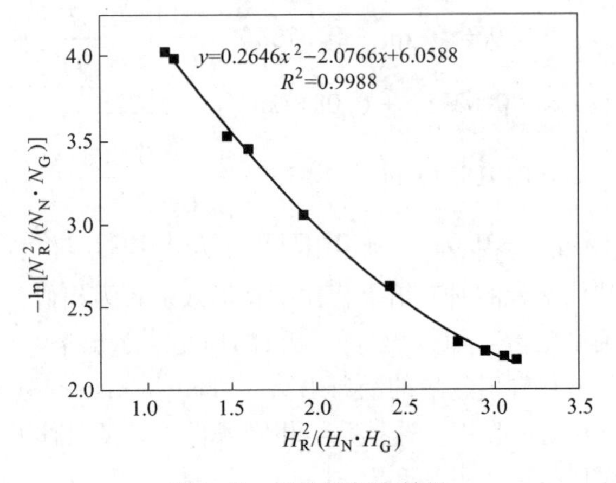

图 8-11　黑体炉标定结果

综上所述，通过对黑体炉标定过程不同工况下的温度图像的稳定性进行分析，最终发现测温系统在黑体炉标定温度为800~1300℃范围内时，不同的曝光时间及距离时拟合得出的标定结果相同。最终采用二次项拟合式算法拟合黑体炉标定系统与温度之间的关系，相对误差最大为1%，说明可使用该套检测系统及标定结果来研究高温钢坯的温度场分布。

8.3　噪声去除算法研究

应用5种去噪方法对高炉风口图像进行去噪处理，添加高斯噪声并去噪后的图像如图8-12所示。从图中可以看出，采用上述方法得到去噪后的图像均能够较好地保留图像的边缘细节部分，同时图像内部的高温部分也得到了保留。因此采用该算法能够实现对图像去噪的目的，同时还保留了图像边缘处的部分信息，为后续进行边缘提取打下较好的基础。

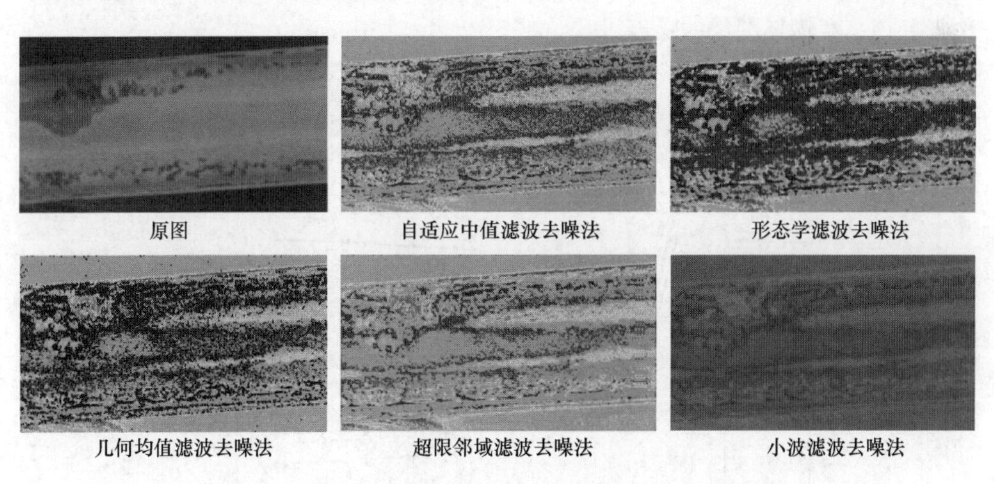

图8-12　加入高斯噪声不同滤波去噪法去噪后的图像

为了评价不同去噪方法去噪后的效果，一般主要采用误差评测法，即通过计算滤波去噪后的结果图像与原始无噪声图像的误差来衡量去噪去除的效果。本节中采用峰值信噪比（PSNR）标准评价去噪效果的好坏，PSNR值越大意味着越接近原图，去噪的效果也越好。其原理如下所示：

$$F = \{f(i,j) \mid 1 \leqslant i \leqslant M, 1 \leqslant j \leqslant N\}$$

$$\widetilde{F} = \{\widetilde{f}(i,j) \mid 1 \leqslant i \leqslant M, 1 \leqslant j \leqslant N\}$$

式中　F——原始图像的像素矩阵；

$\widetilde{F}$——处理后图像的像素矩阵；

M——图像像素高度方向数值；

$f(i,\ j)$ ——图像某点的像素。

$$\mathrm{PSNR} = 10\lg \frac{255 \times 255}{MSE}$$

$$\mathrm{MSE} = \frac{1}{M \times N} \sum_{i=1}^{m} \sum_{j=1}^{n} (f(i,j) - \tilde{f}(i,j))^2$$

式中　$PSNR$——图像像素矩阵的峰值信噪比；

MSE——图像像素矩阵的均方误差。

图 8-13 所示为图像加入高斯噪声不同去噪方法的噪声密度与 $PSNR$ 的关系。由图可知，当噪声密度为 0.01 时，图像加入椒盐噪声和高斯噪声后的 $PSNR$ 值最大为小波滤波去噪法。随着噪声密度的增加，小波滤波去噪法的 $PSNR$ 值波动较小，而其他 4 种去噪方法的 PSNR 值均出现大幅的降低。上述去噪效果与其他学者得出的结论类似，验证了处理结果的准确性。因此本章中采用小波滤波去噪法来处理高温钢坯图像的噪声。

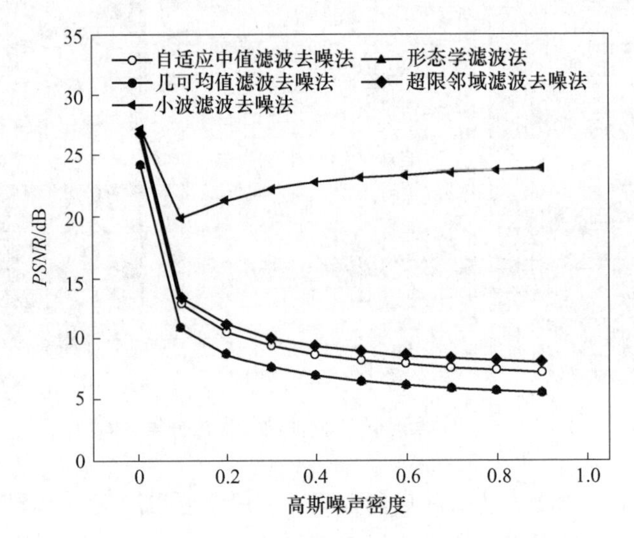

图 8-13　不同去噪方法噪声密度与 PNSR 的关系

8.4　钢坯表面温度检测研究

8.4.1　实验装置

高温钢坯温度场检测原型系统是实现铸坯温度场检测的关键所在，硬件系统搭建是否得当关系到能否有效采集铸坯及初轧各道次钢锭的辐射信息，为后续温度场计算提供有效的辐射图像信息。铸坯及钢锭温度场检测硬件系统主要由多光谱相机、镜头、数据传输线及储存系统组成。

8.4.1.1 CCD

本书中的实验在连铸及轧钢生产现场进行，选择的 CCD 具有抗粉尘、耐高温及抗噪声污染的特点。在经过前期充分市场调研的基础上，本检测系统选择的 CCD 相机为丹麦 JAI 公司生产的多光谱相机 AD-080GE，采用 Sony ICX-204AK 和 Sony ICX-204AL 1/3” 逐行扫描 CCD 传感器，通过棱镜分光的方法，将从同一个镜头入射的同轴光分别投射至 2 片 CCD，从而使得来自 2 片 CCD 的图像可以获得完全一致的角度和视场，多光谱 CCD 相机分光系统如图 8-14 所示。其具体参数见表 8-9。彩色 CCD 相机的光谱效率曲线如图 8-15 所示，其实物如图 8-16 所示。

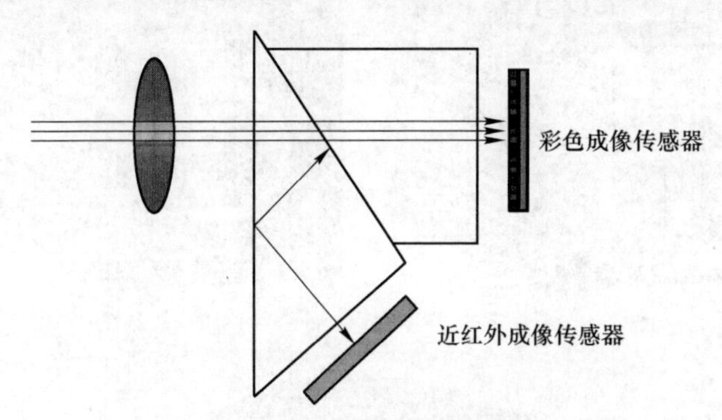

图 8-14 多光谱 CCD 相机分光系统示意图

表 8-9 大恒 CCD 工业数字摄像机参数

规格	AD-080GE
传感器	1/3” IT CCD×2
分辨率（H×V）	1024×768
曝光时间	20μs～33ms
帧率/fps	30
黑白/彩色	彩色+黑白 NIR
像元尺寸/μm×μm	4.65×4.65
数据接口	GigE Vision
光学接口	C 接口
相机尺寸（W×H×D）/mm×mm×mm	55×55×98.3

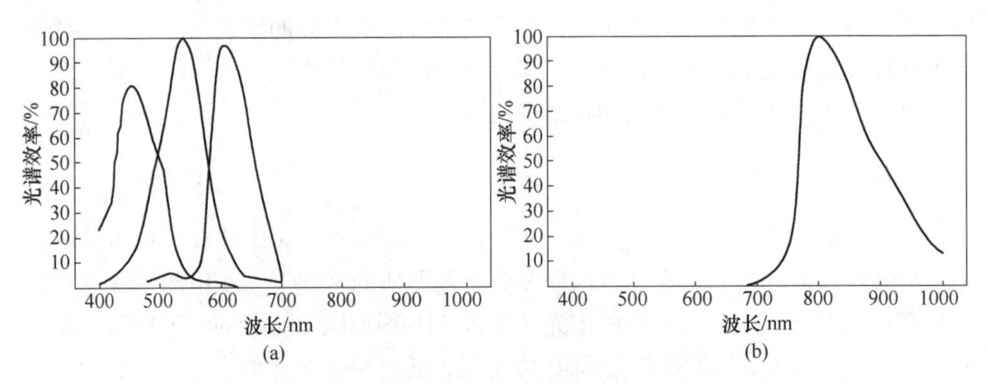

图 8-15　多光谱 CCD 相机的光谱效率曲线

（a）彩色通道；（b）近红外通道

图 8-16　用于检测系统的 CCD 多光谱工业相机及数据传输线

（a）多光谱 CCD 工业相机；（b）数据传输线

8.4.1.2　镜头

镜头是决定相机拍摄视觉及成像质量的关键因素之一，本书选择日本的 Computar 百万像素定焦镜头，其参数见表 8-10，实物如图 8-17 所示。

表 8-10 用于检测系统镜头的参数

型号	靶面尺寸/mm	焦距/mm	最大成像尺寸/mm	光圈范围（F-Stop）	工作距离/m	接口	滤镜螺纹/mm
M1214-MP	8.8×6.6	50	8.8×6.6（ϕ11）	F1.8～F16C	0.5～inf.	C	$M30.5 \times P0.5$
M1614-MP	8.8×6.6	75	8.8×6.6（ϕ11）	F2.8～F16C	0.3～inf.	C	$M30.5 \times P0.5$

(a) (b)

图 8-17 用于检测系统的镜头实物图
（a）12mm 焦距镜头；（b）16mm 焦距镜头

铸坯及钢锭温度场检测现场如图 8-18 所示，检测系统包括图像采集系统、传输系统、图像储存及数据处理系统，图像采集系统包括多光谱 CCD 工业相机及镜头。铸坯及钢锭辐射出的光线，进入采集系统后被多光谱 CCD 工业相机采集，CCD 系统的信号由传输系统传输至图像储存及数据处理系统，通过软件计算最终显示温度场分布。

图 8-18 初轧钢锭温度场检测现场

现场实验部分，选择某钢厂大型厂生产线中加热区后的轧制方坯，对其工作过程进行了拍摄。采用 2 台装有 JAIcontrol 软件的笔记本电脑进行同步采集，分别采集热坯的红绿蓝 3 个彩色通道以及近红外通道图片并保存，对 4 组方坯的温度场进行计算并分析其变化趋势。

由于轧制区处于不断工作状态，辐射的光束较强，有可能会导致拍摄的照片出现过饱和现象。因此结合检测系统的主要性质参数，设定的固定实验参数为：拍摄距离 3m、相机默认增益、镜头焦距 16mm、光圈 F8，一共采集了 6 组数据，6 组的曝光时间分别为 10ms、15ms、7. 5ms、10ms、10ms、10ms。在这一参数组合的条件下，确保所采集的图像灰度值均处于 255 以下，满足温度场计算需求。

工作区的方坯经过系统的采集相机输入实时图像，然后对图像进行预处理增加其质量，再提取其各个通道的灰度值，通过光学模型得到其辐射强度矩阵。结合图 8-11 的标定数据，代入相应的发射率数值，利用比色求解模型得到最后的温度场分布。

8. 4. 2　结果与分析

采用改进的三色法测温模型及黑体炉标定结果，计算得出的小方坯连铸坯温度场分布如图 8-19 所示，从图中可知，氧化铁皮区域温度比正常“光滑”铸坯表面温度低 100~150℃，检测结果与前人研究结果及生产现场温度范围相吻合，间接验证了比色测温模型的准确性。

拍摄得到了单条方坯从加热、喷水降温、单面轧制、喷水降温、翻面到再次轧制、再次喷水降温等多次操作过程的连续图像。因此从理论上来说，拍摄得到的单条方坯温度场数值应在每个轧制道次上相差较小，而随着轧制的进行在下一道次的温度场逐渐降低。结合图 8-11 中的标定结果，由于 RGB 三波长的标定结果偏差率较大，因此在本章计算中使用 RG 双波长的比色模型。对采集到的图像先使用中值滤波算法进行去噪处理，再使用 Canny 算子进行边缘检测处理，去除大块杂质干扰，然后代入拟合出的红绿双波长下的光谱发射率表达式，在 Matlab 软件中运行编写好的温度场求解程序，最终计算得出加热区后轧制方坯的温度场分布矩阵。

以矩阵各元素数值大小作为标准，绘制出数据分布图，即温度场分布，其中图上颜色的深浅代表了温度数值的大小，借此将轧制的方坯温度场以一种较为直观的方式表现出来。其中，颜色越亮，代表温度数值越高；反之，温度数值越低。在每组数据中，分别选取各个道次，每个道次中取 4 张样图，按照计算其温度场分布并总结规律。选择其中一组的温度场处理结果如图 8-20 ~ 图 8-23 所示。

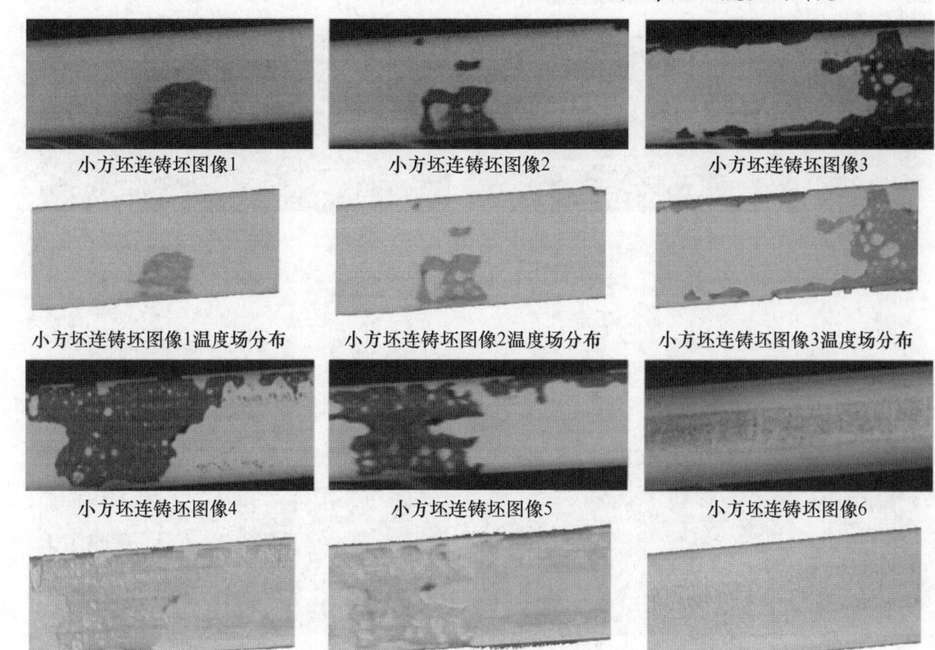

图 8-19 小方坯连铸坯图像及温度场分布

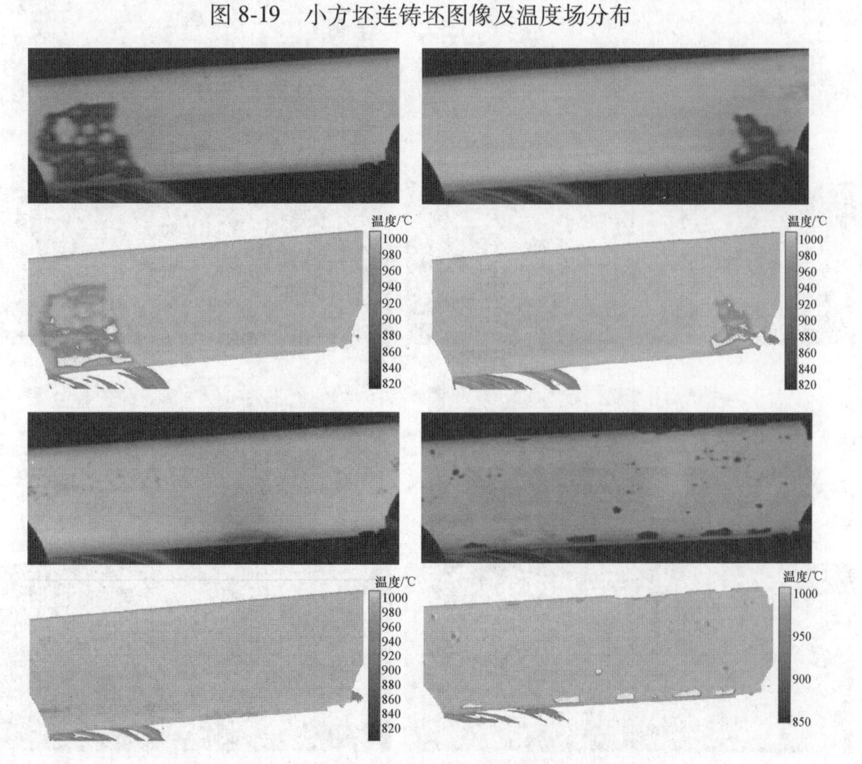

图 8-20 第一道次不同时刻钢坯图像温度场

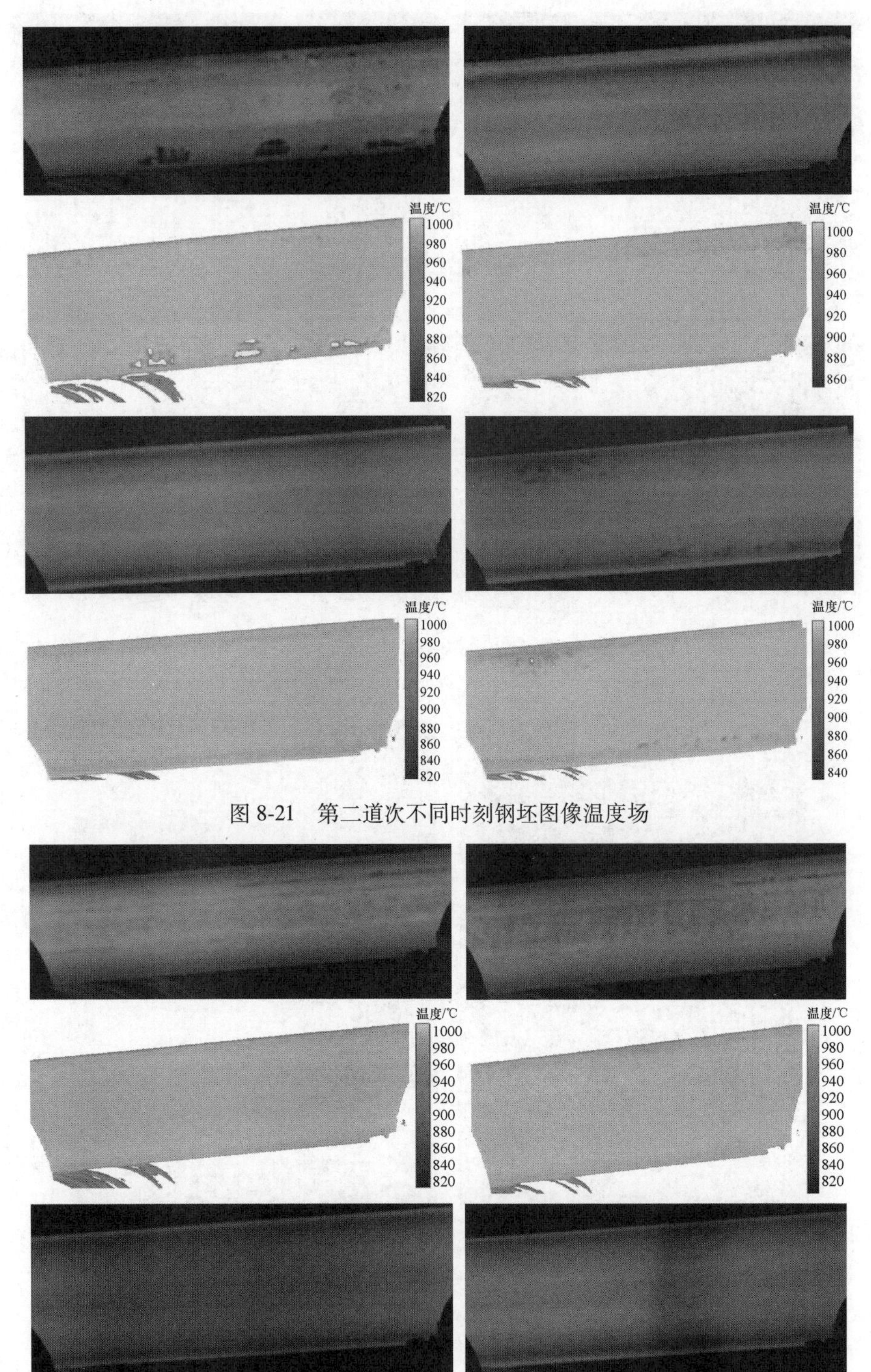

图 8-21 第二道次不同时刻钢坯图像温度场

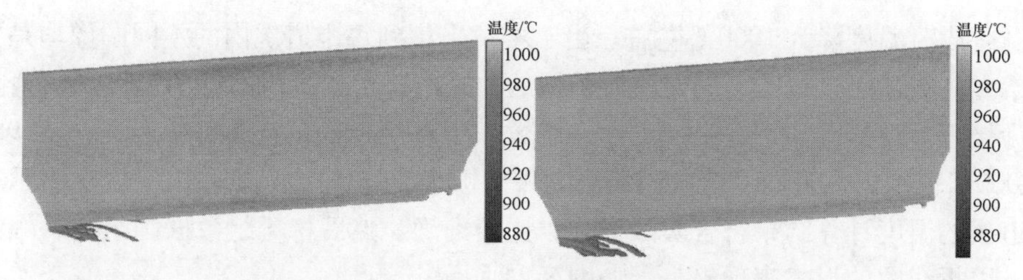

图 8-22 第三道次不同时刻钢坯图像温度场

图 8-23 第四道次不同时刻钢坯图像温度场

观察上述图像，可以较为直观地看出方坯表面的温度场分布，以及不同位置的温度变化趋势，说明测温效果比较理想。

根据上一节的温度场计算结果，绘制出每组实验中 3~4 个道次方坯的温度值柱状分布图，用以直观观察每一组数据中，随着轧制过程的进行各个道次方坯温度场的变化趋势。受现场工况影响，采集到的第一组和第三组数据包含 3 个道次，第二组和第四组数据包含 4 个道次。

分析以上 4 幅柱状图可以得到不同轧制道次的表面温度变化情况。根据实际经验，方坯经过加热炉后的出炉前温度大概在 1200℃左右，经过喷水冷却后进入轧制阶段时温度降为1000℃左右。由于本章采集到每个道次内的不同图像均是同一条方坯在轧制过程的不同时段所拍摄的，因此每个道次内的各个温度场数值应较为接近。观察图 8-24 可以看出，4 组数据中首个道次的温度计算结果均在 980~1000℃范围内，且同一道次内的温度相差极小，均在 10℃之内波动，这表示单条道次的温度计算结果符合实际经验，比较准确。然后将 4 组数据画至同一幅图中，以折线图的形式表现出来，如图 8-24 所示。

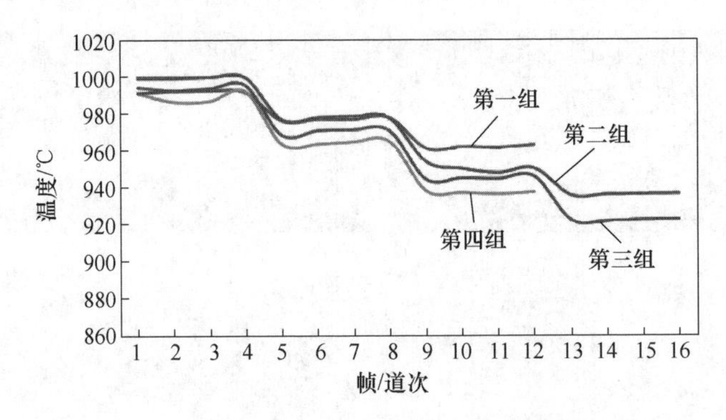

图 8-24 四组温度场均值变化折线图

容易看出，每组数据变化规律大致相同，均是后面的道次温度场小于前方道次的温度场，即方坯温度场随着轧制过程而逐渐降低。结合实际工业流程，一条方坯在轧制过程中会经过轧制、喷水、翻面、轧制、喷水等一系列工序，其温度场无疑会逐渐降低。因此在这一方面，本章的计算结果也符合实际规律。且在每一组数据的最终的一个道次里，温度场数值均在 920~960℃这一区间内波动，即经过相同过程的工艺处理后，每条方坯的温度场下降数值处在相似区间内，这也验证了本章温度场计算的准确性。

9 基于机器视觉的原燃料粒度在线检测技术

9.1 图像采集及高炉冶炼参数

（1）$2500m^3$ 高炉操作参数。$2500m^3$ 高炉内型尺寸及操作参数见表 9-1，风口数为 20 个，风口直径为 120mm。焦炭参数见表 9-2，焦炭平均粒径为 47.94mm。炉渣及铁水成分见表 9-3，铁水硅含量为 0.35%，铁水温度为 1504.31℃，炉渣二元碱度为 1.23。

表 9-1 $2500m^3$ 高炉内型尺寸及操作参数

参数	高炉容积 /m^3	炉缸直径 /mm	炉缸高度 /mm	炉腹高度 /mm	有效高度 /mm	风口数 /个	铁口数 /个	风口直径 /mm
值	2500	11400	4500	3400	28700	30	3	120
参数	大块焦比 /$kg \cdot t^{-1}$	小块焦比 /$kg \cdot t^{-1}$	煤比 /$kg \cdot t^{-1}$	风量 /$m^3 \cdot min^{-1}$	风温 /℃	风压 /kPa	富氧率 /%	鼓风湿度 /%
值	370.30	41	130	4770.50	1040	377.50	4	0.56

表 9-2 $2500m^3$ 高炉焦炭参数

焦炭	固定碳	灰分	挥发分	M_{40}	M_{10}	
值/%	86.16	12.76	1.08	87.40	6.20	
焦炭粒径/mm	>80	80~60	60~40	40~25	<25	平均粒径/mm
值/%	2.32	18.37	47.77	25.94	5.60	47.94

表 9-3 $2500m^3$ 高炉炉渣及铁水成分

铁水成分						
参数	Si	S	Mn	P	C	铁水温度/℃
值/%	0.35	0.021	0.52	0.139	4.37	1504.31

炉渣成分							
参数	MgO	MnO	FeO	Al_2O_3	SiO_2	[Ti]	CaO	R^2
值/%	8.5	0.5	0.58	14.37	33.01	2.45	40.59	1.23

（2）风口焦炭采集实验，采集得到的高炉全焦冶炼风口焦炭图像如图 9-1 所示。

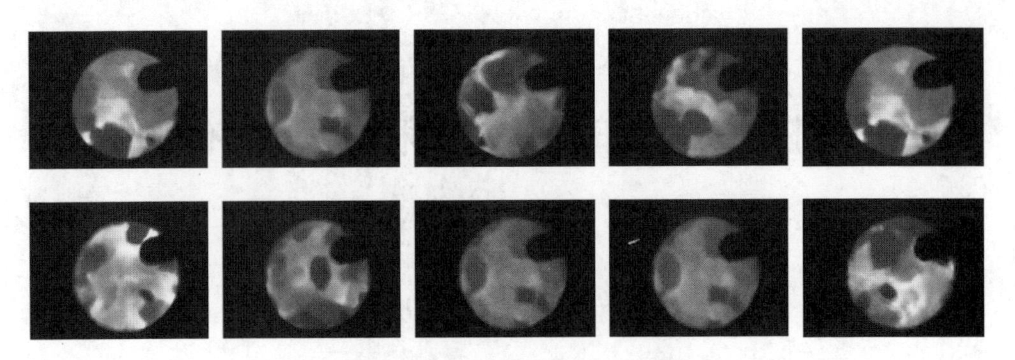

图 9-1　高炉全焦冶炼风口焦炭图像

9.2　语义分割算法

在深度学习广泛应用于图像领域之前，传统的图像分割方法大多依赖于图像中较为低阶的信息（如颜色、纹理和粗糙度等）对图像进行分割。这类方法在较为复杂的分割任务上表现较差。随着深度学习的广泛应用，其在图像分割任务上的表现远超传统图像分割算法。在常见的特征提取网络中，如 ResNet、VGG，由于连续的下采样操作，导致特征图空间分辨率降低，语义分割精度下降。基于编码-解码结构的分割网络通过加入解码器，拼接对应编码器的特征图，逐层恢复特征图尺寸，因此在图像分割上取得了较好的效果。

语义分割（FCN）是在 CNN 的基础上发展起来的，其目的是精确理解图像并对其中的每个像素做分类。2014 年 Long[1] 等人提出了全卷积网络 FCN，使用全卷积神经网络可以取消网络对图片输入尺寸的限制。在解码器部分使用 deconv 层。恢复分割图的细节形状信息，降低分割图的噪声。由于全卷积神经网络结构简单，模型的输出缺少像素之间关系的制约，缺乏空间一致性，网络输出的结果不够精细。

2015 年，Badrinarayanan[2] 基于 FCN 提出了 SegNet。SegNet 在编码器部分采用移除了全连接层的 VGG-16 网络，由于在编码器部分，最大池化记录的是索引位置而不是特征图，因此减少了内存消耗。但 SegNet 对于小目标对象仍会丢失边界信息，分割精度不高。

Ronneberger[3] 在 FCN 的基础上提出了 U 形编码器-解码器的网络结构，在医疗图像分割取得了较好的效果，因为其网络结构对称且像“U”形，又被称作为 U-Net。U-Net 采用“跳跃连接”的方式，进行高维特征与低维特征的融合。考虑到样本量小的情况，U-Net 的作者对已有的图像进行了大量的数据增广，如旋转、平移、模拟人体组织中的形变等。增加数据量，并且让网络学习到这些形变下的不变性。最终，U-Net 在很小的标注样本集上（30 张图像，512×512）进行训练，花了 10 个 GPU hour（Titan 6GB），比较高效地获得了很好的效果。由此可见，在样本数据集较小且追求较快训练和推理速度的工业应用背景下，基于编码器-解码器结构的网络更适于工业应用的落地。

Chen 等人[4-6]提出了 DeepLabv1-DeepLabv3 系列网络，该系列网络的创新点之一是提出了空洞卷积的概念，将网络中的卷积核替换为空洞卷积，这种替换方式扩大了感受野，且不增加网络的参数量。随后，DeepLabv3+网络也将编解码结构应用于网络设计中，其原因在于编解码结构通过逐层恢复空间信息，可以捕获更加清晰的边界。由此可见，编解码结构也有助于语义分割精度的提升。

具体思路为建立全卷积网络，输出任意尺寸，经过有效学习和推理输出相应的尺寸，学习图像每个区域乃至像素的语义类别。FCN 用于风口焦炭识别及粒度检测流程如图 9-2 所示，首先识别风口图像中的焦炭颗粒并进行标签制作，采用训练数据集进行离线训练，得到风口焦炭的标签。将要检测的风口图像输入到 FCN 深度学习模型中，通过分类及定位，最终在线识别焦炭颗粒。

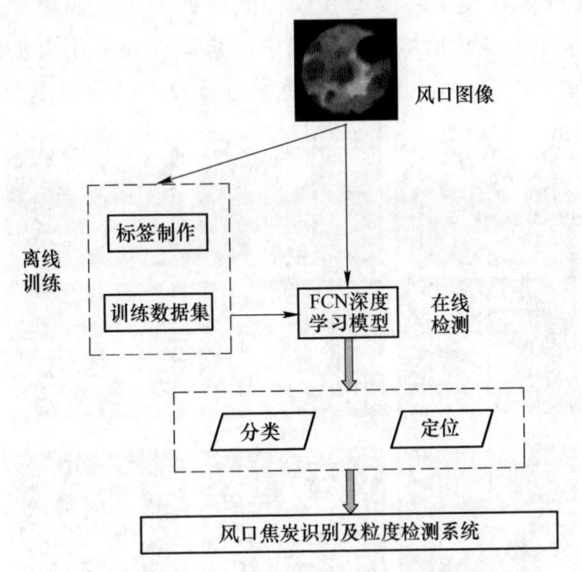

图 9-2 FCN 用于风口焦炭识别及粒度检测流程

9.3 风口焦炭粒度在线检测应用

图 9-3 所示为高炉风口焦炭长径及短径示意图，风口焦炭粒度由下式计算。

$$D = \sqrt{A \times B}$$

式中 D——焦炭粒度，mm；

A——焦炭长径，mm；

B——焦炭短径，mm。

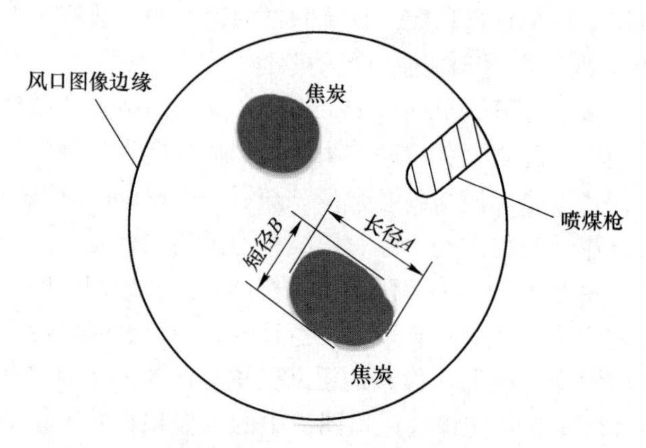

图 9-3　高炉全焦冶炼风口图像

为了检验用 FCN 深度学习模型在线检测得到的焦炭颗粒与人工识别结果是否相符，将图 9-1 中的全焦冶炼风口图像中的焦炭颗粒采用人工识别并标记，其焦炭颗粒如图 9-4（a）所示，用离线训练数据集及深度学习模型在线检测的焦炭

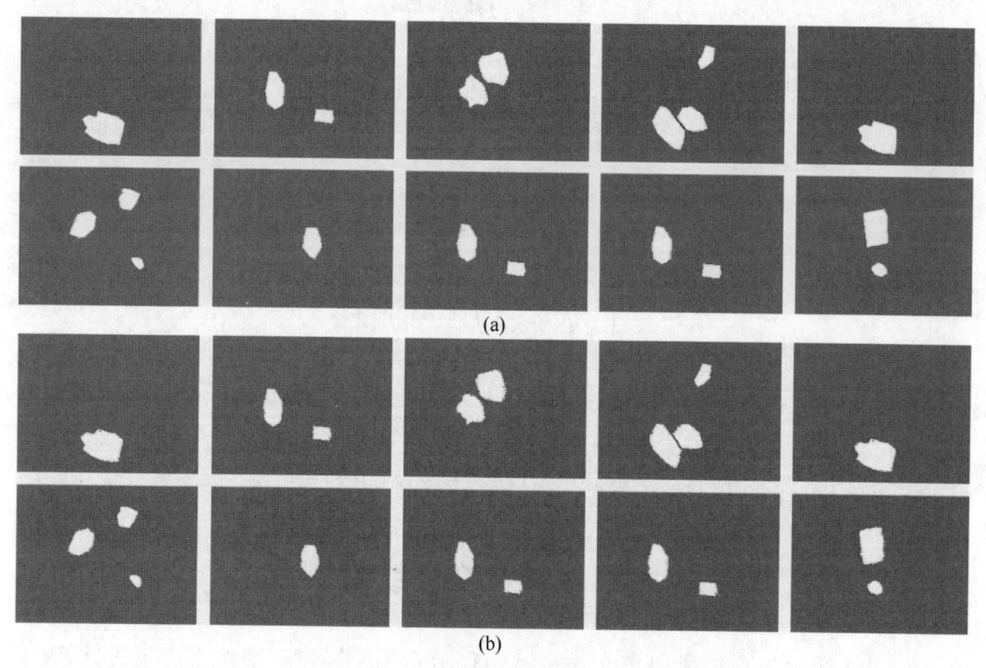

图 9-4　人工识别与深度学习得到的高炉焦炭颗粒对比

（a）人工标记的焦炭颗粒；（b）深度学习检测的焦炭颗粒

颗粒结果如图 9-4（b）所示，从图中可以看出，人工标记的焦炭颗粒与采用深度学习模型在线识别的结果一致性较好。说明采用深度学习模型在线识别焦炭颗粒可行且结果准确。

图 9-5 所示为高炉风口焦炭粒度在线检测流程。由于采集的风口图像有时会出现失真现象，因此首先将输入的风口图像进行边缘检测，判断风口是否变形，如果变形则跳至下一幅图像；如果风口没有变形，则进行焦炭识别。对预先标记好的焦炭颗粒标签进行离线训练，将结果输入到 FCN 深度学习模型中进行在线识别焦炭颗粒，然后进行焦炭长径及短径计算，计算得出焦炭的粒度，最终通过大量的焦炭粒度计算，得出焦炭的粒径分布。

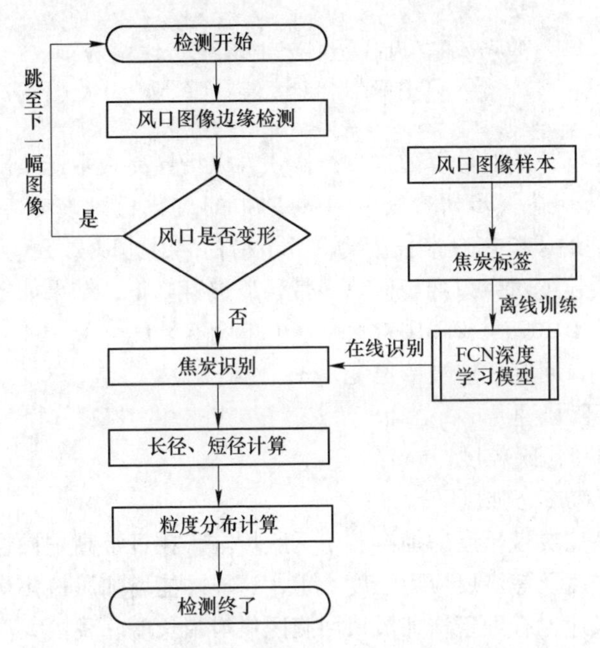

图 9-5 高炉风口焦炭粒度在线检测流程

本章中取了 33 个焦炭进行粒度分析，结果如图 9-6（a）所示，焦炭粒度范围为 12.10~36.54mm。焦炭粒度分布随着时间的增加呈现出粒度先减小后增大的趋势，这可能与高炉回旋区坍塌周期有关。风口焦炭平均粒径为 25.68mm，平均粒径相对入炉时的下降率为 46.43%。图 9-6（b）所示为焦炭粒径分布，焦炭粒径分布最多的粒径范围为 25~30mm，最少的粒径范围为 10~15mm 及 35~40mm。以上检测结果与宝钢、首钢等采用风口焦炭取样粒径范围相符，再次验证了采用机器视觉及深度学习模型在线检测风口焦炭粒度的可行性及准确性。

首钢竺维春等提出了应用风口前焦炭粒径计算高炉风口回旋区焦炭带长度的经验公式，其焦炭粒度采用风口前焦炭取样结果。对于本章中风口前回旋区断面

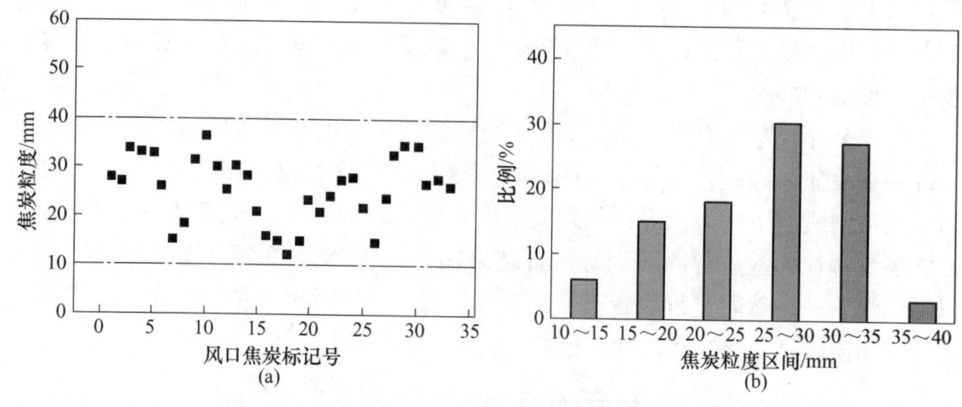

图 9-6 高炉风口焦炭粒度检测结果及粒径分布

（a）焦炭粒度；（b）焦炭粒径分布

处计算的焦炭粒度，应对计算公式进行修正，以指导高炉生产实践操作，为高炉提高喷煤量，以及进一步研究焦炭在高炉中的裂化机理奠定基础。研究表明 2000~3000m^3 高炉风口焦炭带长度为 2.5m 左右，因此以 2.5m 为基准，采用本研究得到的焦炭粒度对风口回旋区焦炭带长度进行修正，结果如下式所示。

$$L_c = -10.077 + 0.01047 \times v_b + 0.04996 \times D_c + 0.104 \times M_{40}$$

式中 L_c——风口回旋区焦炭带长度，m；

v_b——实际风速，m/s；

D_c——风口焦炭粒度，mm；

M_{40}——焦炭冷态强度，%。

风口回旋区焦炭带长度增加有利于活跃炉缸，在日常高炉操作中，应尽可能提高焦炭冷态强度及焦炭反应后强度 CSR，这样才能增加风口焦炭粒度；同时提高高炉的实际风速也有助于增加风口回旋区焦炭带长度。我国大高炉的焦炭强度 M_{40}稳定性不足，各个企业之间的差异较大，因此高炉操作还要在提高焦炭质量方面下功夫，切实提高高炉焦炭的强度及粒径，以进一步降低焦炭在高炉内的裂化，提高风口前焦炭粒度，以间接增加风口回旋区焦炭带长度。

9.4 矿石粒度三维检测方法

9.4.1 结构光重建原理

利用编码结构光对物体进行三维重构的基本原理是将具有一定模式的结构光图案通过投影仪投射到被测物体表面。由于结构光编码图案受到被测物体表面形状的影响而产生变形，通过摄像机对被投影上编码图案的被测物体表面进行表面图像采集。采集的编码图像中包含三维信息，可利用先验的编码信息、标定信息，在不需要额外几何约束的情况下，根据单目光栅投影结构中的相位-高度关系，即可逆向计算出空间点的三维信息。常见的三维重构流程如图 9-7 所示。

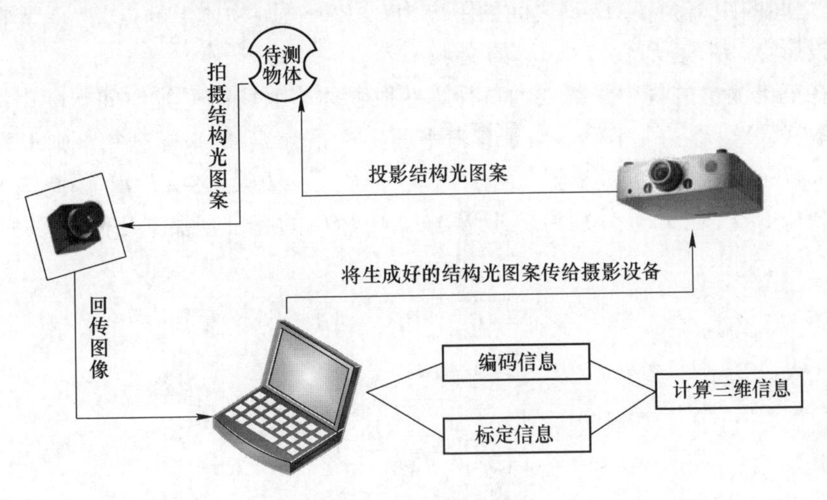

图 9-7 三维重构流程

基于单目结构光的三维测量系统的主要硬件包括 CCD 相机、投影仪、主机等，分别涉及标定、结构光的编码和解码、计算三维点云信息等算法。

利用光栅投影的三维形貌测量方法系统模型如图 9-8 所示。图 9-8 中包含相机坐标系 $O_cX_cY_c$、投影仪坐标系 $O_pX_pY_p$、参考平面坐标系 OXY 与待测物体。

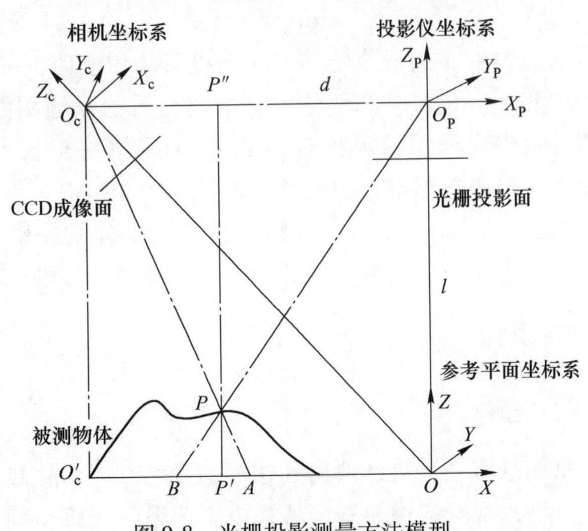

图 9-8 光栅投影测量方法模型

图 9-8 中，O_p 为投影装置的光心，O_p 在坐标系 OXY 中的投影点为 O ；O_c 是相机的光心，O_c 在 OXY 平面中的投影点为 O'_c 。X_c 、Y_c 轴分别平行于 CCD 成像面的横轴与纵轴，O_pO_c 平面与参考平面 OXY 互相平行，且 O_cO 与 O_pO 相交于点 O 。O_pO_c 之间的距离为 d ，O_pO 之间的距离为 l 。P 为被测物体上的点，P' 是其在 OXY 上的投影点，P'' 是 PP' 与 O_pO_c 的交点。

在三维测量过程中，需要通过计算获取物体表面所有三维空间点的坐标，需要求取 X、Y、Z 三个坐标。对于参考平面坐标系，X、Y 坐标已知，则求取 Z 坐标为求解三维测量的关键步骤。由于 $O_cO_p // AB$，$\angle APB = \angle O_cPO_p$，因此 $\triangle APB \sim \triangle O_cPO_p$ ，PP' 与 PP'' 分别为 $\triangle APB$ 与 $\triangle O_cPO_p$ 的高，则根据几何关系可得：

$$\frac{O_cO_p}{AB} = \frac{PP''}{PP'} = \frac{d}{AB}$$

代入已知条件 $PP' + PP'' = l$ ，可得：

$$PP' = \frac{AB}{AB + d}l$$

由于 d 与 l 的距离已知，故若要得到高度 PP' ，只需求出 AB 。

此外，在测量平面上拍摄图像的初始相位为 φ ，被测物体上图像的相位为 φ_0 ，相位差 $\Delta\varphi = \varphi_0 - \varphi$ 包含高度信息，高度信息可以用下式表示。

$$AB = \frac{\Delta\varphi}{2\pi f}$$

物体高度如下：

$$Z = \frac{\Delta\varphi}{2\pi f \cdot d + \Delta\varphi}l$$

在求解 $\Delta\varphi$ 的过程中，φ 为没有物体时光栅投影的相位值，可采用摄像机获取基准光栅图像并求解 φ 。放置被测物体并获取畸变后的光栅图像与 φ_0 ，最终通过基准光栅图像与畸变光栅图像求解 φ 与 φ_0 。为了解决点云本身具有无序性、非均匀性、旋转性、单幅数据量大的特性，本章选用非结构化点云数据的经典算法——PointNet 网络。PointNet 网络为目标分类、场景分割提供了一整套完整的体系结构，较体素技术而言，具有更好的效果，也兼具高效性。

9.4.2　结构光理论模型

9.4.2.1　相机模型及标定

相机成像的原理是将三维物体映射到相机感光元件上，一般可以将其抽象为一个小孔成像的模型，根据成像模型与透视投影关系将三维空间中的点、相机光心、图像构成一条直线，焦距 f 是光心到平面的距离。小孔成像相机理论模型包括4个坐标系：世界坐标系 $O_w - X_w Y_w Z_w$、相机坐标系 $O - XYZ$、图像坐标系 $O_1 - xy$、像素坐标系 $O_2 - uv$。图9-9所示为小孔成像相机模型示意图。

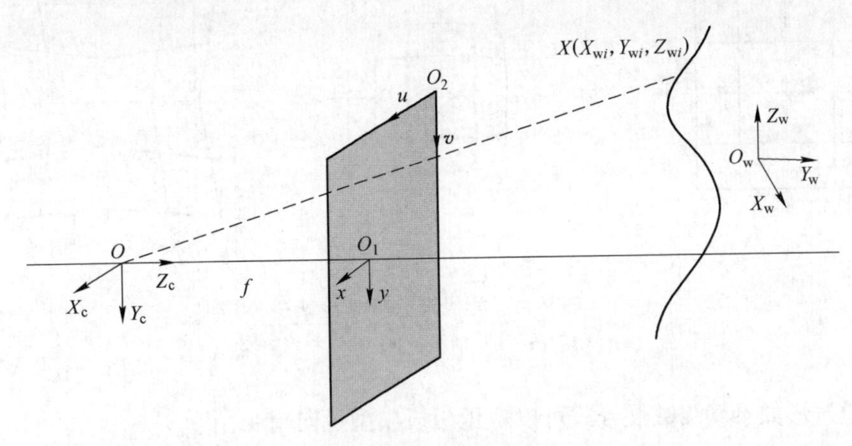

图9-9 小孔成像相机模型示意图

空间点至像点变换过程如图9-10所示。图中，R 为旋转矩阵，T 为平移向量，dx、dy 分别为 x 和 y 轴方向上的像元距离。

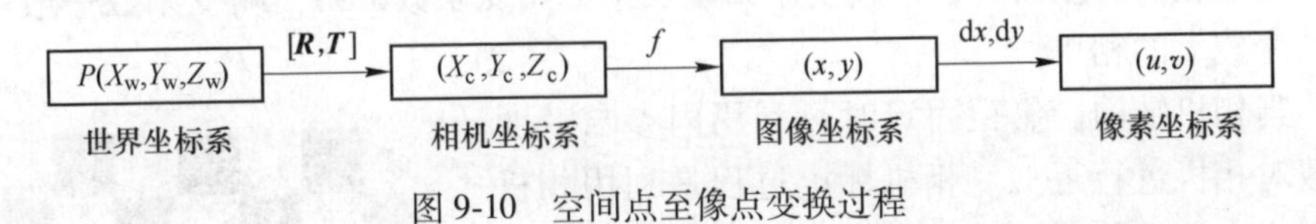

图9-10 空间点至像点变换过程

其表现形式如下所示：

$$s\begin{bmatrix} u \\ v \\ 1 \end{bmatrix} = \begin{bmatrix} \frac{f}{dx} & 0 & u_0 & 0 \\ 0 & \frac{f}{dy} & v_0 & 0 \\ 0 & 0 & 1 & 0 \end{bmatrix} \times \begin{bmatrix} \boldsymbol{R} & \boldsymbol{T} \\ 0 & 1 \end{bmatrix} \times \begin{bmatrix} X_w \\ Y_w \\ Z_w \\ 1 \end{bmatrix} = M_1 M_2 \times \begin{bmatrix} X_w \\ Y_w \\ Z_w \\ 1 \end{bmatrix}$$

式中 s ——比例因子；

M_1 ——相机内参矩阵；

M_2 ——相机的外参矩阵。

在实际相机拍摄的过程中并不能将理想化模型直接应用，理想模型与实际存在一定的偏差，这种误差被称为相机畸变。畸变产生的原因一般来自镜头，且越靠近镜头几何中心的区域畸变越小。根据畸变形式可将相机畸变分为径向畸变与切向畸变。图9-11所示为常见的相机畸变类型。

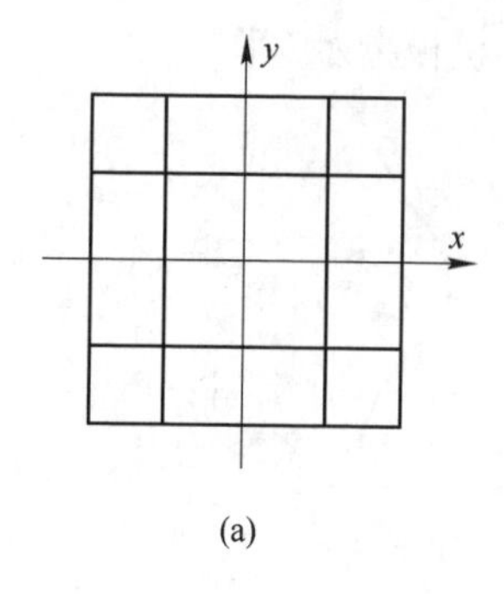

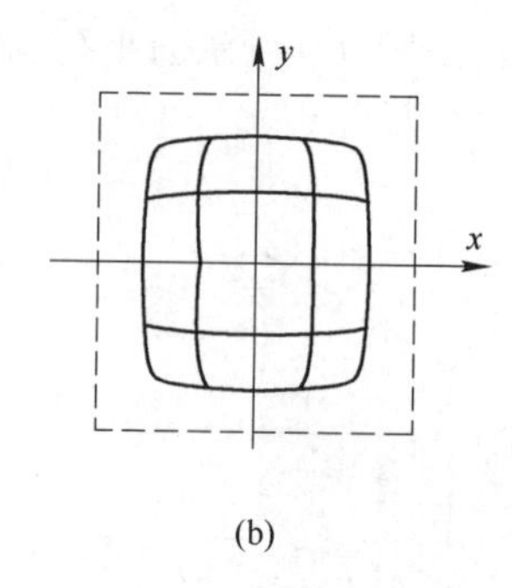

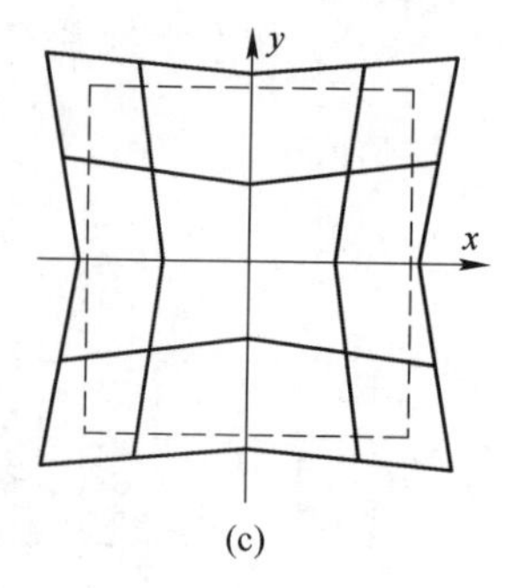

图 9-11　相机常见畸变类型

（a）无畸变；（b）桶形畸变；（c）枕形畸变

通过形如泰勒级数展开式可以矫正相机模型径向畸变：

$$x_{\text{corrected}} = x(1 + k_1 r^2 + k_2 r^4 + k_3 r^6)$$

$$y_{\text{corrected}} = x(1 + k_1 r^2 + k_2 r^4 + k_3 r^6)$$

式中　k_1，k_2，k_3——分别是第一、第二、第三畸变系数。

对于相机矫正而言，一般使用第一、第二畸变系数，第三畸变系数一般应用于畸变较大的相机。

当相机结构、焦距固定时可利用内参与畸变参数对相机进行近似。相机标定过程是利用相机模型确定实验相机的内外参数，张正友标定法因其成熟度高、操作简单等优势普遍应用于相机的标定中。常见的标定板利用棋盘格进行标定，本章选用数目为 7 × 8 的正方形，每个正方形方格尺寸为 9 × 9mm。图 9-12 所示为标定时采用的标定图像示意图。

图 9-12　标定图像示意图

实验中利用棋盘格标定板对采集相机进行标定，即采用固定标定平面、移动相机的方式拍摄不同视角的包含棋盘格图像。根据约束方程，至少需要拍摄 4 幅。由于利用多幅图像可以有效减少误差，本节标定时通过改变相机位置获取标定板图像共 20 幅，利用 Matlab 对采集的标定图像进行处理，标定图像如图 9-13 所示。

对标定图像进行平均重投影误差估算，得到平均重投影误差为 0.4 个像素，其结果如图 9-14 所示。

标定后相机的参数见表 9-4。

图 9-13 相机标定图像

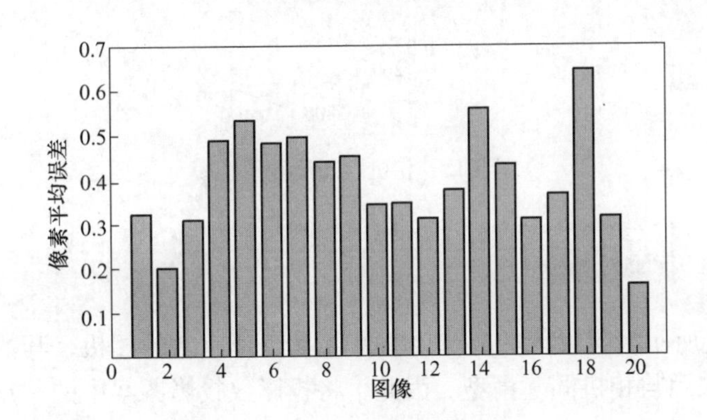

图 9-14 每幅图像重投影误差

表 9-4 相机参数

参数名称	相机参数
焦距 f	[4434.8977 4876.6487]
主点坐标（u_0，v_0）	[2149.1733 775.6212]
径向畸变（k_1，k_2）	[-0.1902 0.5320]
旋转矩阵 $\boldsymbol{R}$	$\begin{bmatrix} -0.0437 & 0.9975 & 0.561 \\ -0.9053 & -0.0158 & -0.4244 \\ -0.4225 & -0.0693 & 0.9037 \end{bmatrix}$
平移矩阵 $\boldsymbol{T}$	$[-164.8780 \quad -62.4617 \quad 746.2430]^{\mathrm{T}}$

图 9-15 所示为标定相机空间与标定板空间位置，采用灰色方格表示标定板所在位置，标号 1~20 表示相机所在的拍摄位置。

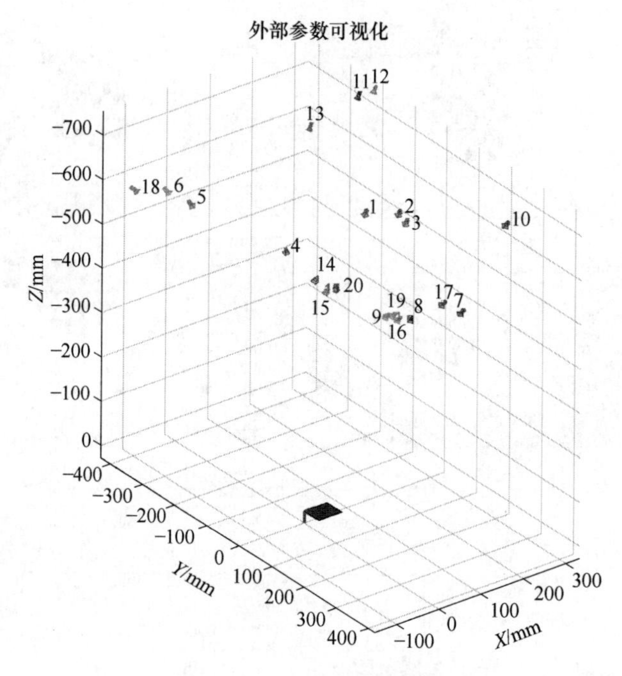

图 9-15　相机空间位置示意图

9.4.2.2　投影仪模型

如图 9-8 所示，投影仪的成像模型可以看作是逆向的相机，其数学模型与畸变模型均可采用与相机同一模型。因此，将投影仪投影图案中的一点 $p(u,\ v)$ 投射到空间点 $P(X_w,\ Y_w,\ Z_w)$ 的过程与相机小孔成像模型类似，经过推导可得像素点与空间点的映射关系如下：

$$s_p p = K_p[\boldsymbol{R}\quad \boldsymbol{T}]P$$

式中　s_p——比例因子；

K_p——投影仪内参矩阵；

$[\boldsymbol{R}\quad \boldsymbol{T}]$——投影仪的旋转矩阵与投影向量所组成的齐次外参矩阵。

投影仪的畸变模型与相机畸变模型一致，其表达形式如下：

$$\begin{cases}\delta_{rx} = x(k_1 r^2 + k_2 r^4)\\ \delta_{ry} = y(k_1 r^2 + k_2 r^4)\end{cases}$$

式中　k_1, k_2——畸变系数。

9.4.2.3　结构光的编码与解码

结构光的编码主要分为直接编码、空间编码以及时域编码。对于静态测量来说，时域编码对物体表面纹理不敏感、重建精度较高，且一次扫描即可获得物体三维坐标等优势，因此得到了广泛应用。但需要注意的是要合理设计编码结构，形成时间序列图案。二进制编码与格雷码编码的关系见表9-5。

表9-5 格雷码与二进制编码关系

十进制数	格雷码	二进制
0	000	000
1	001	001
2	011	010
3	010	011
4	110	100
5	111	101
6	101	110
7	100	111

利用格雷码进行编码后，通过对相机捕获的两维图像信息进行解码，可获得相对应的行、列所对应的十进制数 x 和 y。其中（x，y）对应投影仪中已被编码过的像素，最后利用相机与摄像机光心与相点在三维空间中的交点即可以求得物体的三维信息。图9-16所示为将不同的结构光投射到物体上的效果图。

图9-16 不同物体投射结构光效果

9.4.3 矿石样本获取

9.4.3.1 获取条件实验

根据结构光的三维重建原理，对实际样本进行采集，由于重建效果会受到结构光光强、光条颜色、不同条幅曝光时间的影响，故通过实验探究由于光照过强造成反光而导致信息丢失等问题的程度，以及曝光时间导致拍摄时间过长等问题。

实验采用的硬件设备包括如本科技 RVC-X 三维相机、PC 电脑、相机支架等。图 9-17 所示为 RVC-X 三维相机实物图，三维相机主要参数见表 9-6。

图 9-17 实验设备

表 9-6 RVC-X 相机产品参数

参数名称	参数值
产品尺寸/mm	302×115×48
重量/kg	19
测量工作距离/mm	200~3000
视野范围/mm	136×85~2040×1275
工作电压/V	12
额定功率/W	36
分辨率	1920×1200
传输方式	USB3. 0/Ethemet
镜头接口	C-Mounet
散热方式	被动散热

为了高效获取高质量的点云，对被测物体在不同曝光时间及光照条件下获取的点云质量进行评判。参考 GB/T 36100—2018 机载激光雷达点云数据质量评价指标及计算方法，根据实际情况，采用点云密度与有效信息率作为判断指标。图 9-18 所示为三维相机采集矿石点云的照片。

点云密度计算公式如下：

$$\rho = \frac{N_i}{S_i}$$

式中 N_i ——物体的有效点云数量；

S_i ——物体在对应平面的投影面积。

由于实验采取相同物体进行对比，可以认为投影面积相等，故采用物体点云数量作为评判标准。

有效信息率采用获取相同实际物体点云数量与整体点云数量比值进行计算，计算公式如下：

$$P = \frac{N_i}{N_{总}}$$

式中 N_i——物体的有效点云数量；

$N_{总}$——获取的全部点云数量。

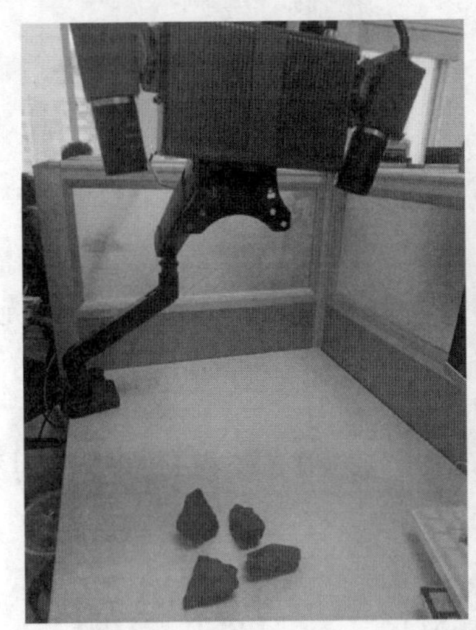
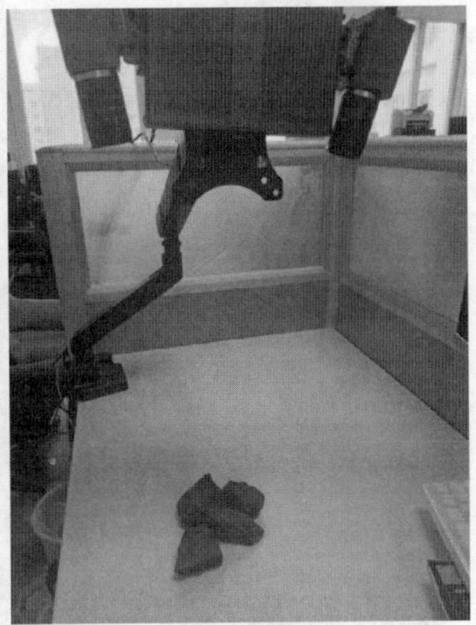

图 9-18 三维相机采集矿石点云

为了呈现更完整的表面信息，通过设置对比实验，分别采用红色条纹结构光、蓝色条纹结构光、绿色条纹结构光，并调整相机，投影仪采用不同的曝光时间，投影亮度以获得细节表达更好的点云。图 9-19 所示为选择不同颜色条纹结构光时的实验图。

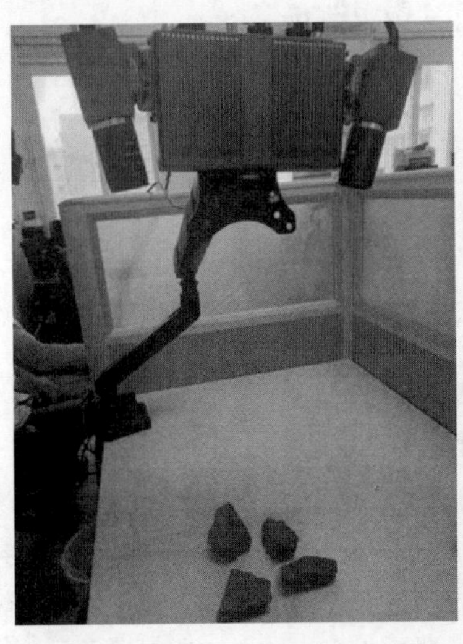
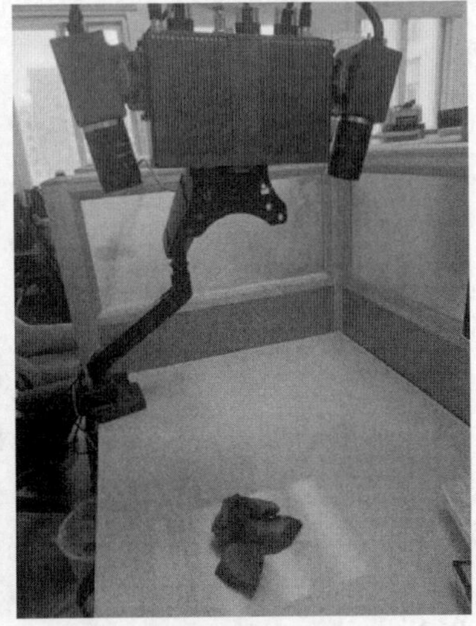

图 9-19 不同颜色结构光实验图

实验时先将被测物体摆放至实验台中，利用三维相机拍摄获取不同情况下的点云数据。通过数据处理，将提取点云数据中的实例分割，对比相同实例在不同实验条件下的采集情况，分割效果前后如图 9-20 所示。

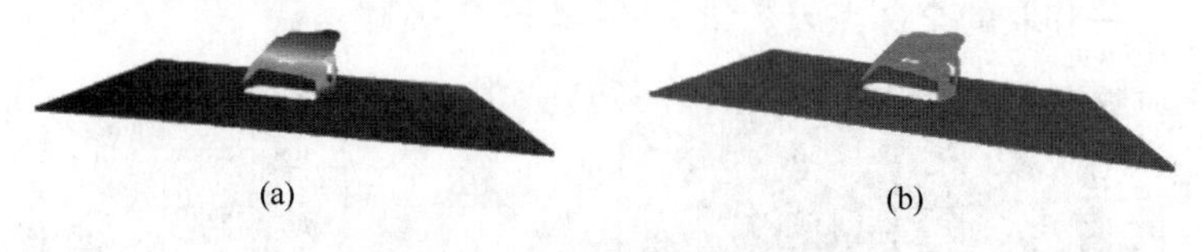

图 9-20　背景实例分割对比图
(a) 分割前；(b) 分割后

实验中分别采用亮度分别为 $50cd/m^2$、$100cd/m^2$、$150cd/m^2$ 与曝光时间分别为 6ms、15ms、24ms、33ms、40ms 进行数据获取，结构光颜色分别为红、绿、蓝（RGB）三色。

选取亮度为 $50cd/m^2$、曝光时间为 6ms，将结构光颜色分别设置为红、绿、蓝的点云效果图进行展示，展示结果如图 9-21 所示。

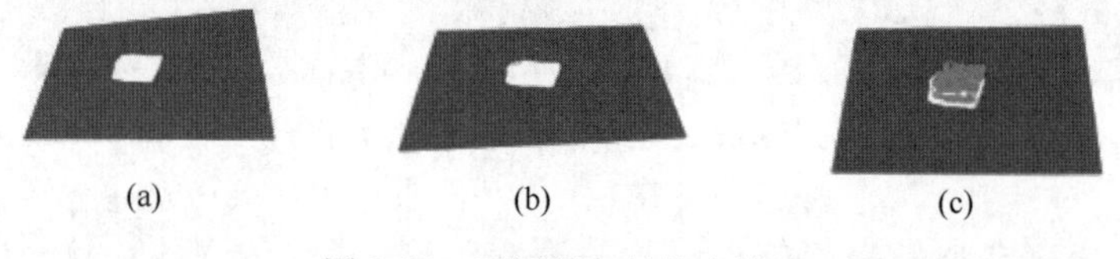

图 9-21　不同颜色结构光效果
(a) 红；(b) 绿；(c) 蓝

选取红色结构光、亮度 $50cd/m^2$，将曝光时间分别设置为 6ms、15ms、40ms 获取的点云效果图进行展示，展示结果如图 9-22 所示。

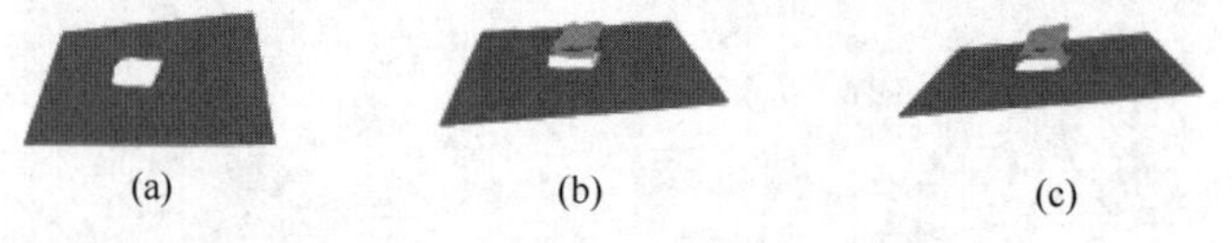

图 9-22　不同曝光时间点云效果
(a) 6ms；(b) 15ms；(c) 40ms

选取红色结构光、6ms 曝光时间，对亮度分别设置为 $50cd/m^2$、$100cd/m^2$、$150cd/m^2$ 曝光强度的点云效果图进行展示，展示结果如图 9-23 所示。

根据图 9-22、图 9-23 对比情况可知，无论是提升曝光时间、改变颜色、提升曝光强度都会对点云获取效果产生明显的影响。为了进一步探究不同条件对点云图的影响程度，采用定量的方式对总体点云数量、实例点云数量进行统计，实验中采取每种情况点云拍摄 5 次取平均的方法计算点云数量。当曝光强度为

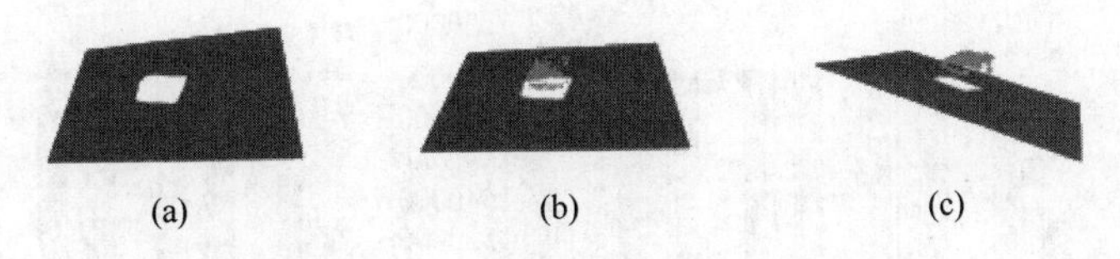

(a) (b) (c)

图 9-23 不同曝光强度点云效果

(a) 50cd/m²; (b) 100cd/m²; (c) 150cd/m²

150cd/m² 时，用横坐标表示曝光时间，纵坐标表示点云数量，得到点云密度与有效信息率等信息。图 9-24（a）所示为实例所占点云数量，图 9-24（b）所示为拍摄所获得的所有点云数量。曝光强度分别为 100cd/m²、50cd/m² 时的点云数量分别如图 9-25、图 9-26 所示。

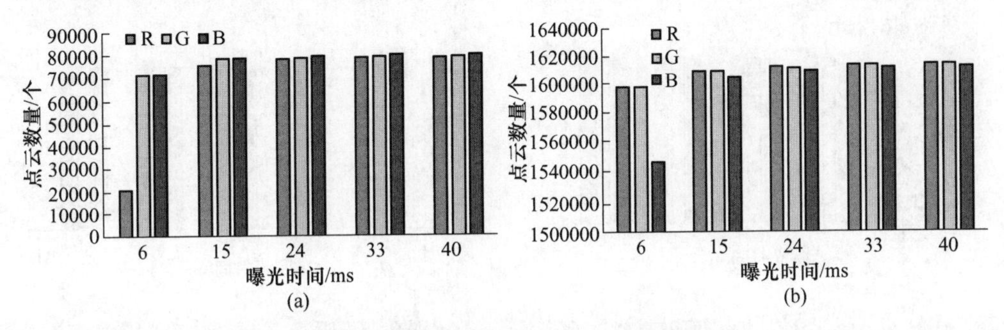

(a) (b)

图 9-24 曝光强度 150cd/m² 点云数量

(a) 实例点云数量；(b) 所有点云数量

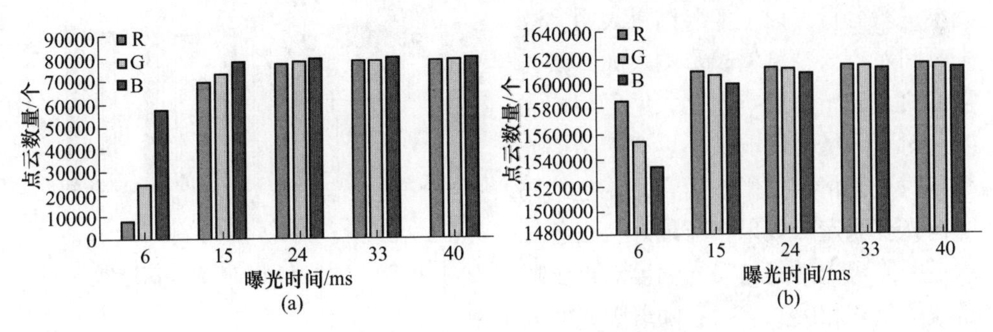

(a) (b)

图 9-25 曝光强度 100cd/m² 点云数量

(a) 实例点云数量；(b) 所有点云数量

根据实验数据，计算采集的不同情况下点云的有效信息采集率，当曝光时间分别选取 150cd/m²、100cd/m²、50cd/m² 计算有效信息率，结果如图 9-27~图 9-29 所示。

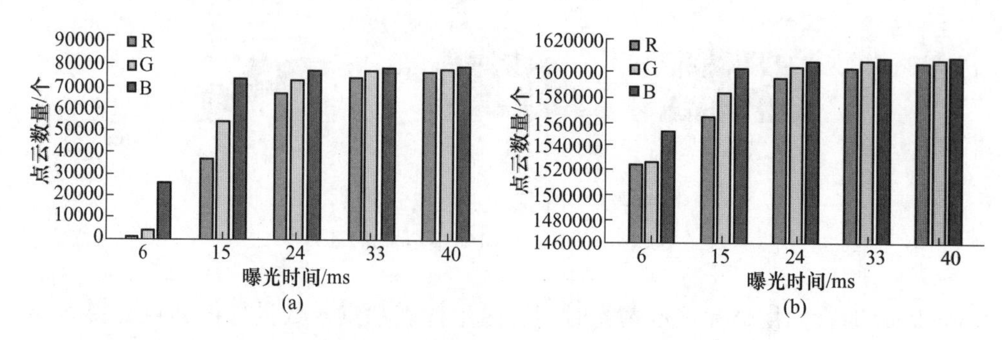

图 9-26　曝光强度 50cd/m² 点云数量

（a）实例点云数量；（b）所有点云数量

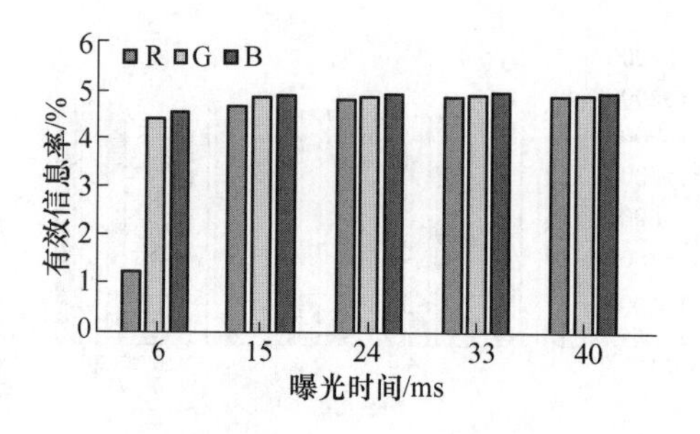

图 9-27　曝光 150cd/m² 有效信息率

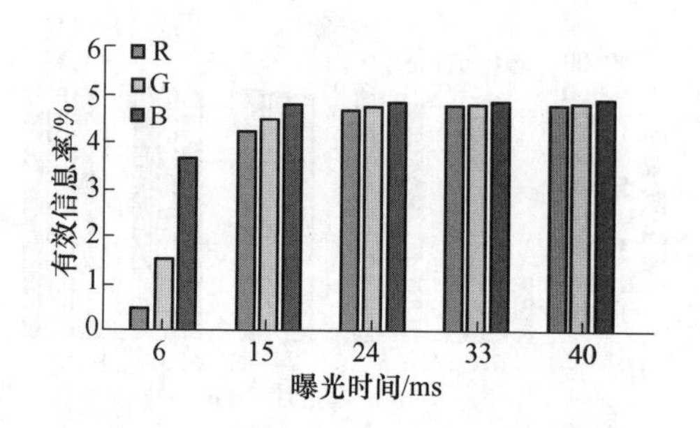

图 9-28　曝光 100cd/m² 有效信息率

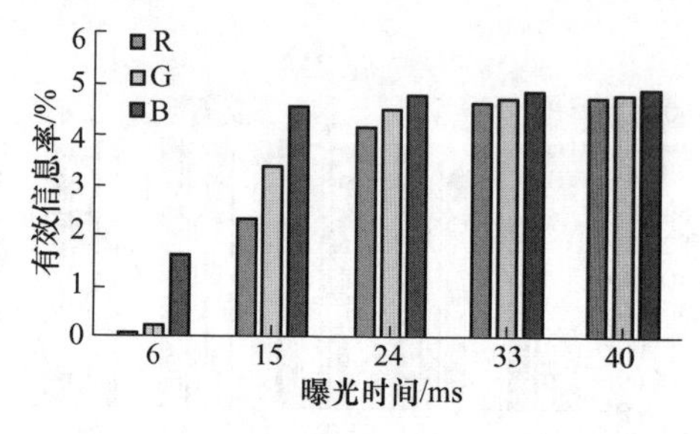

图 9-29　曝光 50cd/m² 有效信息率

下面对各个因素影响点云获取结果大小进行分析。以上实验结果表明，曝光时间对点云精度增长影响最大，曝光强度对点云精度影响次之，编码结构光颜色对点云精度影响最小。对于结构光颜色对点云精度的影响而言，蓝色编码结构光获取点云效果相对最好，红色相对最差。曝光时间与曝光强度对点云质量整体呈正相关，然而，随着曝光时间与曝光强度的递增，点云数据获取量基本达到设备精度极限时，由于曝光时间、曝光强度过高造成反光现象，部分点云的获取量因此而降低。

根据实验平台获取点云的效果，选取实验点云获取条件。根据数据进行比较分析，在曝光强度为 150cd/m²、蓝色编码结构光且每帧曝光时间为 40ms 时，对相同被测物体取得相对最稠密实例点云 80955 个，总点云数量 1613479 个，有效信息率为 5.02%，以此作为获取点云质量最高的情况。以最高获取数量为基准，实验中一般认为5%获取误差率可以接受，即获取实例点云大于76907个时认为所获取点云满足要求。由于曝光时间与曝光强度增加带来数据获取时间增加以及反光现象等不利因素，最终选取曝光强度100cd/m^2、蓝色编码结构光、曝光时间15ms的实验条件下获取点云。经过反复验证，获取表示物体实例的点云78551个，有效信息率为4.92%。采用10幅编码结构光进行比较，每次切换编码结构光耗时10ms，节省时间51%。

9.4.3.2 样本精度测定

针对实验获取的二维图像数据与点云数据，利用相机标定结果与实际像素和点云密度之间的联系进行数据精度测算。由于实验采用结构光方式获取点云，且结构光亮度较高，故拍摄时获取点云位置处于图像的高亮位置，如图9-30所示，虚线框内区域为点云实际区域在图像上的对应位置。

图9-30 点云位置覆盖图

建立像素坐标系，计算得到4个顶点（*A*、*B*、*C*、*D*）坐标，计算得到的像素坐标值见表9-7。经过计算，得到*ABCD*在图像中约占178万像素点。同时，利用计数工具测同幅点云的多次拍摄结果，并计算平均值，最终得到稠密点云约163万个。在标定过程中已知棋盘格每个方格大小为9mm×9mm，通过计算可以得到实际面积与像素之间的关系，将像素坐标*ABCD*对应到实际值，以*A*点作为实际坐标原点，三维相机可以获取虚框线图形*ABCD*对应的点云图，如图9-31所示。

表9-7 像素坐标与实际坐标

坐标	像素坐标（pixel）	实际坐标/mm
A	（75，1161）	（0，0）
B	（1815，121）	（340.38，19.11）
C	（87，161）	（1.70，203.03）
D	（1827，1062）	（343.09，183.84）
面积/mm^2	17777711	62795

图 9-31　获取三维点云图

根据测量结果判断像素密度与点云密度，计算得到在搭建的实验平台中，每平方毫米平均由约 283 个像素点或 259 个点云构成。

9.5　点云深度学习算法

9.5.1　PointNet

为了解决点云本身具有无序性、非均匀性、旋转性、单幅数据量大的特性，本节选用非结构化点云数据的经典算法——PointNet 网络，其分割架构如图 9-32 所示。PointNet 网络为目标分类、场景分割提供了一整套完整的体系结构，较体素技术而言，具有更好的效果，也兼具高效性。

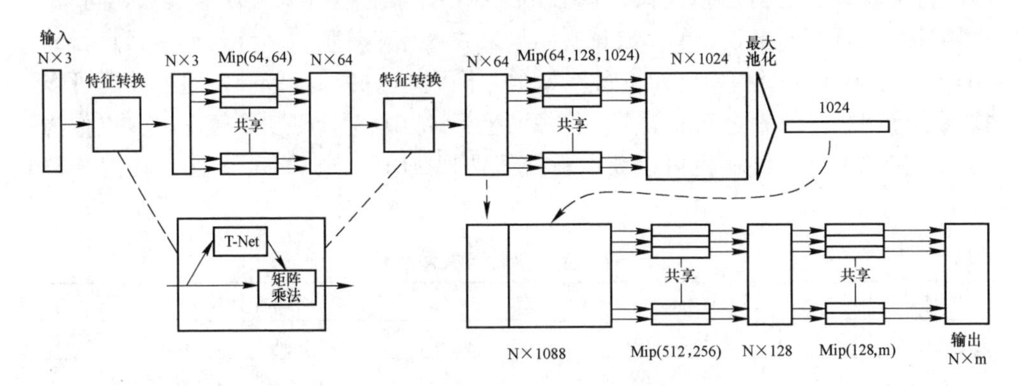

图 9-32　PointNet 网络架构

PointNet 网络与传统的卷积神经网络一样具有拟合任意函数的功能，具有强大的拟合能力。然而与 2D 的卷积不同，PointNet 各个卷积层采用共享权值的方式，仅使用一维的卷积就可以达到相同的目的，并且有效防止参数过多的问题。其函数式如下：

$$\left| f(S) - \Upsilon(\max_{x_i \in S}\{h(x_i)\}) \right| < \varepsilon$$

对于点云深度学习而言，点云的无序性作为其难解决的固定特性之一，是亟待解决的难点。PointNet 采用最大池化（Maxpooling）的方式解决无序性。多层感知机在特征被提取到某一维度时，利用最大池化原理可以提取最大的特征值并融合为全局特征。虽然牺牲了部分微弱的局部特征，却有效地解决了点云的无序性。

点云在空间中进行旋转会导致数据与原始数据不一致，但依然表示同一物体。根据点云旋转性，PointNet 采用了旋转网络（T-Net）作为数据输入前的处理模块，输入空间变换时采用 3×3 旋转矩阵，特征空间变换时采用 64×64 旋转矩阵。在 PointNet 网络分类任务中，直接输入点云数据保留三通道 XYZ，经过两次多层感知机与两次特征变换，再利用最大池化方法提取特征。最后利用多层感知机针对类别 k 分别输出分数，进行预测。在分割任务中，将第一次多层感知机运算获取的 64 维特征与第二次特征感知机获取的 1024 维特征进行拼接，获得 1088 维特征。将其输入多层感知机再次学习，最终输出每个场景中逐个点的分类概率。

9.5.2 PointNet++

在 PointNet 网络中主要采用单点特征提取对数据进行信息获取，除最大池化层外，其余网络结构没有将局部特征融入训练中。为了提取多尺度的局部特征并将其融合，决定采用 PointNet++网络，其结构如图 9-33 所示。PointNet++使用球形邻域定义一个局部分区，使用最远点降采样从原始点云数据中选取 N_1 个点作为球心。若每个局部分区中点云个数小于 K，则重采样；若大于 K，提取前 K 个点作为子分区，实现局部子区域定义。如图 9-33 中 SA 部分所示，通过 Sampling layer 与 Grouping layer 实现，输入端输入原始点云 $N\times(d+C_1)$，通过 Sampling layer 输出 $N_1\times(d+C_1)$，其中 d 为坐标，C 为点的特征。通过 Grouping layer 对每个子区域提取 K 个点，则输出变为 $N_1\times K\times(d+C_1)$。

当点云不均匀时，利用多尺度（MSG，Multi-Scale Grouping）及多分辨率（MRG，Multi-Resolution Grouping）进行分组，解决点云稀疏性不同而导致的特征变化问题。MSG 采用不同半径确定多个区域，并输入 PointNet 进行特征提取，可以有效提高精度，但也需要较高的运算时间。MRG 适用于点云稀疏时从较低层次递归提取至更高层次，从而保持网络稳定性。图 9-34 所示为 MSG 与 MRG 示意图。

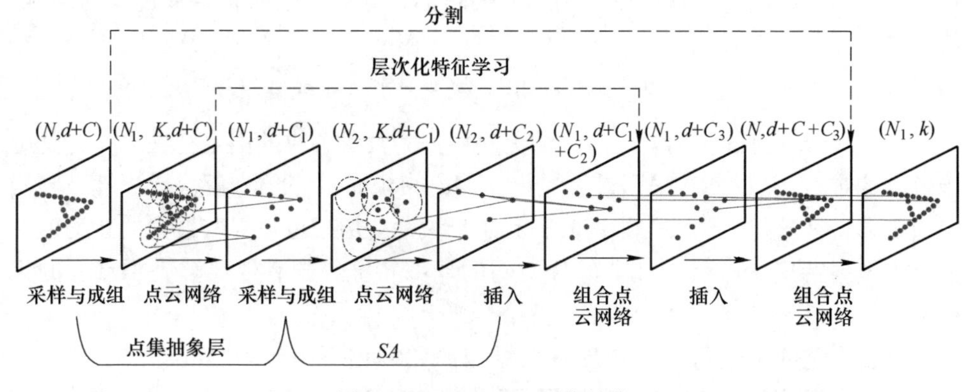

图 9-33 PointNet++网络结构

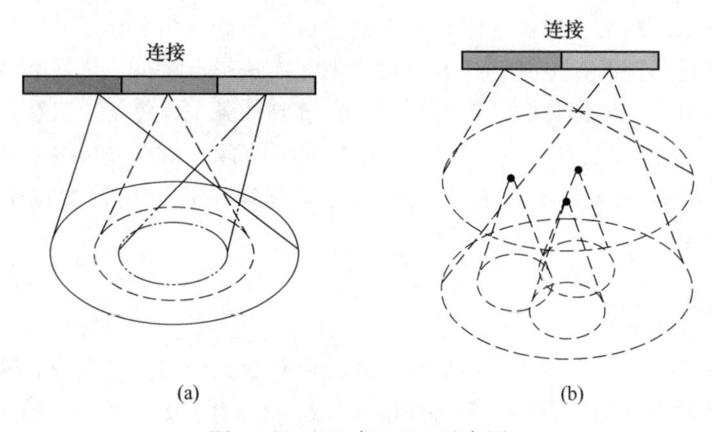

图 9-34 MSG 与 MRG 示意图

(a) MSG；(b) MRG

9.5.3 数据集制作

利用深度学习对点云进行处理需要将点云数据制作成相应的数据集，以供训练测试使用。对于分割数据集而言，首先需要对预处理过的每幅点云图选取各个类别单体样本进行标注。

结构光获取的点云数据形式为 $[x, y, z]$ 的 $3\times N$ 维矩阵。利用点云数据进行数据场景分割时，为了尽可能获取更多特征点，采用雷达等方式获取的点云储存在 RGB 颜色信息。将点云 RGB 信息与坐标信息进行融合后对点云进行分类。由于结构光方法获取的点云无 RGB 信息，为了获取更多的特征，故增加法向量信息代替作为特征信息。

点云的法向量估计原理是通过估计每个点邻域内的平面，当邻域足够小时，将该平面的法向量视为这一点的法向量。计算点云法向量具体步骤是先计算该平面的平均值，然后通过计算使所有邻域点在该方向 n 上的投影最小，则视为这一方向为该点的法向量。由主成分分析（Principal Component Analysis，PCA）可知，若该方向上的投影方差最小，则该方向所有邻域点在方向 n 上投影分布最为集中，n 为 PCA 第三主成分，优化方程如下：

$$\min_{c,n,\|n\|=1}\sum_{i=1}^{m}((x_i-c)^{\mathrm{T}}n)^2$$

经过法向量计算后，将原本的三维信息 $[x, y, z]$ 的法向量添加至对应点同一行，扩充三维信息至六维信息 $[x, y, z, n_x, n_y, n_z]$，图 9-35 所示为计算法向量前后点云数据的可视化图。

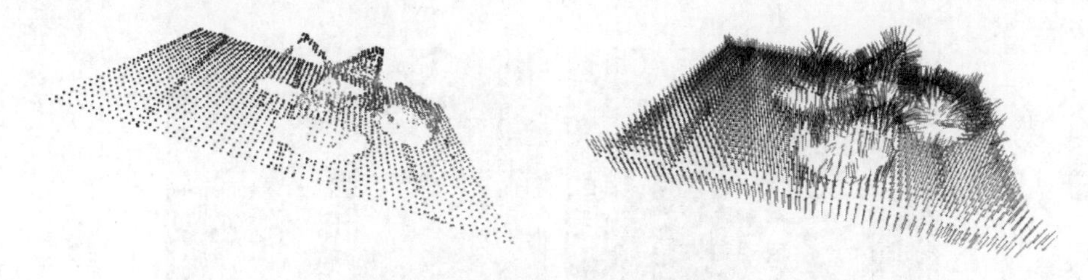

图 9-35 点云法向量可视化

为了方便网络输入，将融合法向量信息的六维矩阵归一化，即将一组点云数据尺度缩放至（-1，1）之间。计算方式如下：

$$(X'_i,Y'_i,Z'_i)=\frac{(x_i,y_i,z_i)-(x_{\mathrm{mean}},y_{\mathrm{mean}},z_{\mathrm{mean}})}{MAX(\sqrt{(x_i-x_{\mathrm{mean}})^2+(y_i-y_{\mathrm{mean}})^2+(z_i-z_{\mathrm{mean}})^2})}$$

式中 x_{mean}，y_{mean}，z_{mean}——分别是所有点的坐标均值，$i=1, 2, 3, \cdots, n$。

经过点云预处理，保留更多具有特征信息的采样点，采用法向量计算，对每个采样点进行特征扩充，并通过归一化处理方便网络输入，最后利用 Cloudcompare 软件对数据进行标注可得到标注后的矿石点云数据样本。标注时将每一块矿石图像实例作为一个标记样本，将每个矿石实例进行单独裁剪标注，共标注不同场景下样本 12591 个。标注前后点云可视化如图 9-36 所示。

经过点云标注后，将每个点云的标签置于数据之后，将点云从六维数据 $[x, y, z, n_x, n_y, n_z]$ 扩充为七维数据 $[x, y, z, n_x, n_y, n_z, \text{label}]$。可视化过程中，在同一个实例场景下用不同颜色表示不同矿石样例。

实验室采用颗粒大小不同的黄铁矿作为实验对象，样本总量 12591 个，共分为 1050 个实例场景进行拍摄。每个实例场景采取数量、大小不同的矿石，并将其按照上述方式进行分别裁剪标注，最终将样本划分为训练集与测试集。不同场景下标注结果如图 9-37 所示。

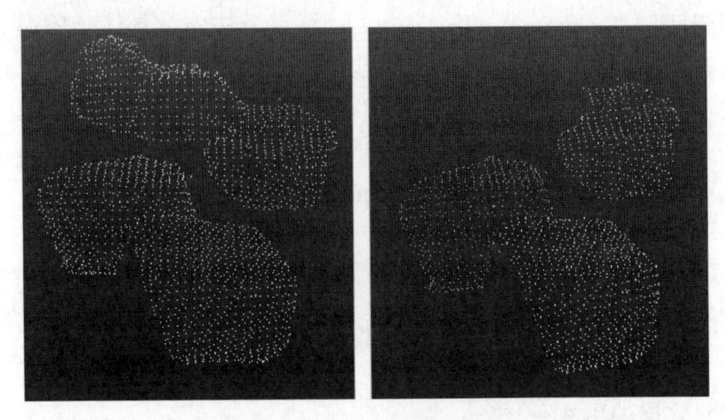

图 9-36　标注前后样本

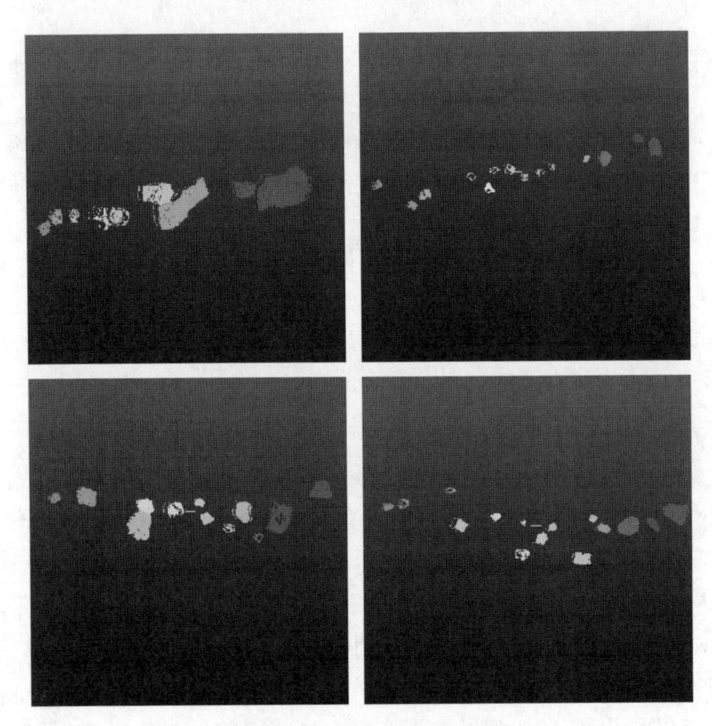

图 9-37　不同场景标注结果

在分割识别模型中，采用不同的标准对分割效果进行评价。将每个样本作为统计单元，经过模型训练后获取预测标签。将单个样本的实际标签与预测标签进行对比，针对训练样本的特殊性，选择合适的评价指标进行评价。由于矿石总体为一个大类，故计算精度采用像素精度（Pixel Accuracy，PA）进行评价，并采用交并比（Intersection over Union，IoU）对分割结果进行评价。像素精度计算表示的是标记正确的像素占总像素的比例，对于单个样本而言，预测总体准确率为：

$$
\begin{cases}
PA_{\mathrm{ore}} = \dfrac{\sum\limits_{i=1}^{n} q_i}{SUM_{\mathrm{sample}}}, \\
q_i = \begin{cases} 1 & p_i = t_i, \quad i = 1, \cdots, n \\ 0 & p_i \neq t_i, \quad i = 1, \cdots, n \end{cases}
\end{cases}
$$

式中 n ——预测点云数目；

q_i ——预测正确的点云；

t_i ——手动标记实际标签；

p_i ——深度学习网络预测标签；

SUM_{sample} ——样本总数。

对于整体评价而言，计算每个点云实例的交并比。交并比是计算 2 个区域交集占 2 个区域全集的比例，其基本原理如图 9-38 所示。图中实际分类用灰色表示，预测标签用白色表示，相交部分为分类正确值。当两圆重合度越高时分割正确率越高，理想情况下交并比值为 1。交并比计算方法如下式所示。

$$
IoU = \frac{p_{\mathrm{ore}}}{2SUM_{\mathrm{sample}} - p_{\mathrm{ore}}}
$$

式中 p_{ore} ——点云预测准确的个数。

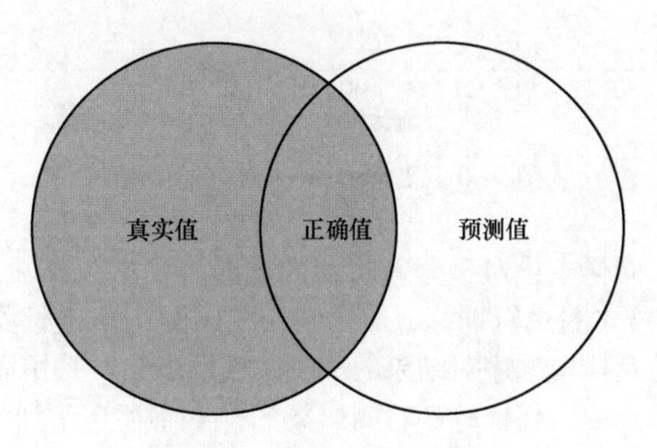

图 9-38 平均交并比示意图

直接利用 PointNet 与 PointNet++对标注好的点云数据进行分割，分别进行单一尺度与多尺度、存在法向量特征与不存在法向量特征的对比训练实验，其中法向量信息对训练结果影响如图 9-39 所示。图中虚线表示不包含法向量特征时的测试集测试结果，实线表示包含法向量信息的测试集测试结果。增加法向量信息后 PointNet++平均准确率增加 4.7%，PointNet 平均准确率增加 4.3%，故增加法向量信息可以有效提升模型在实验样本中的训练准确率。

在多尺度与单一尺度的对比实验中，测试尺度对训练结果的影响，训练结果

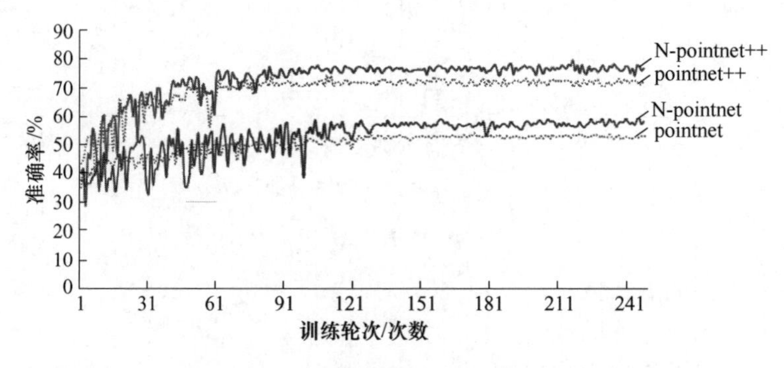

图 9-39　法向量信息对训练结果的影响

如图 9-40 所示。由图可知，多尺度比单一尺度可分别提高训练集与测试集的准确率约 11%和 6%。因此，采用多尺度训练可以有效提升模型在实验样本中的训练准确率。

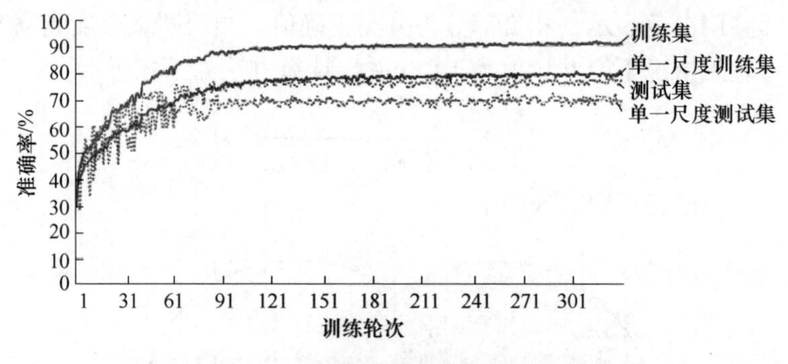

图 9-40　尺度对训练准确率的影响

在验证模型不同样本量对于分割精度影响的过程中，分别采用 90%样本量、70%样本量、50%样本量进行训练，最终利用相同测试集进行测算精度。为最大限度减少样本误差及样本顺序对结果的影响，选取场景时采用固定随机数种子的方式进行打乱随机选取，保证每一轮测试集的样本不存在于训练集中。表 9-8 为选取不同样本量时的训练样本个数与训练场景个数。图 9-41 所示为不同样本量对训练结果的影响。由图可知，90%样本量准确率比 70%样本量训练准确率提高约 4%，70%样本量比 50%样本量提高约 4%。因此，采用更多训练样本可以有效提升模型在实验样本中的训练准确率。

使用 PointNet 与 PointNet++网络，为了使模型得到充分训练，训练过程中设置初始衰减学习率为 0. 001，经过多次迭代后，训练精度及损失值基本平稳，整体处于收敛状态。采用 90%样本量、多尺度与法向量信息相结合的方式，训练的结果如图 9-42 所示。图 9-43 中训练集准确率最高达到 92. 34%，测试集准确率最高达到 79. 86%。

表 9-8　训练样本量

实验	训练样本量	训练样本/个	训练场景/个
实验 1	90%样本量	11320	945
实验 2	70%样本量	8804	735
实验 3	50%样本量	6288	525

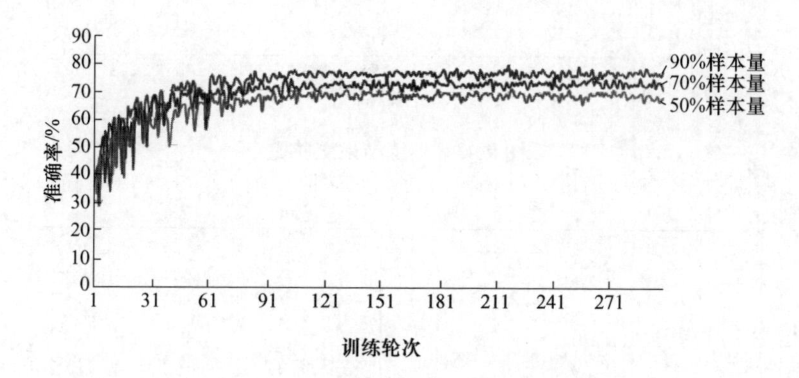

图 9-41　不同样本量对训练结果的影响

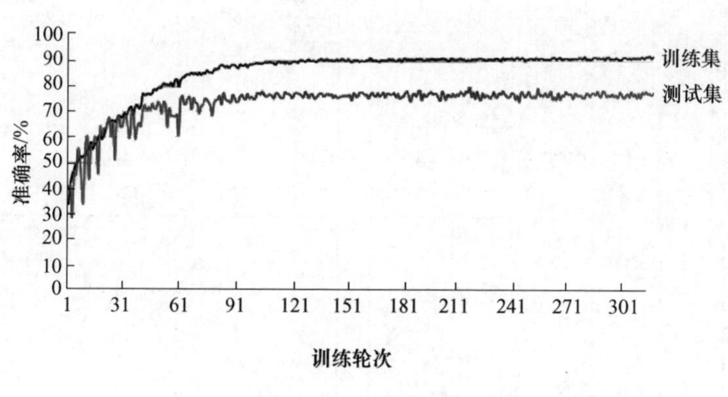

图 9-42　训练结果

利用交并比指标对训练结果进行评价，评价结果如图 9-43 所示，交并比最高达到 75.41%。

采用深度学习 PointNet++网络，利用法向量信息、多尺度训练方法对实验样本进行训练。将测试样本输入训练好的模型中并进行可视化，可视化结果如图 9-44所示。图中每幅点云图不同颜色表示分割后的不同粒块，相同颜色表示分割为同一粒块。

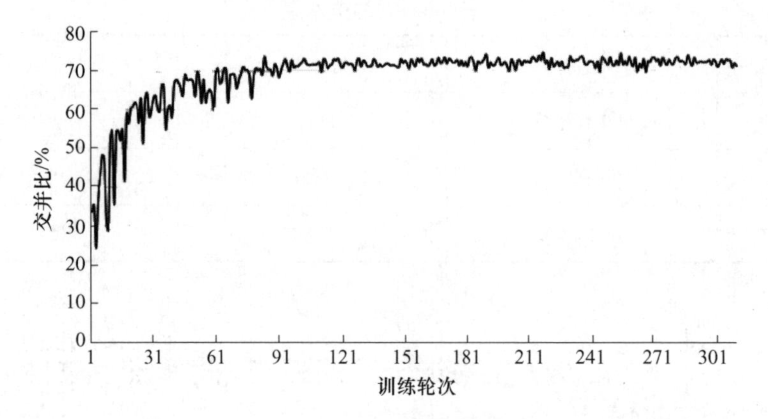

图 9-43　训练结果交并比

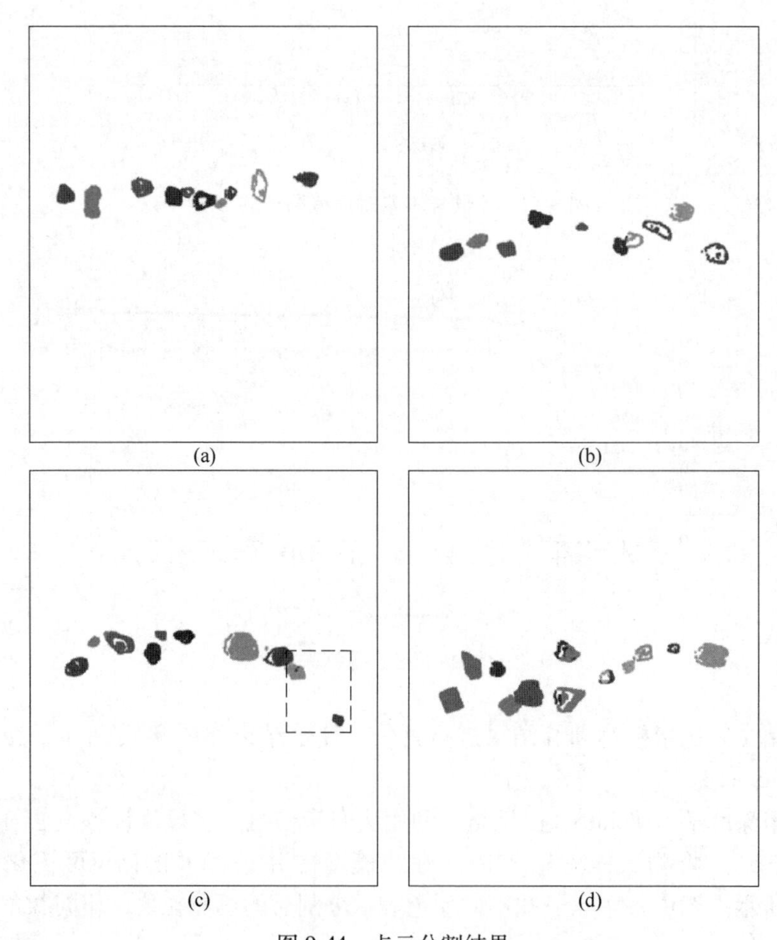

图 9-44　点云分割结果

利用训练好的模型对不同数量石块的点云场景进行测试分割。图 9-44（a）、（b）中部分粒块分割效果较好，但存在部分点云分割错误的情况，将本属于一个粒块的点云分割至其他粒块。例如，图 9-44（c）中虚线框内深色粒块错误分入浅色粒块中；图 9-44（d）中虚线框内深色粒块错误分入浅色粒块中，等等。对于粒块估计而言，提高矿石粒块分割准确率可以提高后续计算精度，因此，下一节将针对分割结果进行优化。

9.6 矿石粒度三维在线检测应用

9.6.1 矿石体积测算方法

9.6.1.1 粒度统计方法

矿石的粒度包括矿石粒径分布情况及矿石颗粒质量分布情况。颗粒质量的获取一般通过求取颗粒体积，利用密度进行计算。利用图像进行粒度统计的常见方法包括粒径方法、面积方法、体积方法等。粒径方法采用当量直径的方式进行计算，当量直径的计算方法一般包括 Feret 直径与 Martin 直径，分别采用最长边缘切线与颗粒在水平面投影的对角线长度表示粒径。面积方法是利用图像最小单元像素与实际面积关系进行换算，采取标尺法和倍率法估算面积。

矿石颗粒采用图像方法进行计算体积时，通常先利用二维图像处理方法得到粒块边界，采用像素法与标尺法估算粒块面积，最后采用近似替代的方式估算矿石颗粒体积。

由于二维图像信息量较少，在计算体积的过程中存在较大误差，如将不规则的矿石直接估算为球体，而在物体获取三维点云后就可以利用点云的位置信息对体积进行更精准的测算，因此，本节采用点云进行粒度测算，并提出基于残缺率加权的体积测算方法。

9.6.1.2 两维图像法

传统的基于视觉的矿石粒度检测采用二维图像进行体积估计，其关键步骤包括采集图像、图像处理、尺寸转化、体积估算等。在基于二维图像的粒度估计方法中，为了精确获取矿石粒块所占像素，对测试集中图像进行去噪、二值化、边缘检测等处理。图像处理的关键步骤如图 9-45 所示。图 9-45（a）所示为原图，图 9-45（b）所示为二值化后的图例，图 9-45（c）所示为经过 Canny 算子检测后的图例，其中曲线标记区域为矿石区域。

用二维图像法提取粒块后可以获得每一粒块所占像素数目，利用像素数目可以计算得到每一粒块所占图像的像素面积。在这个过程中，一般认为图像中面积

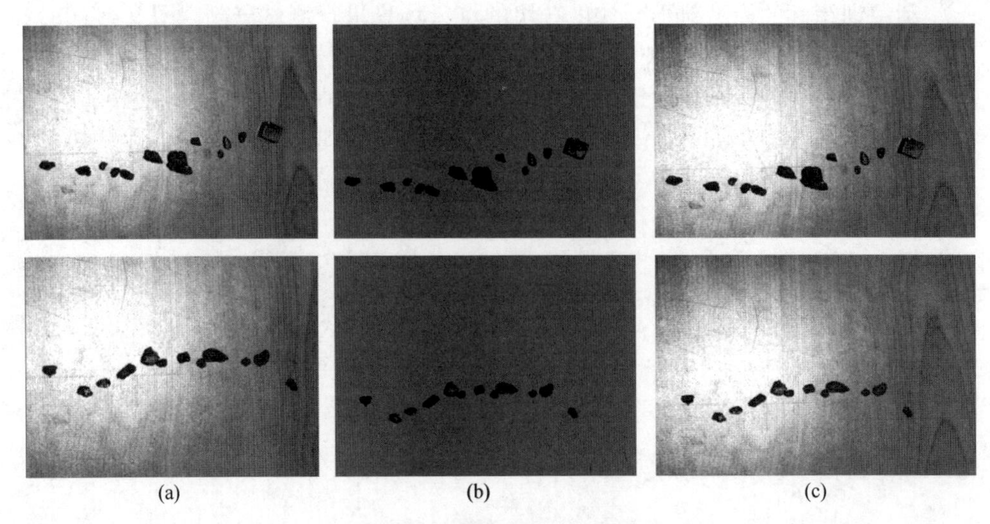

图 9-45　图像处理关键步骤

（a）原图；（b）二值化图；（c）Canny 算子检测图

大的粒块体积也大，将矿石假设为球形，通过如下公式对体积进行估算：

$$d_i = 2\sqrt{S_i/\pi}$$

$$D_i = Zd_i$$

$$V_i = \frac{\pi D_i}{6}$$

式中　S_i——矿石颗粒面积；

d_i——图像中矿石的等效直径；

Z——尺寸转换系数；

D_i——矿石实际的等效直径；

V_i——估算的体积。

由上式可以计算得到粒块的等效直径，并根据第 2 章标定得到的相机的参数获取像素尺寸与实际尺寸的比例关系，得到比例参数 Z；最后，根据体积估算公式进行结果估算。

9.6.1.3　三维点云法

矿石粒度信息主要反映矿石大小的分布规律，矿石粒度分布范围往往与破碎效果相联系。一般来说，矿石粒度尺寸的集中程度越高，矿石的破碎效果越好。在只利用二维图像处理的过程中，由于二维图像是将三维信息的 Z 轴压缩，得到的是矿石在拍摄方向的投影，因此根据一定的数学运算获取矿石中的等效直径等参数，不能直接表示矿石颗粒的体积。利用三维点云可以使用三维坐标信息计算出矿石体积。

对于体积计算而言，选择实验室台面或传送带表面作为参考平面，利用ISS特征点检测的方式对点云进行骨架选取处理，最终采用三维点云切片法进行计算。具体步骤如下：

（1）计算参考平面的平面方程；

（2）利用ISS特征点检测的方式对点云进行特征点选取；

（3）计算特征点在参考平面的投影；

（4）采用三维点云切片法对点云进行初步体积计算。

计算参考平面的平面方程，以及利用ISS特征点检测的方式对点云进行特征点选取，特征点选取原理参照数据处理方式。根据实验台计算出的参考平面的平面方程如下式所示，根据计算出来的特征点以及参考平面方程可以计算特征点在平面上的投影。

三维平面的一般方程可以写为：

$$Ax + By + Cz + D = 0$$

将平面外的三维空间坐标点（x_0，y_0，z_0）投影在平面上，投影后的坐标用（x_p，y_p，z_p）表示。投影点到坐标点的连线与平面垂直，根据垂直约束条件，y_p、z_p 应满足以下条件：

$$y_p = \frac{B}{A}(x_p - x_0) + y_0$$

$$z_p = \frac{C}{A}(x_p - x_0) + z_0$$

联立上式，可以解得：

$$x_p = \frac{(B^2 + C^2)x_0 - A(By_0 + Cz_0 + D)}{A^2 + B^2 + C^2}$$

$$y_p = \frac{(A^2 + C^2)y_0 - B(Ax_0 + Cz_0 + D)}{A^2 + B^2 + C^2}$$

$$z_p = \frac{(A^2 + B^2)y_0 - C(Ax_0 + By_0 + D)}{A^2 + B^2 + C^2}$$

根据上式计算每个特征点在平面的投影点。点云体积的计算可采用点云切片法，步骤如下：

（1）纵向切片。对点云进行纵向排序，即按照 x 值大小进行排序。选取矿石点云 x 方向上的最大值 x_{max} 与最小值 x_{min}，利用间距为 h_1，方向平行于 YOZ 的平面将粒块分为 i 部分，每个部分表示一个点云切片并用 S_1，…，S_i 表示。其原理如图9-46所示。

（2）横向切片。任意选取一个点云切片，对该切片点云进行横向排序，即

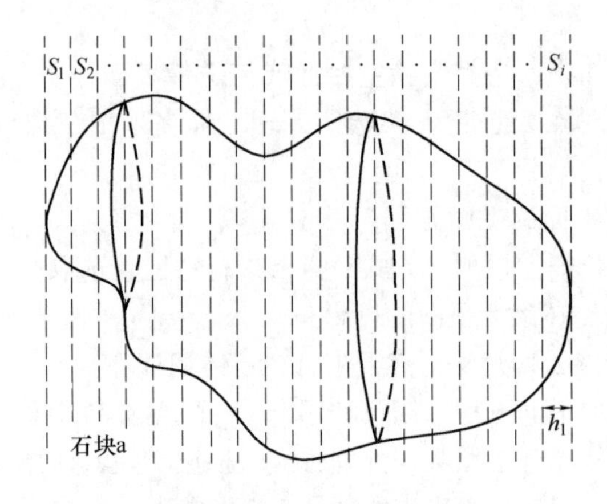

图 9-46　纵向切片示意图

按照 y 值大小进行排序，选取 y 方向上的最大值 y_{max} 与最小值 y_{min} ，利用间距为 h_2，方向平行于 XOZ 的平面将粒块分为 n 部分，每个部分表示一个点云切片并用P_1，…，P_n表示。其原理如图 9-47 所示。

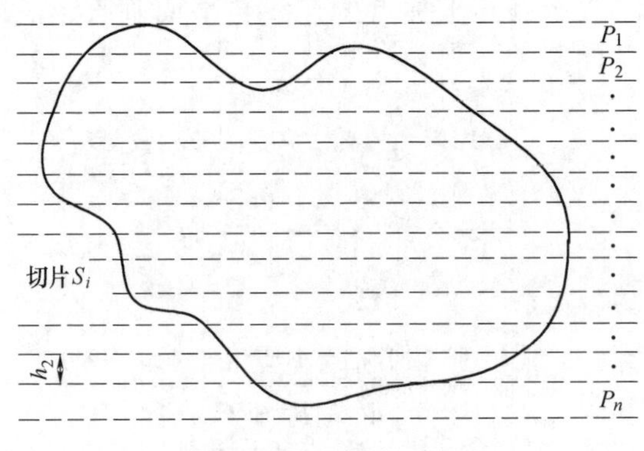

图 9-47　横向切片示意图

（3）轮廓边界确定。对于间距为 h_2 的每一组点，选取其中距离平面高程差最大的点作为该部分的轮廓边界点，如图 9-48 所示。

（4）计算每一个轮廓边界点在原三维平面的投影值，依次进行连线，获取该切片中点云的轮廓，轮廓及平面对应点如图 9-49 所示。

对于一整个粒块而言，共分割出 m 个切片，每个切片分割出 n 个小条。确定每一个切片的点云轮廓后，可以计算切片面积。对于每一个切片而言，其面积采用二维积分的方式进行计算，计算公式如下：

$$S_{切i} = \frac{1}{2}\sum_{i=1}^{n}(p_{y(i+1)} - p_{y(i)})[(p_{z(i+1)} - p_{corz(i+1)}) + (p_z - p_{corz(i+1)})]$$

式中　　$S_{切}$ ——切片面积；

$p(x, y, z)$ ——特征点的坐标；

$p_{corz}(x, y, z)$ ——特征点在平面上的投影坐标。

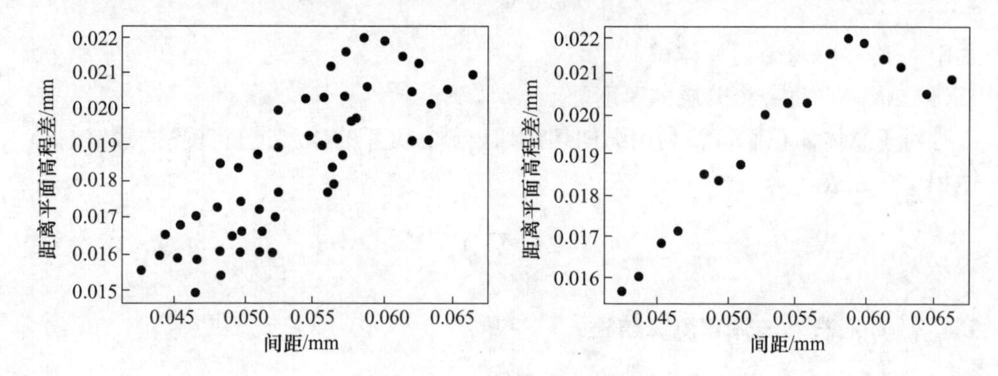

图 9-48　轮廓边界确定

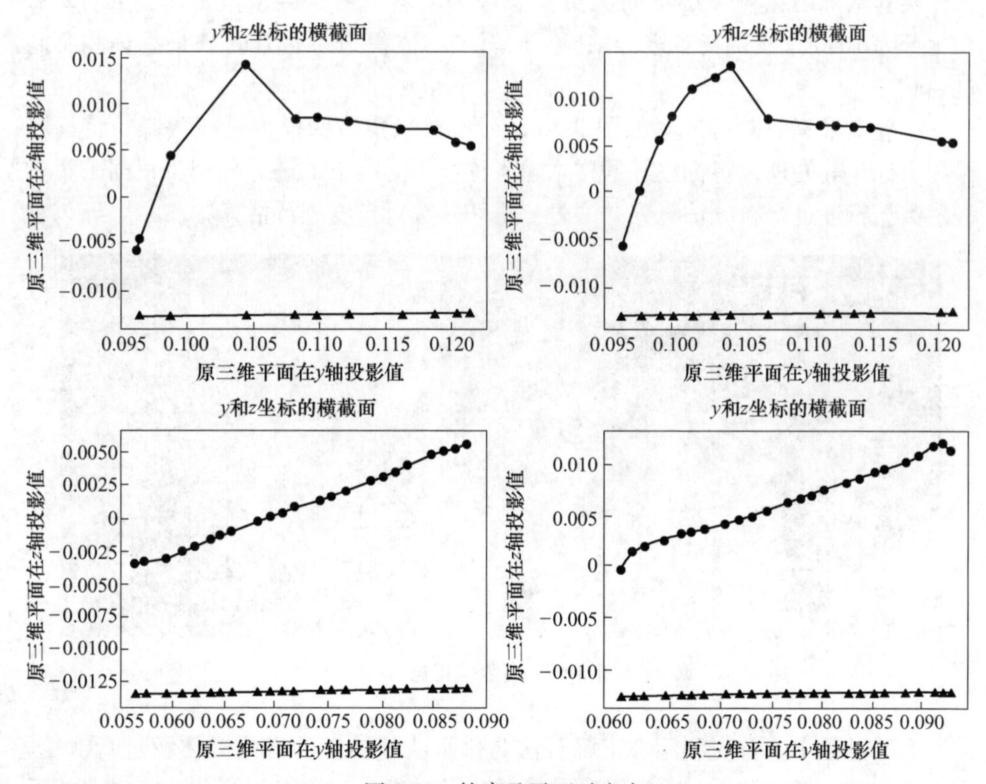

图 9-49　轮廓及平面对应点

利用上式对点云切片面积进行计算，分割后的每一个切片由于其高度小且上下表面面积不同，故可近似为圆台。利用圆台体积公式对其体积进行计算，对于第 j 个切片体积，计算公式如下：

$$V_j = \frac{\Delta h}{3}\sum_{i=1}^{n-1}\left(S_{切i} + \sqrt{S_{切i}S_{切i+1}} + S_{切i+1}\right)$$

式中　V_j ——每个切片体积；

Δh ——每一个分层的厚度。

对于总体体积而言，利用纵向切片切出 j 个切片的体积进行计算。最终总体体积 V 可以表示为：

$$V = \sum_{j=1}^{m} V_j$$

9.6.2　矿石样本与体积测算结果

9.6.2.1　实验样本

实验室采用颗粒大小不同的黄铁矿作为实验对象，共采集样本总量 12591 个，分为 1050 个实例场景进行拍摄。矿石平均体积约为 0.1cm^3，最大体积不超过 4cm^3。

实验室采集的矿石样本如图 9-50 所示。对采集后的样本进行去噪、特征点检测、标注等处理，将标注好的样本输入深度学习网络中进行分割，根据采集过程及数据特性进行粒度估算，并通过三维切片法对粒度进行估算。

图 9-50　实验采集样本

实验过程中，首先利用人工筛分法与排水法相结合的方式对体积进行测算。由于部分矿石粒度较小，对于总体体积较小的矿粒，利用人工筛分法将大小相近的聚成一类，再将其投入量筒中。由于样本总体呈现偏态分布且均值较小，故将大于 0.5cm^3 的粒块统计为一类，则判定其体积具体方式如下：

（1）若投入小于等于 2 块矿粒时，量筒液面上涨大于 1mL，则将该类矿粒统计为体积大于 0.5cm^3；

（2）若投入大于 2 块小于等于 5 块时，量筒液面上涨大于 1mL，则将该类矿粒统计为体积大于 0.2cm^3 小于 0.5cm^3；

（3）若投入大于 5 块小于等于 10 块时，量筒液面上涨大于 1mL，则将该类矿粒统计为体积大于 0.1cm^3 小于 0.2cm^3；

（4）若投入大于 10 块小于等于 20 块时，量筒液面上涨大于 1mL，则将该类矿粒统计为体积大于 0.05cm^3 小于 0.1cm^3；

（5）若投入大于 20 块小于等于 33 块时，量筒液面上涨大于 1mL，则将该类矿粒统计为体积大于 0.03cm^3 小于 0.05cm^3；

（6）若投入大于 33 块后，量筒液面上涨大于 1mL，则将该类矿粒统计为体积小于 0.03cm^3。

人工测量体积实验过程如图 9-51 所示。

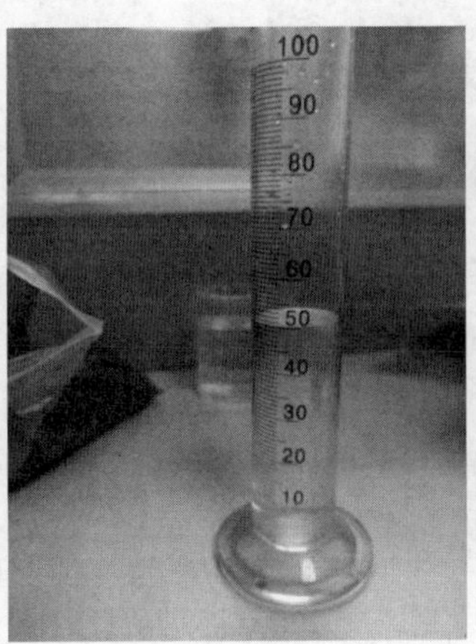

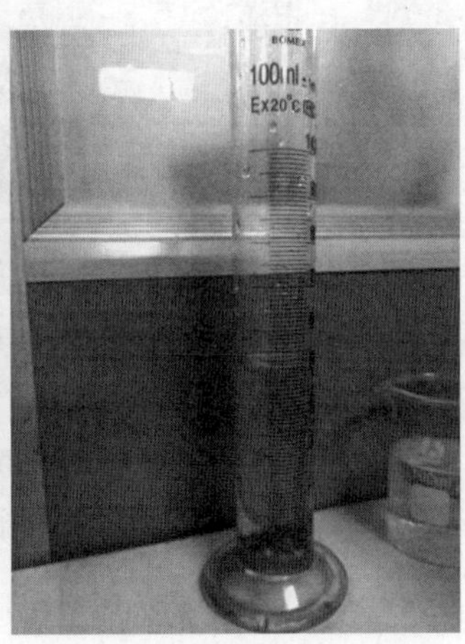

图 9-51 人工测量体积实验

实验室共测样本总体个数为 12591 个。人工筛分实际统计结果显示，体积小于 0.03cm^3 的粒块个数最多，体积大于 0.5cm^3 的粒块占比最少。

9.6.2.2 体积测算结果

利用三维点云估算矿石粒度过程中采用了深度学习算法，并将样本分为训练集与测试集。为对比点云粒度估算算法与传统图像估算算法的效果，由于训练集的样本再输入网络会提高分割准确率，故只对测试集部分进行对比实验，测试集共包含 105 个场景，1259 个粒块。图 9-52 所示为测试集中点云可视化与二维图像。

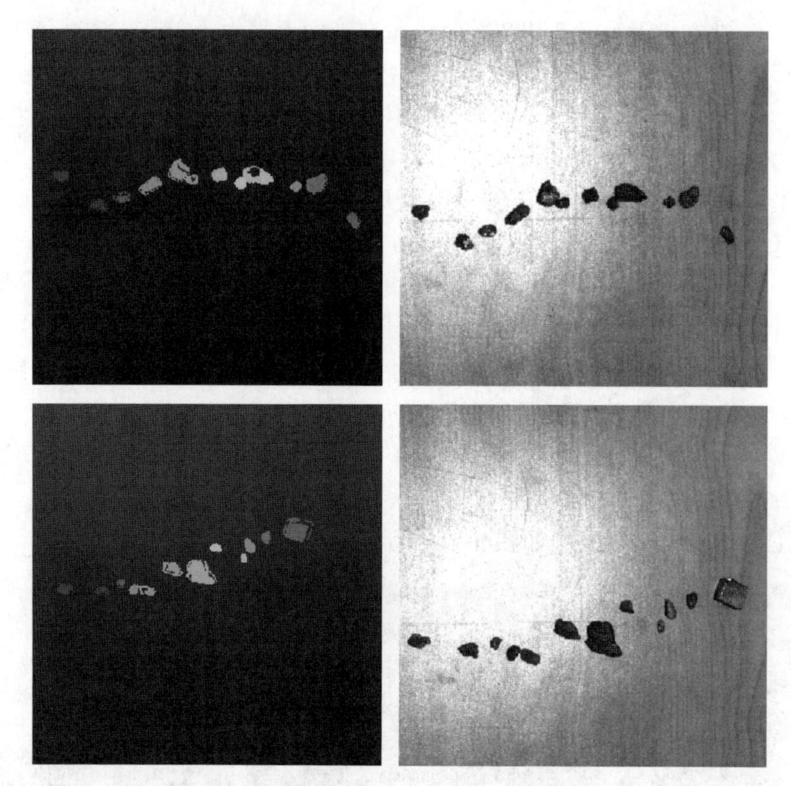

图 9-52　相同样本的点云与二维图像

将三维点云测算方法与二维图像法进行对比实验，实验采用误差累积率作为统计指标，其计算方式如下：

$$P_r = \frac{|S_r - A_r|}{N}$$

式中　P_r ——粒度等级为 r 的误差累积率；

S_r ——人工筛分法在粒度等级为 r 时的矿石数量；

A_r ——其他方法在粒度等级为 r 时的矿石数量；

N ——矿石样本总数。

通过实验，统计二维图像与三维点云方法测算结果见表 9-9。

表 9-9　二维与三维方法结果

体积/cm³	人工筛分矿粒/个	二维图像法矿粒/个	误差累积率/%	三维切片法矿粒/个	误差累积率/%
V<0. 03	526	176	27. 8	463	5. 0
0. 03<V<0. 05	268	215	4. 2	248	1. 6
0. 05<V<0. 1	242	387	11. 5	290	3. 8

续表 9-9

体积/cm³	人工筛分矿粒/个	二维图像法矿粒/个	误差累积率/%	三维切片法矿粒/个	误差累积率/%
0.1<V<0.2	118	281	12.9	133	1.2
0.2<V<0.5	63	133	5.6	67	0.3
V>0.5	42	67	2.0	53	0.9
合计	1259	1259	64.0	1254	12.8

由表中的数据可知，利用三维点云测算点云体积过程中引入深度学习网络，在分割过程中会使部分样本点分割错误导致部分矿石缺失，即合计数量与原本数量不符，但总体误差较小。对于实验样例，二维图像法估算存在较大的误差累积率，利用三维切片法估算体积与实际矿石测量结果误差较小，但存在整体计算结果偏大的问题，故需要对三维切片法进行改进。

9.6.3 基于残缺率加权的体积测算方法

9.6.3.1 残缺率模型

通过三维积分的计算可以初步计算物体总体积，但由于获取方法原理的缘故，通常只能获取单一方向的残缺点云。图 9-53 所示为不同粒块的残缺点云数据，若直接利用体积公式进行估算，会导致计算后产生较大的误差。

图 9-53 不同粒块的残缺展示

为了提高体积计算准确率，需要对残缺部分进行体积估算。本节提了基于残缺率加权的体积估算方法对不完整点云进行估算，以估计平面作为参考平面，对每一个切片的残缺率进行估算。对点云进行切片后，由于两侧距参考平面距离不同，故用 l_1 表示切片点云距参考平面最远点，l_2、l_3 分别表示切片点云两侧距离参考平面的最近点，用 c 表示残缺率，残缺率的表示方式如下式所示，切片残缺率如图 9-54 所示。

$$c = \frac{|l_1 - l_2| + |l_1 - l_3|}{2 \times \max\{l_1, l_2, l_3\}}$$

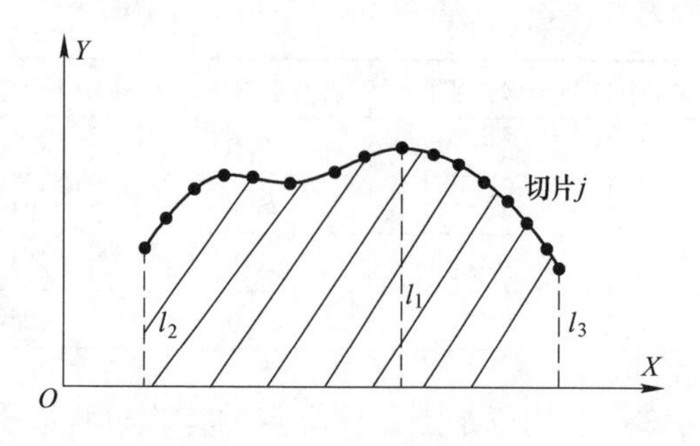

图 9-54 切片残缺率示意图

对于每一个切片计算时，其残缺率与该切片点云至参考平面的距离有关，即残缺率越大，三维设备已经获取的点云距离参考平面的距离越远。三维设备获取点云是自上而下的投影拍摄，对于不规则物体而言，其遮挡情况如图 9-55 所示。图中实线代表拍摄到的点云，虚线代表未拍摄到的残缺部位。

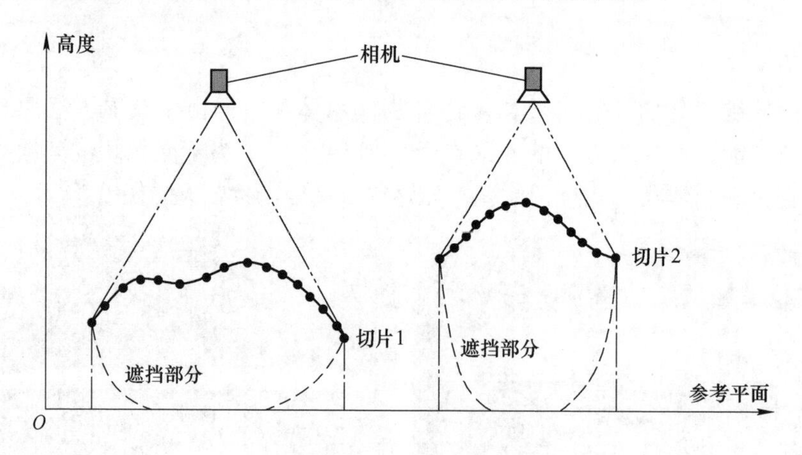

图 9-55 拍摄遮挡情况

对比图中两台相机拍摄切片 1 与切片 2 的效果可知，对应切片残缺率越高，切片面积差值越大，则体积差距也会越大，且存在一定的正比例关系。图 9-56 所示为不同残缺率时点云切片计算的缺失情况，正方形点表示对应切片高度最大值，三角形点表示对应切片高度最小值，灰色阴影部分为估算不准确部位。图 9-56（a)所示为当残缺率为 0 时点云表示的切片，此时残缺率对整体体积无影响，图 9-56（b）所示为残缺率为 0. 5 时表示的切片，此时残缺率对体积存在部分影响，图 9-56（c）所示为残缺率为 1 时表示的切片，此时残缺率对体积影响最大。

根据实际情况假设理论模型，当残缺率 c 达到最大，即切片最高点与最低点

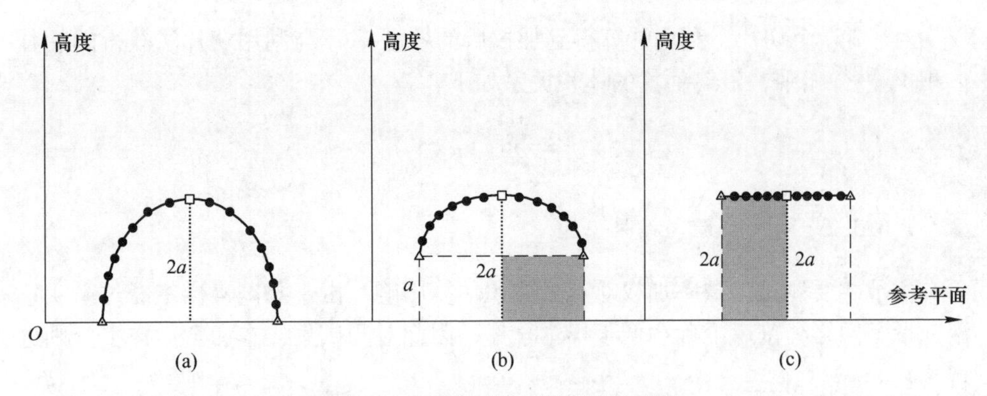

图 9-56 残缺率对切片体积影响情况

（a）缺残率为 0；（b）缺残率为 0.5；（c）残缺率为 1

与参考平面平行时，计算的残缺率为 1。将直接利用切片法计算残缺率为 1 时的模型简化为正方形，结果如图 9-57 虚线所示。但对于实际情况而言，由于相机拍摄是从上至下，若存在残缺，则说明下表面比上表面窄，因此切片的面积与梯形更近似。将其设置为上底面不变，下底面为上底面的一半的梯形，此时简化后的模型如图 9-57 实线部位所示。经过计算，梯形面积为原正方形面积的 75%。

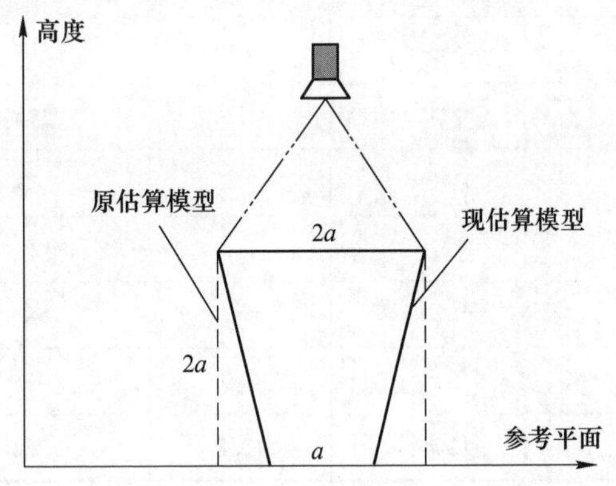

图 9-57 估算模型

随着残缺率的减小，残缺率与实际切片面积呈非线性关系，切片面积与切片体积成正比，残缺率对切片体积的影响与对切片面积影响相同。当残缺率为 1 时，即切片最低点与最高点处于同一平面且平行于参考平面时，残缺率对切片面积影响最大为 25%；当残缺率为 0，即切片最低点与参考平面接触时，残缺率对体积的影响为 0。根据以上信息利用二次曲线模拟残缺率对最终体积的影响关系，得到关系式如下：

$$r = -\frac{1}{4}(c-1)^2 + \frac{1}{4} \qquad (c \in [0,1])$$

对于第 j 个切片，利用计算得到加权后的残缺率 r_j 与利用切片法获得的切片体积 V_j 进行相乘，最终估算的体积关系如下：

$$V_{终} = \sum_{j=1}^{m} (V_j \times r_j)$$

9.6.3.2　对比实验与结果

本节主要测试残缺率加权对点云体积估算影响，由于测试集样本经过第 4 章深度学习网络分割后准确率低于样本全集，因此对测试集样本和全集样本分别进行测算。

A　测试集样本测试结果

首先对测试集样本进行测试。实验时利用残缺率加权法与未利用残缺率加权法对测试集样本进行统计，人工筛分测试集样本个数包括 105 个场景 1259 个矿石样例，测试集实验结果见表 9-10。

表 9-10　测试集估算结果

体积/cm^3	人工筛分矿粒/个	三维切片法矿粒/个	误差累积率/%	残缺率加权矿粒/个	误差累积率/%
$V<0.03$	526	463	5.0	513	1.0
$0.03<V<0.05$	268	248	1.6	254	1.1
$0.05<V<0.1$	242	290	3.8	263	1.7
$0.1<V<0.2$	118	133	1.2	121	0.2
$0.2<V<0.5$	63	67	0.3	58	0.3
$V>0.5$	42	53	0.9	45	0.2
合计	1259	1254	12.8	1254	4.5

测试集样本经过特征点检测、深度学习网络进行三维点云分割等步骤，由于三维点云分割存在分割不准确的情况，因此测试集最终测算结果与人工筛分结果相比，具有相对较大的误差，但残缺率加权的体积测算方法能有效改进点云切片法体积计算结果。

B　全部样本测试结果

对实验全部样本进行测试。实验室共测样本总体个数为 12591 个。根据人工筛分实际统计结果显示，体积小于 0.03cm^3 的粒块个数最多，体积大于 0.5cm^3 的粒块占比最少。将三维切片体积估算法测得体积、基于残缺率加权的体积估算方法测得体积、人工筛分法测得体积进行比较实验，实验结果见表 9-11。

表 9-11 体积估算结果

体积/cm^3	人工筛分矿粒/个	三维切片法矿粒/个	误差累积率/%	残缺率加权矿粒/个	误差累积率/%
$V<0.03$	5017	4720	2.4	5067	0.4
$0.03<V<0.05$	2788	2983	1.5	2914	1.0
$0.05<V<0.1$	2441	2551	0.9	2360	0.6
$0.1<V<0.2$	1285	1207	0.6	1155	1.0
$0.2<V<0.5$	673	716	0.3	693	0.2
$V>0.5$	387	414	0.2	402	0.1
合计	12591	12591	5.9	12591	3.3

由表中的数据可知，未进行残缺率加权的模型存在将体积估算偏大的模型误差。经过残缺率加权修正后，有效减少了模型整体误差，累积误差率减少 2.6%，说明了残缺率模型对于原本测算方法进行了有效修正。

根据残缺率加权的点云估算结果绘制矿石粒度分布累积曲线，如图 9-58 所示。

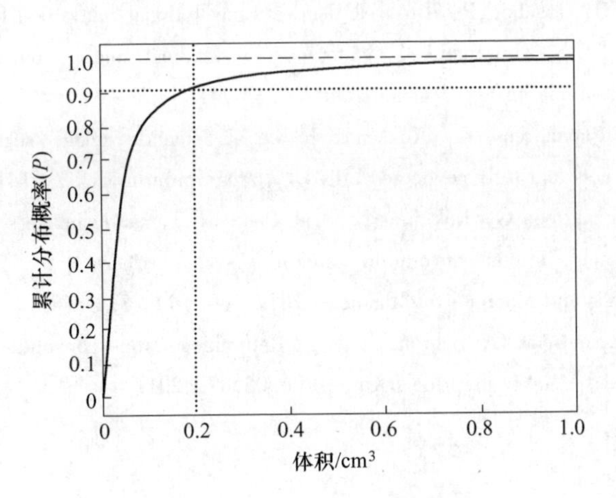

图 9-58 矿石粒度分布累计曲线

9.6.3.3 结果分析

经过对比实验，发现基于二维图像的矿石体积估算过程中存在较大误差，包括将不规则物体所占像素值视为圆形并估算等效直径，将不规则物体模型简化为球体等误差较大的模型。由于二维图像缺乏深度信息，故对于二维图像上占相同像素数量的粒块，认为粒块大小相近，完全忽略了矿石高度对体积的影响，具有较大的误差。

三维点云切片法基于三维积分计算，对粒块进行切片分割计算，也存在理论模型简单，将残缺部位粒块抽象为立方体等问题，与实际拍摄遮挡情况不符。但由于其考虑了粒块高度对粒块体积的影响，且对于粒块来说具有相对精准的不规则上表面，因此极大地修正了二维图像法的误差。

基于残缺率加权的体积测算方法是在三维点云的直接粒度估算方法基础上，对体积模型根据实际情况进行修正，不仅保留了精准的粒块上表面信息，且通过残缺率的大小对每一个切片体积进行权值评估并进行计算，最终经过实验验证，能够有效分析矿石粒度分布信息，误差较小。

参考文献

[1] Long J, Shelhamer E, Darrell T. Fully convolutional networks for semantic segmentation [C] //Proceedings of the IEEE Conference on Computer Vision and Pattern Recognition. 2015: 3431-3440.

[2] Badrinarayanan V, Kendall A, Cipolla R. Segnet: A deep convolutional encoder-decoder architecture for image segmentation [J]. IEEE Transactions on Pattern Analysis and Machine Intelligence, 2017, 39 (12): 2481-2495.

[3] Ronneberger O, Fischer P, Brox T. U-net: Convolutional networks for biomedical image segmentation [C] //International Conference on Medical Image Computing and Computer-assisted Intervention. Springer, Cham, 2015: 234-241.

[4] Chen L C, Papandreou G, Kokkinos I, et al. Semantic image segmentation with deep convolutional nets and fully connected crfs [J]. arXiv preprint arXiv: 1412. 7062, 2014.

[5] Chen L C, Papandreou G, Kokkinos I, et al. Deeplab: Semantic image segmentation with deep convolutional nets, atrous convolution, and fully connected crfs [J]. IEEE Transactions on Pattern Analysis and Machine Intelligence, 2017, 40 (4): 834-848.

[6] Chen L C, Papandreou G, Schroff F, et al. Rethinking atrous convolution for semantic image segmentation [J]. arXiv preprint arXiv: 1706. 05587, 2017.

10　基于机器视觉的金属表面缺陷在线检测技术

本章首先介绍表面缺陷在线检测原理，然后介绍基于深度学习的检测算法，最后介绍复杂曲面表面缺陷检测及周期性缺陷在线检测技术。

10.1　表面缺陷在线检测原理

10.1.1　检测原理

系统采用 CCD（Charge Coupled Devices）摄像原理。光源发出的光以一定角度照射到运行的带钢表面上，置于钢板上方的线阵 CCD 摄像机对带钢表面进行横向扫描，采集从钢板表面反射的光，并将反射光的强度转换成灰度图像。线阵 CCD 相机自身完成横向一维扫描，而带钢的运行实现纵向扫描，从而构成二维图像。如果钢板表面存在缺陷，将会对入射光产生吸收或散射作用，从而使进入摄像机光线的强度发生变化。系统原理的示意如图 10-1 所示。

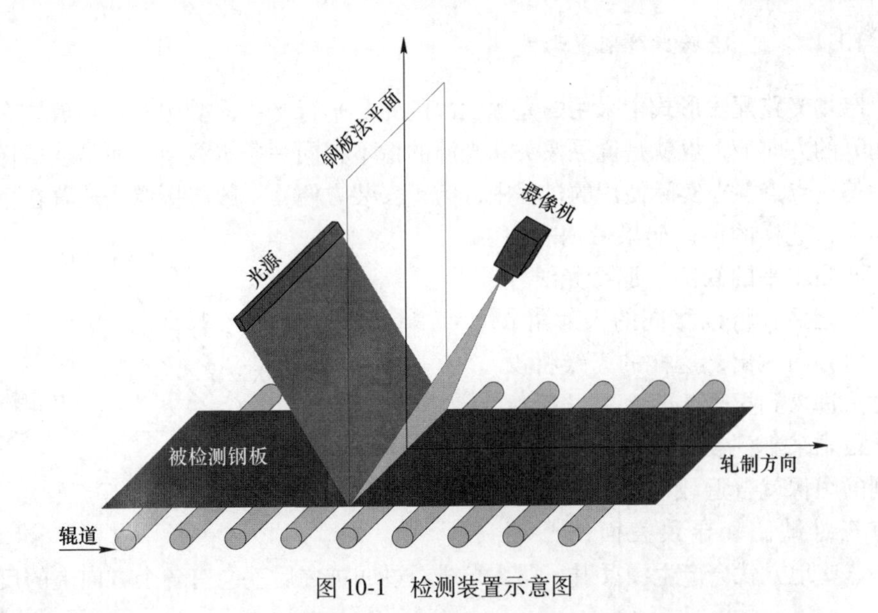

图 10-1　检测装置示意图

10.1.2　光路配置

光路的配置形式是一个很重要的环节，它应根据光的不同反射形式（即镜面反射和漫反射）和被检测物体的表面缺陷情况进行选择。目前表面检测的光路配置形式主要有两种，即明场光路配置形式、暗场光路配置形式。

10.1.2.1　明场光路配置形式

明场光路配置形式用于光滑的反射表面，光在表面上产生的是镜面反射，反射角 θ 等于入射角 θ，因此摄像头需放置在与光的反射角 θ 同一方向上，以便采集到反射过来的光线，也就是说摄像机和光源的像必须要在一条直线上。明场光路配置中一般采用漫射光，由于漫射光各条光线的入射角 θ 不同，因此摄像头在一个大的范围内都可以接收到反射来的光线，这样摄像头就不用进行精确的定位。明场光路主要检测吸收光线的缺陷，即二维的表面缺陷，原理如图 10-2 所示。

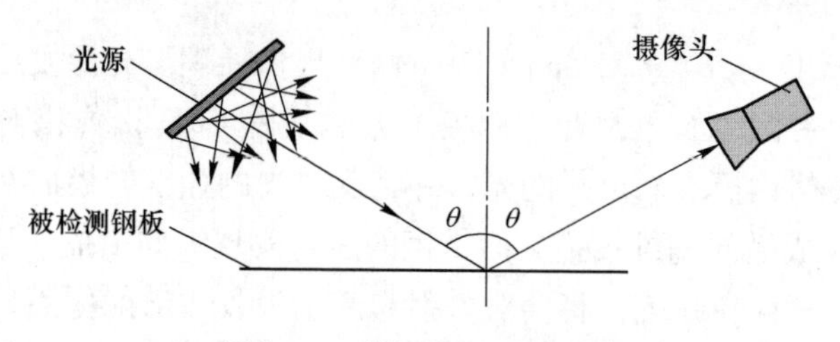

图 10-2　明场光路配置形式

10.1.2.2　暗场光路配置形式

暗场光路配置形式中采用的光源发出的光是平行光，而摄像头不是放置在反射角 θ 的方向上，也就是说摄像头和光源的像不在同一条直线上，而是让摄像头稍微偏一点点。在实际使用的过程中，为了安装方便，一般将摄像头放置在垂直方向上，这样的话，如果带钢表面没有凹凸不平的缺陷，那么光线经过反向之后，将以相同的入射角 θ 沿反射方向射出，这样的光线将没有办法进入到摄像头里面去，摄像头就很难采集到反射来的光线，采集到的图像就普遍较暗。如果表面上有三维缺陷，导致表面凹凸不平，这些地方就会产生漫反射，那么光线经过凹坑之后就会有各个方向上的反向

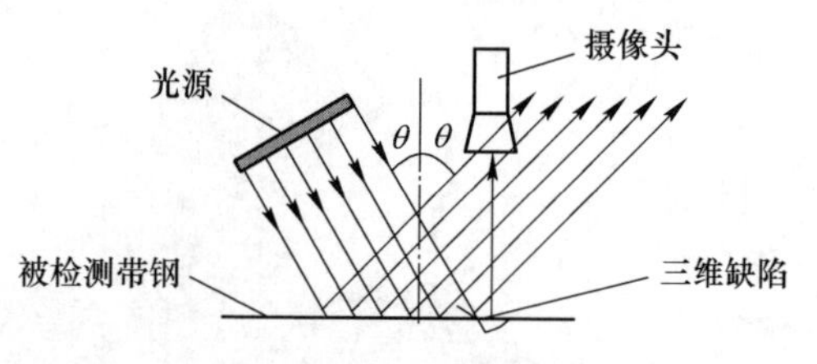

图 10-3　暗场光路配置形式

光线，因而摄像头就可以采集到反射过来的光线，从而采集到的图像就会有比背景更亮的区域。暗场光路主要用来检测三维表面缺陷，其原理图如图 10-3 所示。

10.1.2.3 介于明场与暗场的光路配置

为了获得最佳的检测效果，理论上应当组合应用明场与暗场这两种检测光路，以确保检测出最多类型的表面缺陷。实际上由于费用的问题和考虑到操作的复杂度，大都采用单一的光路配置形式，即介于明场与暗场的光路配置。其方式就是选择合适的摄像机与光源入射的角度，将摄像机与光源旋转在介于明场与暗场的角度范围内，保证在只使用一套光源与摄像机的情况下，检测到最多类型的缺陷，尤其是用户比较关注的缺陷。

10.2 基于深度学习的表面缺陷检测系统

10.2.1 单隐层前馈神经网络

单隐层前馈神经网络（Single-hidden Layer Feedforward Neural Networks, SLFNs）是一种典型非线性分类神经网络。研究表明，SLFNs 具有很强的学习能力，尤其善于处理复杂的非线性问题、海量数据问题和模糊分类问题。因此，SLFNs 近年来被广泛应用于数据挖掘、信号分析、模式识别等领域。SLFNs 由输入层、隐含层、输出层组成。其网络结构如图 10-4 所示。

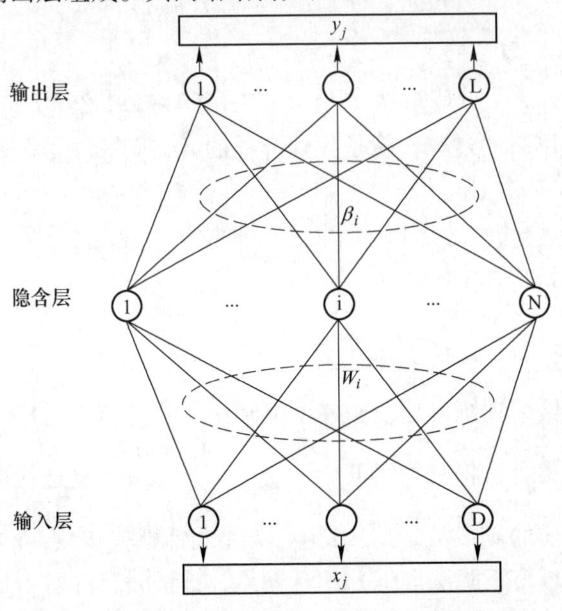

图 10-4 单隐层前馈神经网络（SLFNs）结构示意图

SLFNs 的数学表示如下。

设有 M 个不同的样本 (x_i, y_i)，$i \in [1, M]$，其中 $x_i \in R^D$，$y_i = R^L$，则隐含层节点数为 N 的 SLFNs 可以表示为：

$$\sum_{i=1}^{N} \beta_i f(w_i x_j + b_i) = \hat{y}_j, \quad j \in [1, M]$$

式中　f——激活函数；

w_i——隐含层的第 i 个神经元节点的输入权重；

b_i——隐含层的第 i 个神经元节点的偏置值；

β_i——隐含层的第 i 个神经元节点的输出权重；

$\hat{y}_j$——网络预测值，即观测值。

当 SLFNs 可以完美预测样本，即观测值 $\hat{y}_j$ 和真值 y_j 的差为 0 时，上式可表示为：

$$\sum_{i=1}^{N} \beta_i f(w_i x_j + b_i) = y_j, \quad j \in [1, M]$$

为表达方便，上式可以简写为：

$$\boldsymbol{H\beta} = \boldsymbol{Y}$$

式中　$\boldsymbol{\beta}$——输出权重矩阵，定义为 $\boldsymbol{\beta} = (\beta_1 \cdots \beta_N)^{\mathrm{T}}$；

$\boldsymbol{Y}$——样本真值矩阵，定义为 $\boldsymbol{Y} = (y_1 \cdots y_N)^{\mathrm{T}}$；

$\boldsymbol{H}$——隐含层输出值构成的矩阵，

$$\boldsymbol{H} = \begin{pmatrix} f(w_1 x_1 + b_1) & \cdots & f(w_N x_1 + b_N) \\ \vdots & \ddots & \vdots \\ f(w_1 x_M + b_1) & \cdots & f(w_N x_M + b_N) \end{pmatrix}$$

训练此神经网络的过程，就是找到合适的 $\tilde{w}_i$，$\tilde{b}_i$ 和 $\tilde{\beta}_i$ 来使得观测值 $\hat{y}_j$ 最接近真值 Y，即

$$\| \boldsymbol{H}(\tilde{w}_i, \tilde{b}_i)\tilde{\beta}_i - \boldsymbol{Y} \| = \min_{w,b,\beta} \| \boldsymbol{H}(w_i, b_i)\beta_i - \boldsymbol{Y} \|$$

代价函数为：

$$E = \sum_{j=1}^{M} \left[\sum_{i=1}^{N} \beta_i f(w_i x_j + b_i) - y_j \right]^2$$

传统的神经网络训练方法使用梯度下降法寻找 $\| \boldsymbol{H\beta} - \boldsymbol{Y} \|$ 的最小值。设 W 是 w_i，b_i，β_i 的集合，将其按照 $W_k = W_k - \eta \dfrac{\partial E(W)}{\partial W}$ 反复迭代调整，直到找到代价函数最小时对应的 w_i，b_i，β_i。其中，k 是当前迭代步数，η 是学习效率。

经研究，用梯度下降法训练 SLFNs 网络，被证明有许多不足：

（1）学习率 η 难以设定。η 设定过小，梯度下降过慢，需要长时间训练才能

得到最优解；η 设定过大，梯度下降过快，会使得取值在最优解附近震荡，甚至发散，得不到最优解。

（2）容易陷入局部最优解。梯度下降法沿梯度下降最快方向优化网络参数，一旦陷入局部最优，很难跳出。

（3）训练效率低。网络参数需要反复迭代才能确定，耗费大量时间，训练效率很低。

10.2.2 ELM 分类算法

极限学习机（Extreme Learning Machine，ELM）是 Huang 提出的一种基于单隐层前馈神经网络的改进算法。相比 SLFNs，ELM 提出了一种快速训练算法，提高了训练效率。

相比梯度下降法，ELM 算法在确定网络参数的过程中，通过随机赋值确定隐含层各节点的输入权重 w_i 和偏置值 b_i，并在整个训练过程中保持不变。仅通过最小化代价函数来计算隐含层输出权重 β_i。整个训练过程没有迭代步骤，节省了反复迭代所需的时间，从而极大提升了算法效率。

目前，ELM 广泛应用于人脸识别、故障诊断、图像质量评估、信号处理等各类回归问题和多分类问题。在带钢表面缺陷分类领域，ELM 算法不仅优于 SLFNs 网络；和工业现场广泛应用的 SVM 算法相比，不仅分类准确率略占优势，在分类速度和训练速度上更有大幅优势。这些优点满足了冷轧带钢表面缺陷在线识别在准确率和速度上的要求。因此本章选择 ELM 算法作为改进基础。

下面介绍 ELM 算法的基本原理。

其中，ELM 算法的样本情况、网络表示、隐含层输出矩阵、训练过程表示和目标函数与上节所述 SLFNs 网络相同，此处不再赘述。重点介绍其训练过程如下：

首先，隐含层节点输入权重 w_i 和偏置值 b_i 被随机初始化并保持不变，所以隐含层输出值矩阵 $\boldsymbol{H}$ 也保持不变。唯一可变值为隐含层输出权重 $\boldsymbol{\beta}$。

然后，训练目标转化为求解线性方程组 $\boldsymbol{H\beta}=\boldsymbol{Y}$。输出权重 $\boldsymbol{\beta}$ 可以被确定为：$\boldsymbol{\beta}=\boldsymbol{H}^{\dagger}\boldsymbol{Y}$。其中，$\boldsymbol{H}^{\dagger}$ 是矩阵 $\boldsymbol{H}$ 的 Moore-Penrose 唯一广义逆，广义逆的求解方法本文不再赘述。

ELM 的算法流程汇总如下：

（1）给定训练集样本（x_i，y_i），$i\in[1, M]$，$x_i\in R^D$，$y_i=R^L$，激活函数 f，隐含层节点数 $\boldsymbol{N}$。

（2）随机初始化输入权重 w_i 和偏置值 b_i，$i\in[1, N]$，并保持不变。

（3）计算隐含层输出矩阵 $\boldsymbol{H}^{\dagger}$。

（4）计算输出权重 $\boldsymbol{\beta} = \boldsymbol{H}^{\dagger}\boldsymbol{Y}$。

10.3 复杂曲面表面缺陷在线检测系统

表面质量是钢轨质量评价的重要指标之一，对钢轨服役寿命及铁路安全运营至关重要。随着我国高铁网的密集建设，对钢轨质量的要求也越来越高。传统的钢轨表面缺陷检测依赖于人工肉眼观察[1]，严重制约着钢轨的生产效率及稳定性，同时也无法建立钢轨全生命周期的质量管控系统。目前钢轨表面常见缺陷主要有两类[2]，一类是深度变化明显的缺陷；如轧痕、轧疤缺陷等；另一类是深度变化不明显的缺陷，如表面夹杂或封闭式缺陷等。目前钢轨表面检测方法主要为人工目测法、电涡流法、超声检测法、磁粉法、漏磁法、红外线检测法、机器视觉法等[3]。机器视觉法利用图像处理和模式识别方法实现钢轨表面缺陷在线检测，具有速度快、成本低、检测结果直观等优点，因此本节选用机器视觉法在线检测钢轨的表面缺陷。

国内外很多学者针对钢轨表面缺陷检测进行了研究，大部分研究集中在钢轨二维检测方法。该方法通过相机采集目标表面的二维图像，分析二维图像上的缺陷信息，再进行缺陷分类和检测[4]。钢轨二维检测方法处理的数据较少，处理速度比较快，但缺点在于部分钢轨表面缺陷二维特征信息相似、深度信息差别较大，且相机在钢轨轧制线上采集图像时会受到环境的干扰产生畸变，导致二维检测方法已不能满足检测要求。由此部分学者采用基于三维特征信息检测钢轨表面缺陷，常见的三维检测方法有结构光法[4]、轮廓坐标法[5]、单激光线法[6]、相位测量轮廓技术（PMP）[7]等，对于深度变化不明显的缺陷只依靠三维检测无法检测[8]，因此又有学者提出采用二维与三维相结合进行钢轨表面缺陷检测[9]，该方法可实现二维缺陷与三维深度缺陷同时检出，提高缺陷检测的准确率。光度立体法对图像利用率高[10]，能获得稠密向量场和丰富的三维细节，可通过矩阵方程进行线性求解，在保证光源方向非共面的情况下可得到唯一解，不需要苛刻的附加条件。同时为了更好地适用于不同类型的工业现场三维检测要求，部分学者对光度立体法的光源标定[11]、非朗伯体重建[12]、梯度重构深度[13]及方法融合[14]等方面进行了改进。

综上所述，本节采用环形频闪的照明方案，利用七台线阵相机完成钢轨完整端面的图像采集。在此基础上，为了准确表征钢轨的三维缺陷特征，建立钢轨表面点云模型，根据钢轨基本形状重新标定光源方向，计算钢轨表面法向量，引入点云配准消除运动方向梯度误差的方法，从而高精度地重构钢轨三维表面，利用重建得到的钢轨表面三维模型进行表面缺陷的宽度和深度测量。

10.3.1 实验平台与实验方法

实验用钢轨样本来自邯钢大型厂250mm长的标准60kg/m钢轨，在轨腰处存在深度不一的字符及典型的凹坑缺陷。实验平台如图10-5所示，该平台由2个环形光源、7个工业相机、步进电机、频闪控制器、计算机等共同组成。光源由两个半环形组成，图10-5中的环形光源仅为上半环。在设计时充分考虑光源直径和放光角度对图像采集的影响，使光场与相机视场能较好地结合，以清晰地采集钢轨的表面图像。选取了4K像素的线阵相机，像元尺寸为7.04μm，最大帧率为26kHz，数据接口类型为千兆以太网。电控平移台采用线性圆导轨作为承载导轨，可承受更大的负载，距离更长且运行平稳。本实验台的图像采集精度为0.5mm/pixel，钢轨在线运行时速度最高可达2m/s。

图10-5 钢轨表面缺陷检测实验平台

图像采集流程如下：计算机控制步进电机连续带动待测钢轨运动的同时，同步控制工业相机采集位于视野的当前帧。当待测区域进入相机视野时，其表面被照明系统照明，相机采集待测表面图像并存储。

10.3.2 双光源光度立体三维重建方法

双光源光度立体拉伸曲面模型如图10-6所示，以相机光轴为坐标系Z轴，被测柱面体轴线为坐标系Y轴，线阵相机采集方向为X轴，被测点为坐标中心O；光源轴线B、G均与X轴平行，并关于X-Z面对称，距离X-Y面为h，面X-B、X-G与面X-Y的夹角均为θ；倾斜基面过Y轴并与X-Y面夹角为α，被测表面局部绕X轴的倾角为δ。

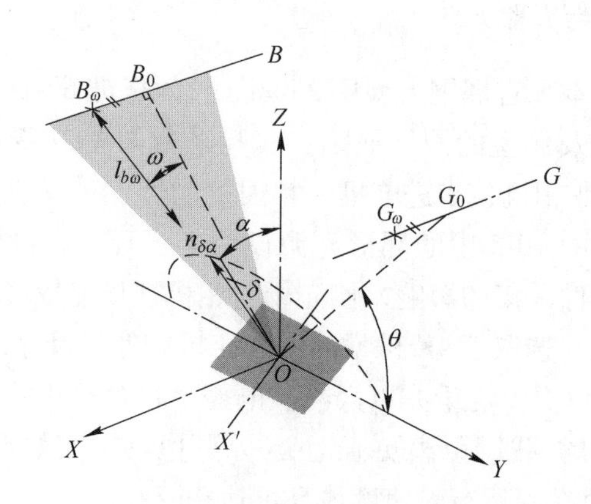

图 10-6　双光源光度立体拉伸曲面模型

双光源光度立体法从彩色图像中分离出 2 个色光对应通道的灰度图像，分别为 I1 和 I2：

$$\begin{cases}\dfrac{\rho_1 E_1(l_{1x}p + l_{1y}q - l_{1z})}{\sqrt{p^2 + q^2 + 1}}\\ \dfrac{\rho_2 E_2(l_{2x}p + l_{2y}q - l_{2z})}{\sqrt{p^2 + q^2 + 1}}\end{cases}$$

求解得到 y 方向梯度 q：

$$q = \cot\alpha\left(\frac{\xi I_2 - I_1}{\xi I_2 + I_1}\right)$$

运用光度立体法求取曲面法向量，再利用法向量计算出曲面深度，可求解出物体表面三维形貌信息。一般采用全局迭代优化法进行三维重建，通过优化当前迭代深度矩阵或对应的梯度矩阵与前一步迭代深度矩阵或梯度矩阵的差异到允许范围。每次迭代的梯度变化函数见下式。

$$F(\hat{p},\hat{q}) = \iint(|\hat{p}(j,i) - p(j,i)|^2 + |\hat{q}(j,i) - q(j,i)|^2)\,\mathrm{d}j\mathrm{d}i$$

式中　$(\hat{p},\ \hat{q})$——当前深度对应的梯度矩阵；

　　$(p,\ q)$——上一步迭代的深度矩阵对应的梯度。

每次迭代的深度变化函数用下式表示：

$$F(\hat{z}) = \iint(|\hat{z}(j,i) - z(j,i)|^2)\,\mathrm{d}j\mathrm{d}i$$

式中　$\hat{z}(j,\ i)$——当前某点深度值；

　　$z(j,\ i)$——上一步迭代某点对应深度值。某点深度的第 m 次迭代算法：

$$z^m(j,\ i)=\frac{1}{4}[z^{m-1}(j,\ i-1)-p(j,\ i-1)]+\frac{1}{4}[z^{m-1}(j-1,\ i)-q(j-1,\ i-1)]+$$
$$\frac{1}{4}[z^{m-1}(j,\ i+1)+p(j,\ i)]+\frac{1}{4}[z^{m-1}(j+1,\ i)+q(j,\ i-1)]$$

式中 $z^m(j,\ i)$——m 次迭代时点 $(j,\ i)$ 处对应的深度值。

通过 m 次迭代，直到其深度矩阵对应的梯度矩阵与光度立体法求取的梯度矩阵到误差允许范围。对于 $h\times w$ 的图像，其对应梯度误差函数为：

$$E=\frac{1}{w\times h}\iint\left(\frac{\partial z(j,i)}{\partial i}-p(j,i)\right)^2+\left(\frac{\partial z(j,i)}{\partial j}-q(j,i)\right)^2\mathrm{d}i\mathrm{d}j$$

在钢轨运动方向上，由于现场需要连续采集，而光源脉冲触发时，光强会发生波动，帧间相机响应会有或大或小的差异，因此光度立体法估算法向量会产生梯度误差。而连续重建多帧图像，梯度误差会逐步累积，导致钢轨运动方向上重建结果存在偏移，因此本节引入了点云配准方法。在已知初始变换矩阵的基础上，通过迭代最近点算法（Iterative Closest Point，ICP）或其变种算法得到精确解。ICP 算法通过计算源点云与目标点云点云对的距离，构造旋转平移矩阵，完成对源点云的变换，并计算变换后的均方差[15]。若均方差满足阈值条件，则终止迭代；否则继续迭代至满足阈值条件[16]。已知当前待配准点云 $P=\{p_i=(x_i,\ y_i,\ z_i)\}$，参考扫描点云 $Q=\{q_i=(x_i,\ y_i,\ z_i)\}$，求解刚体变换矩阵 $\boldsymbol{T}^*=\begin{bmatrix}\boldsymbol{R} & \boldsymbol{t}\\ 0^{\mathrm{T}} & 1\end{bmatrix}$，使得：

$$\operatorname{argmin}\sum_{C}e_{ij}^{\mathrm{T}}(\boldsymbol{T})e_{ij}(\boldsymbol{T})=\operatorname{argmin}\sum_{C}(\boldsymbol{T}p_i-q_j)^{\mathrm{T}}(\boldsymbol{T}p_i-q_j)$$

式中 $\boldsymbol{R}$——旋转矩阵；

$\boldsymbol{t}$——平移向量；

e_{ij}——误差度量；

C——对应点集合，$C=\{(i,\ j)_m\}$，点 p_i 对应点 q_j。

本节所述的光度立体法包含标定、图像采集、倾角测量、三维重建四个过程：

（1）测量前预先标定：采集系统几何参数，包括光源位置、相机图像分辨率等；光源的亮度参数，包括配光曲线、感光系数等；标定被测柱面的基本形状，在其切面上建立倾斜基面。

（2）采集图像时，使用线阵相机采集图像，分离图像中与光源对应的图像通道。

（3）在倾斜模型中，根据 2 个通道的图像连同标定产生的参数一起计算表面倾角，给出表面梯度矩阵。

(4) 以表面梯度和柱面基本形为优化条件，得到高分辨率的柱面深度矩阵。

10.3.3 检测结果与讨论

10.3.3.1 钢轨基本形及光源标定

在 Solidworks 中建立钢轨模型并导出为点云格式，将钢轨表面轮廓分为 4 个部分进行建模（图 10-7），求取出的钢轨断面方向梯度即为钢轨基本形梯度。设计光源入射到钢轨表面的角度为 45°，2 个光源对称。根据钢轨的基本形状对光源的入射方向进行了调制，因此需要重新计算调制后的光源方向，以获得正确的表面梯度，重建钢轨表面。前期大量实验表明钢轨表面轨顶、轨腰的法向均有明显变化，而轨底为平面，不会对入射光源方向进行改变，故只需研究轨顶和轨腰的入射光源方向。由于光源的实际入射方向与设计的光源方向差别很大，若继续采用设计光源方向进行计算，势必会带来误差，因此本节中先对光源进行重新标定。

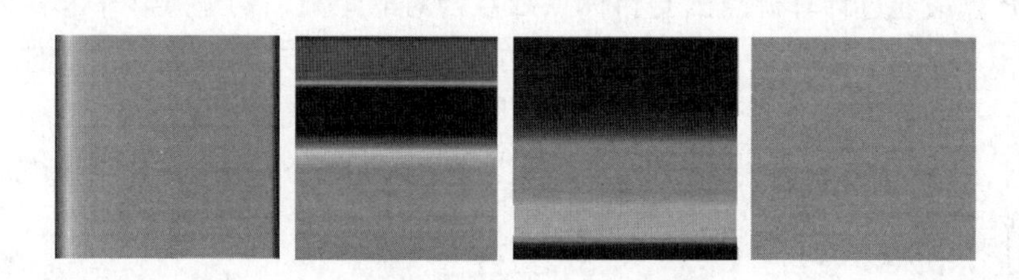

图 10-7 钢轨基本形梯度图

10.3.3.2 累积梯度误差消除

钢轨运动到检测系统位置时，由于其本身刚性的存在，钢轨的左右偏移和上下震动具有一定的时间连续性，即连续帧间的点云变换矩阵具有一定的规律性。而标准的 ICP 算法的迭代速度受到初始变换矩阵的影响，初始变换矩阵越精确，迭代次数越少，配准效率越高。本节对点云配准流程进行了优化，将当前帧的变换矩阵 $\boldsymbol{R}$ 和 $\boldsymbol{t}$ 引入到后一帧的初始输入，在保证配准精度的前提下，达到快速计算的目的，减少迭代次数，提高配准效率。引入点云配准以消除累积梯度误差后的配准结果如图 10-8 所示，采用 Matlab 计算机视觉工具箱对 YOZ 坐标系点云坐标进行配准，点云帧数为 800 帧，单帧点云约含 992 个空间点，总点云约含 727207 个空间点。在同样的实验条件下，800 帧点云配准时间减少到 9s，平均每帧 11.25ms，每秒配准 88 帧，配准速度较改进前提高了 1 倍。实验表明，该方法一定程度上可以消除提出累积误差，提高钢轨三维重建表面的真实性。

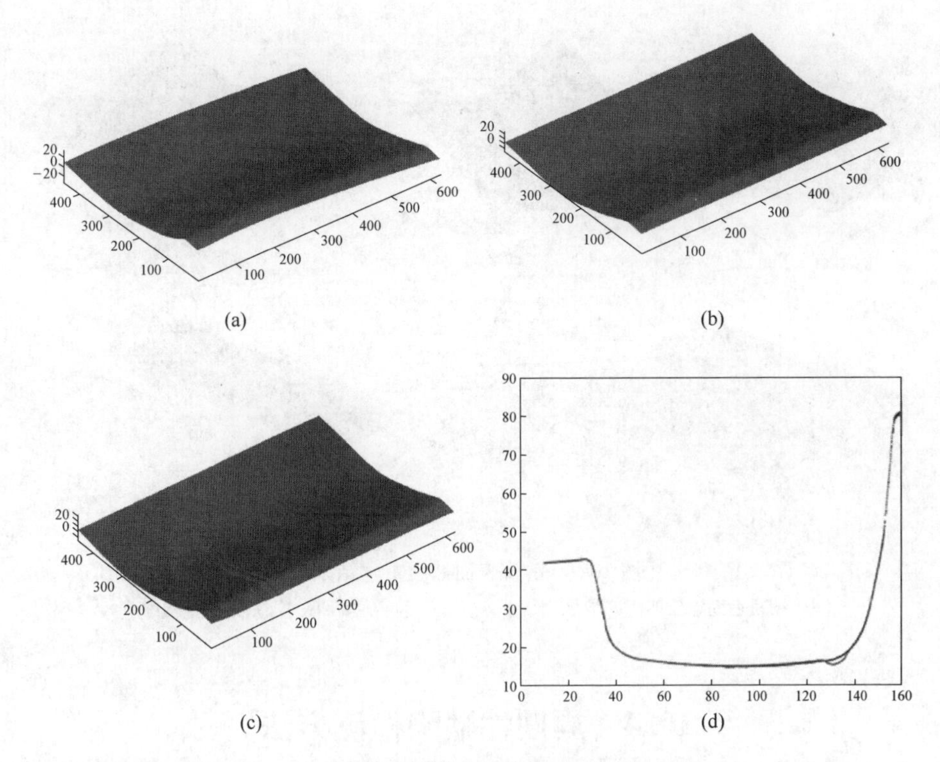

图 10-8 钢轨表面点云配准结果

（a）未配准的钢轨表面点云；（b）标准钢轨表面点云；（c）配准后的钢轨表面点云；（d）凹坑配准结果

10.3.3.3 三维重建结果分析

依据 10.3.2 节提出的光度立体法对钢轨表面进行三维重构，将钢轨上的热打印字符纳入缺陷的范围，重建结果如图 10-9 所示。从图中可以看出，采用点云配准的方法，一定程度上可以消除累计梯度误差，使重建结果更符合实际情况。重建钢轨表面既体现了钢轨的宏观特征，又能表现钢轨的纹理细节。而在钢轨表面设置无深度白色标签和字符没有影响重构结果，说明该方案具有一定抗干扰的能力。

为了对比 10.3.2 节提出的光度立体法重构钢轨表面三维的准确性，与结构光法取得的缺陷深度值进行了对比，本章方法缺陷深度最大相对误差为 16.0%，最小相对误差为 1.9%；字符最大相对误差为 13.25%，最小相对误差为 3.0%；平均相对误差为 7.23%，平均绝对误差为 0.04956mm，深度误差能够满足钢轨生产现场的检测要求，说明采用本章提出的基于光度立体的钢轨表面三维检测方法可以用于钢轨表面缺陷的三维在线检测。

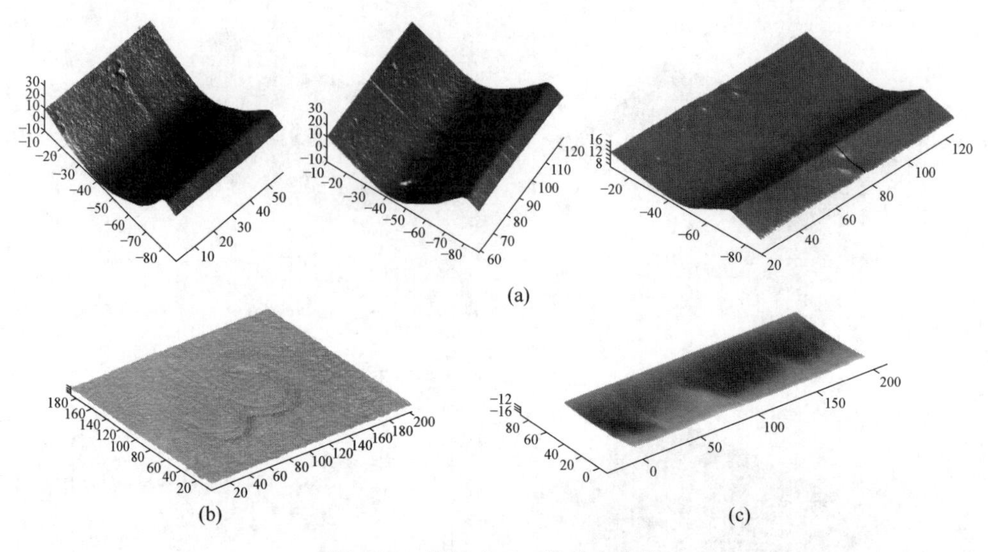

图 10-9　钢轨表面三维重建结果

（a）钢轨表面点云匹配三维重建结果；（b）字符重建结果；（c）缺陷重构细节

10.4　周期性缺陷检测方法

10.4.1　长短期记忆网络（LSTM）算法原理

周期性缺陷如辊印等如果得不到及时的发现及处理，将会引起批量质量事故，给企业生产组织造成重大的经济损失。本节采用长短期记忆网络（LSTM）网络进行周期性缺陷的检出与分类。

长短期记忆网络（LSTM）网络在算法中加入了输入门限、遗忘门限和输出门限，使得其自身循环的权值是变化的，允许网络忘记当前已经积累的信息，从而避免了梯度消失或者梯度膨胀的问题。LSTM 已经在科技领域有了多种应用。基于 LSTM 的系统可以用于语言翻译、机器人控制、图像分析、文档摘要、语音识别、图像识别、手写识别、疾病预测、音乐合成等任务。LSTM 结构将 RNN 中的每个隐藏单元换成了具有记忆功能的 Cell，如图 10-10 所示。LSTM 网络的门限机制使得它可以维持较长的时间储存信息，进而避免了梯度消失的问题。每个单元中被放置了输入门、遗忘门和输出门，3 个门利用了 sigmoid 激活函数来控制网络中信息的传递，分配给当前时刻一定的信息，再分配给下一时刻网络需要的信息。

（1）首先由遗忘门来决定信息是否通过单元。根据上一时刻的输出 h 和当前输入 X_t，利用 sigmoid 激活函数产生一个介于 0~1 的 f_t 值，以决定是否允许上一

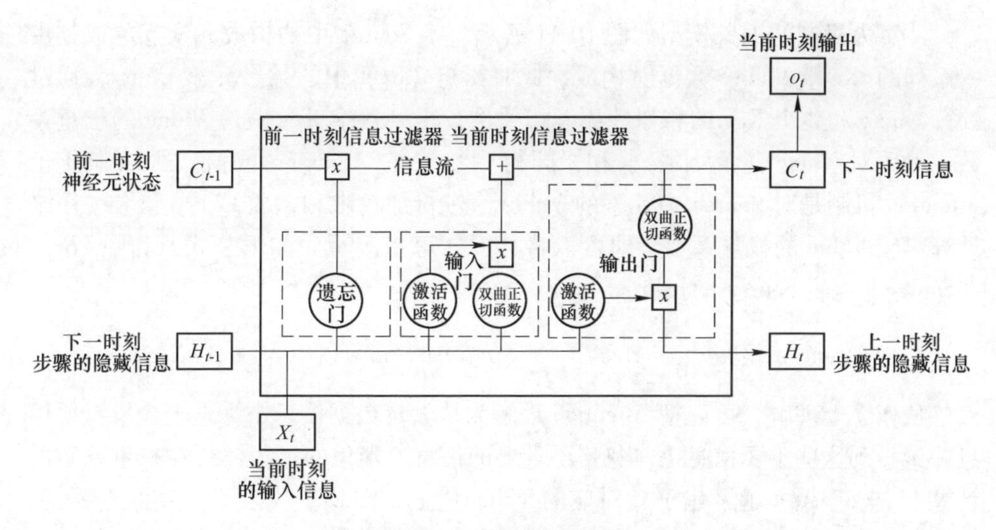

图 10-10 LSTM 网络结构

时刻学到的信息通过。

(2) 接下来分为两部分，输入门通过 sigmoid 激活函数决定输入信息，同时输入门通过激活函数生成候选数值。

(3) 随后更新前一时刻神经元状态 C_{t-1} 到当前时刻状态 C。

(4) 最后输出门决定输出信息，通过 sigmoid 激活函数得到门限输出，在经过函数得到单元的输出 h_t。

10.4.2 引入注意力机制的周期性缺陷检测算法

采用 CNN 网络进行辊印等周期性缺陷在线检出，在输入图像时都要求按照（244，244）格式输入，图像进行压缩后会丢失一部分信息。周期性缺陷出现次数少，信息更易因压缩而丢失，因此它不适合检测周期性缺陷。针对上述提到的错分情况，本节引入注意力机制，提出基于 CNN+LSTM+Attention 机制的改进算法。将实验结果和传统 CNN 分类网络的结果进行对比。

10.4.2.1 注意力机制

最近几年，注意力机制被广泛应用于深度学习各个领域。视觉注意力机制是人类视觉所特有的大脑信号处理机制。人类视觉通过快速扫描全局图像，获得需要重点关注的目标区域，也就是一般所说的注意力焦点，而后对这一区域投入更多注意力资源，以获取更多需要关注的目标的细节信息，而抑制其他无用信息。

注意力机制是一种在 Encoder-Decoder 框架中使用的机制。但其实注意力机制可以看作一种通用的思想，本身并不依赖于特定框架。

注意力机制的抽象模型如图 10-11 所示。将 Source 中的构成元素想象成是由一系列的<Key，Value>数据对构成，此时给定 Target 中的某个元素 Query，通过计算 Query 和各个 Key 的相似性或者相关性，得到每个 Key 对应 Value 的权重系数，然后对 Value 进行加权求和，即得到最终的 Attention 数值。所以本质上 Attention 机制是对 Source 中元素的 Value 值进行加权求和，而 Query 和 Key 用来计算对应 Value 的权重系数。即可以将其本质思想改写为如下公式，其中，$Lx = \| \text{Source} \|$ 代表 Source 的长度：

$$\text{Attention}(Query, Source) = \sum_{i=1}^{Lx} Similarity(query, Key_i) * Value_i$$

从概念上理解，可以把 Attention 理解为从大量数据信息中筛选出少量重要信息并聚焦到这些重要信息上，忽略不重要的信息。聚焦的过程体现在权重系数的计算上，权重越大越聚焦于其对应的 Value 值上，即权重代表了信息的重要性，而 Value 是其对应的信息。

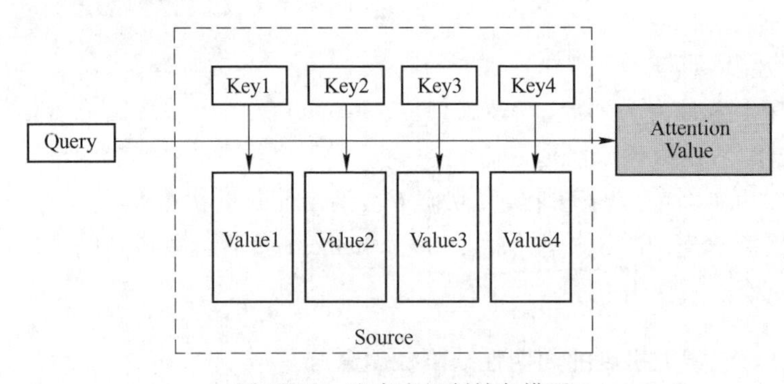

图 10-11　注意力机制抽象模型

10.4.2.2　引入注意力机制的改进算法

注意力机制在整个神经网络中，是通过 encoder-decoder 阶段来实现。没有 Attention 机制的 encoder-decoder 结构通常把 encoder 的最后一个状态作为 decoder 的输入；之后的 decoder 过程的每一个步骤都和之前的输入都没有关系了，只与这个传入的状态有关。Attention 机制的引入之后，根据时刻的不同，每一时刻传入 decoder 的状态都有所不同。

图 10-12 所示为注意力机制实现结构图。具体计算步骤如下。

通过匹配模块 match 计算出 h^1（当前时刻 LSTM 的隐层输出向量）和 Z^0（初始化向量，decoder 端的隐状态）的相似度 a_0^1。

当前输出 Z^0 需要和每个输入（$h^1 \sim h^4$）做一次匹配计算，分别得到当前输出 Z^0 和所有输入的相似度（$a_0^1 \sim a_0^4$）。

用 softmax 对所有相似度归一化，使输出时所有相似度（即权重）之和为 1。

计算出每个输入（$h^1 \sim h^4$）与其归一化权重（$a_0^1 \sim a_0^4$）的加权向量和，作为下一次的输入 C^0。

把这个向量作为 LSTM 的输入，下一个时序输出的隐状态 Z^1 由 C^0 和 Z^0 共同决定。

然后再用 Z^1 替换 Z^0，重复步骤（1）~步骤（5），循环直至结束。

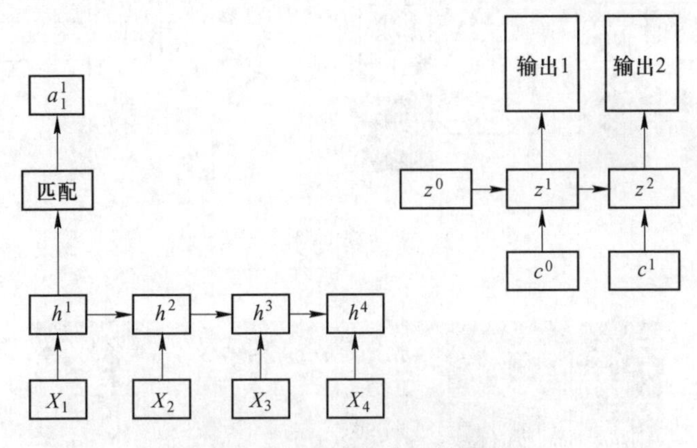

图 10-12 注意力实现结构图

通过将上述注意力模型引入缺陷识别网络，得到改进算法，其结构如图 10-13 所示。首先 CNN 卷积网络对周期性缺陷图像进行特征提取，提取向量进一步被输入加入 Attention 机制的 LSTM 网络。最终在 EOS 位输出一个值，O 为最终的输出，代表这一个序列的图像是否存在周期性缺陷。

CNN 网络参数采用同样的学习率 = 1×10^{-6}，训练次数 = 20。采用人工生成的正负样本作为训练集，输入网络进行训练，训练集准确度达到 94.1%。用真实样本作为测试集，输入训练好的模型进行测试，测试集准确度为 86.2%。

10.4.3 周期性缺陷检测结果

辊印是一组具有周期性的凹凸缺陷。一般是由于轧辊疲劳、硬度不够或轧辊表面有异物，导致在轧制或精整作业时形成凹凸缺陷。同批次辊印形态稳定且相似；由于钢板的反复轧制，不同批次辊印形态多种多样。它在板材的上下表面都存在，主要位于操作侧和钢板中间位置。肉眼观察为亮点，相机拍摄后以暗点呈现出来。

图 10-14（a）所示为辊印原图。为了方便查看，图 10-14（b）将缺陷区域截出放大，可以看到框中缺陷呈周期性排列。图 10-14（c）所示为单个缺陷的细节小图，可以看到缺陷形态特征相似。

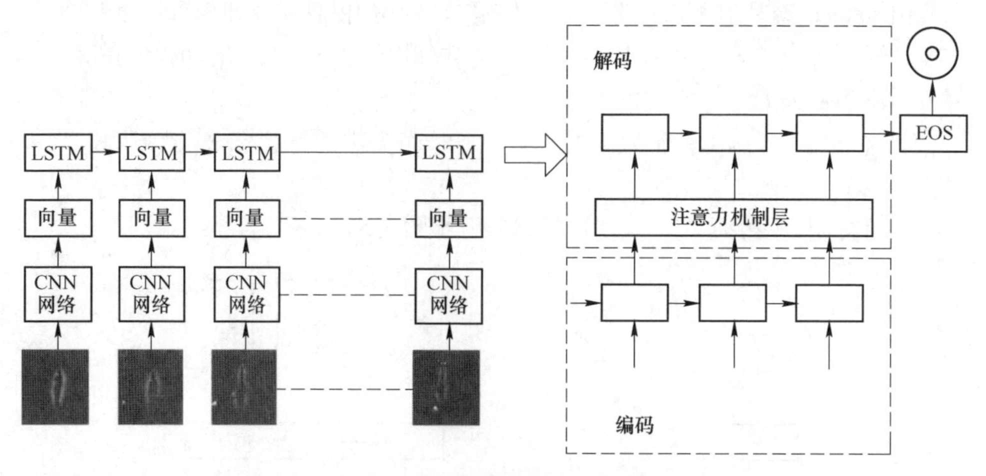

图 10-13　改进算法的网络结构图

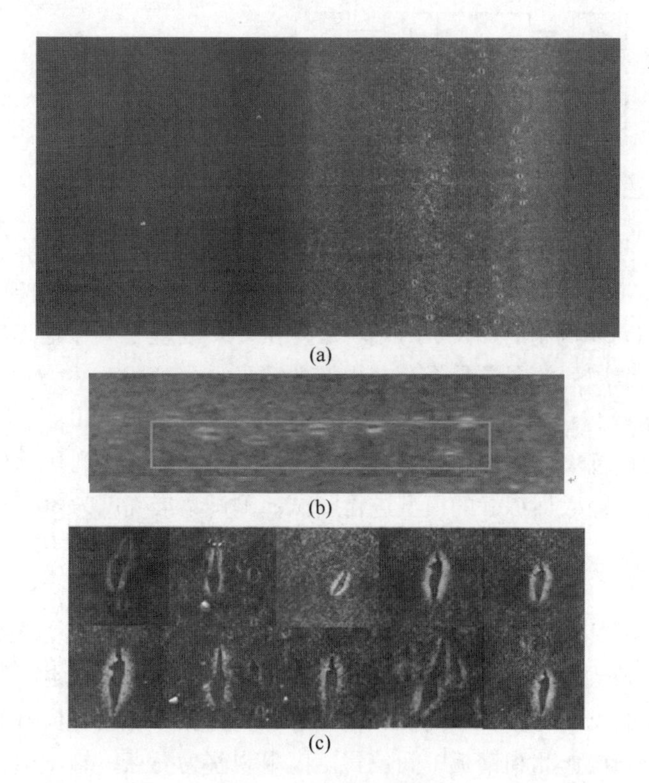

图 10-14　热轧辊印截图

针对周期性缺陷样本量较少的问题，实际图像采用线阵摄像机实时拍摄的板坯连续图片。由于图片数量有限，真实辊印图片必须作为测试集。为了更好地进行模型训练，必须扩增样本，因此设计了实现周期性辊印缺陷样本生成器，扩展训练集数量。

该生成器将辊印的单张图像与背景图像相结合，按照真实情况下的周期缺陷的排列方式组合在一起。生成的样本包括正样本和负样本。正样本将辊印小图和背景小图混合排列，本节设计实验中采取 10 张小图组成一个长矩形样本。辊印小图出现的规律模拟辊印出现的规律，按照一定时间周期在某个方向上出现。利用生成的缺陷样本构成一个可以学习的训练集。生成的正样本图像如图 10-15 所示。

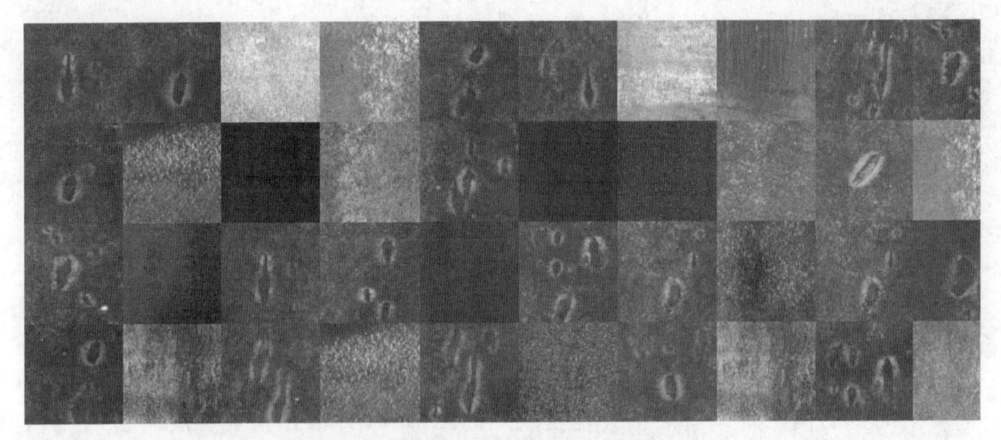

图 10-15 模拟生成的周期性缺陷正样本

负样本将背景小图混合排列，不包括辊印小图。生成的负样本如图 10-16 所示。

图 10-16 模拟生成的负样本

可以看出，生成的正样本按照一定的周期排列，如果用 1 代表辊印缺陷，0

代表背景，则图中的正样本周期分别为 1100110011、1000100010、1011011011、101010101 等。单独看一行内的缺陷无法确定其周期性；而且从整个样本序列的角度看，这些缺陷样本都是具有某种特征的周期性缺陷。生成不同周期的样本同时输入网络，是为了增强算法的鲁棒性，让网络学习到所有周期性出现的缺陷，排除不同周期的影响。

生成的负样本就是普通的钢板背景小图的混合排列。因为实际中的热轧图像具有多种干扰，为了保证测试的真实性，在生成负样本时，我们并没有选择很干净的背景图片，而是选择了具有多种干扰因素的背景图片，诸如图上明显的氧化铁皮，从而保证网络对真实样本的适应性，避免误判。

引入 CNN+LSTM+Attention 改进算法进行测试集准确率对比，结果见表 10-1。

表 10-1　引入注意力机制的 CNN+LSTM 方法测试集准确率对比

方　法	CNN+LSTM	CNN+LSTM+Attention
周期性辊印缺陷识别准确率/%	81.9	86.2

由表可以看出，引入注意力改进机制的 CNN+LSTM+Attention 的测试集识别率高于 CNN+LSTM 网络。原因是 LSTM 网络将所有前序时刻输入的重要的信息，混合在上一时刻隐层状态（记忆模块）中。与之相比，注意力机制更明确了之前哪一时刻的信息是重要信息（包含缺陷的图像），并根据重要程度（该时刻输入信息和上一时刻隐层状态的相似程度）给出相应的权重，从而让网络更好地把注意力放在缺陷图像输入时刻而抑制背景图像输入的时刻。更好地记忆缺陷特征，以防止因为周期过长导致模型遗忘缺陷特征。

本项目提出了基于 CNN+LSTM+Attention 的改进方法，该方法引入 Attention 机制，明确了之前每个时刻的输入信息的重要程度，并根据重要程度给出了量化权重。实验表明对辊印的识别率提高到 86.2%。图 10-17 所示为识别的周期性缺

图 10-17　识别的周期性缺陷辊印

陷辊印，发现其对大部分周期性比较明确的辊印缺陷识别良好。辊印在水平方向呈周期性出现，而垂直方向基本无干扰，本算法对其识别良好。

使用热轧带钢图像对其周期性缺陷进行检测，图 10-18、图 10-19 所示分别为热轧带钢周期缺陷分布图及显示图，当系统检测到热轧带钢某些缺陷（如辊印、划伤、麻点等的数量、大小、位置、类型等）信息在较短的时间内连续重复出现时，即可认为是周期性缺陷。此时系统便会通过设定好的报警形式（声光）提醒操作人员，操作人员可以采取措施避免缺陷的继续产生（如出现辊印时需要换辊，出现划伤时需要检查辊道），从而避免造成更大的损失。从现场使用效果看，较好地完成了热轧带钢周期性缺陷的追踪及预警。

图 10-18 热轧带钢周期缺陷分布

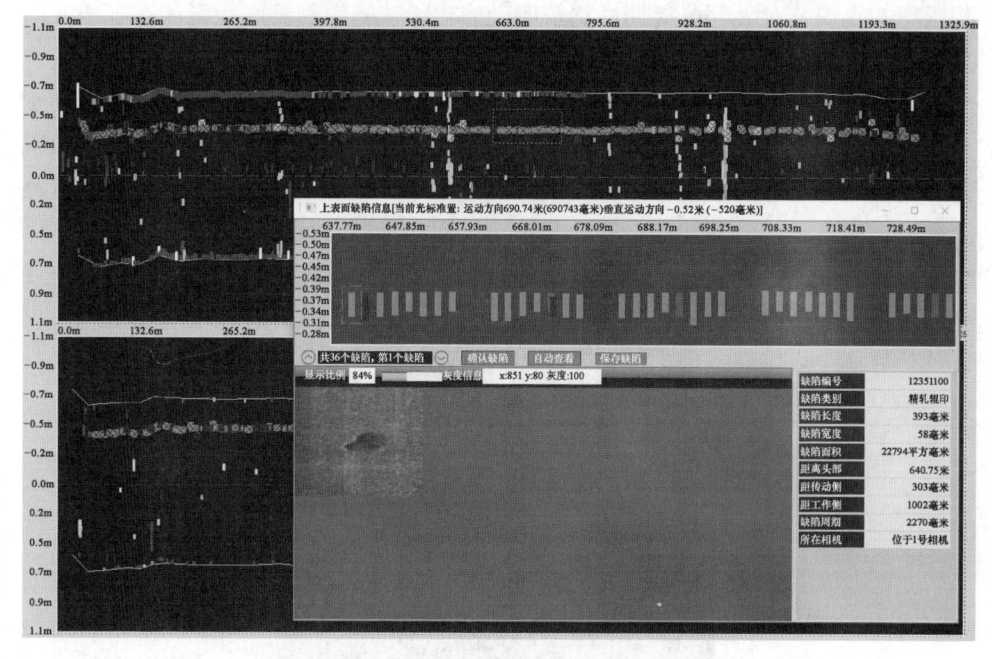

图 10-19　热轧带钢周期性缺陷显示（辊印）

参 考 文 献

[1] 张银花，周清跃，陈朝阳，等．中国高速铁路用钢轨的质量现状及分析［J］. 钢铁，2011，46（12）：1-9.

[2] 金侠挺，王耀南，张辉，等．基于贝叶斯 CNN 和注意力网络的钢轨表面缺陷检测系统［J］. 自动化学报，2019，45（12）：2312-2327.

[3] 陶功明，王仁福，朱华林，等. 钢轨表面质量自动检测技术的发展与应用［J］. 轧钢，2016，33（6）：59-62.

[4] 徐科，杨朝霖. 周鹏，等. 基于激光线光源的钢轨表面缺陷三维检测方法［J］. 机械工程学报，2010，46（8）：1-5.

[5] 闵永智，岳彪，马宏锋，等．基于图像灰度梯度特征的钢轨表面缺陷检测［J］. 仪器仪表学报，2018，39（4）：220-229.

[6] 周鹏，徐科，张春阳，等. 基于多激光线的钢轨表面缺陷在线检测方法［J］. 北京科技大学学报，2015（s1）：18-23.

[7] 段帆，李金龙，罗林，等. 基于 PMP 的钢轨三维面型复原及表面缺陷检测［J］. 信息技术，2017（5）：72-74.

[8] 张朝勇，苏真伟，乔丽，等. 一种基于 LED 和线激光的钢轨表面缺陷检测系统［J］. 科学技术与工程，2012，12（36）：9877-9880.

[9] Shi T，Kong J，Wang X，et al. Improved Sobel algorithm for defect detection of rail surfaces

with enhanced efficiency and accuracy [J]. Journal of Central South University, 2016, 23 (11): 2867-2875.

[10] Herbort S, Wöhler C. An introduction to image-based 3D surface reconstruction and a survey of photometric stereo methods [J]. 3d Research, 2011, 2 (3): 1-17.

[11] 张华，赵碧霞，刘桂华，等．双目结构光的钢轨表面缺陷检测系统设计 [J]. 自动化仪表，2018，39 (4)：92.

[12] 李健，马泳潮，张玉杰，等. 利用改进的彩色光度立体法实现非刚性体三维数字化 [J]. 计算机辅助设计与图形学学报，2015 (9)：1750-1758.

[13] 吴仑，王涌天，刘越. 一种鲁棒的基于光度立体视觉的表面重建方法 [J]. 自动化学报，2013 (8)：1339-1348.

[14] Xu S, Wallace A M. Recovering surface reflectance and multiple light locations and intensities from image data [M]. Elsevier Science Inc, 2008.

[15] Quéau Y, Lauze F, Durou J D. Solving Uncalibrated Photometric Stereo Using Total Variation [J]. Journal of Mathematical Imaging & Vision, 2015, 52 (1): 87-107.

[16] Sengupta S, Zhou H, Forkel W, et al. Solving Uncalibrated Photometric Stereo Using Fewer Images by Jointly Optimizing Low-rank Matrix Completion and Integrability [J]. Journal of Mathematical Imaging & Vision, 2018, 60 (4): 563-575.

11　基于光度立体的水下钢板三维检测技术

前面的章节主要介绍了机器视觉在钢铁生产线上的应用，这一章将基于机器视觉的光度立体技术应用于水下钢板的三维检测中，分别介绍光度学概念、光度立体基本原理及表面三维重构及应用等方面，对深入理解基于机器视觉的三维智能感知技术具有重要的支撑作用。

11.1　光度学基本概念

相机捕获目标物体发射或反射的光，形成图像。图像亮度中包含了大量与物体表面相关的信息，如光源的亮度与分布、物体表面反射特性、光线传播媒介物理特性以及物体的几何结构等主要因素，这些因素决定了图像中每一点的亮度值。图 11-1 所示为小孔成像模型中相机的成像原理示意图。

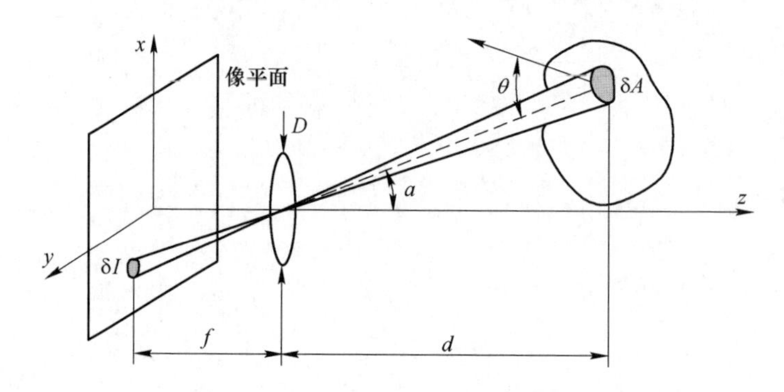

图 11-1　目标表面面元与对应的图像面元

对于物体表面上一个无限小面元，其面积为 δA ，对应成像平面上的面元面积为 δI 。在小孔成像模型中，其他方向的光线不会到达成像平面面元 δI ，由此可以计算出成像平面面元 δI 的照度为：

$$E = L \cdot \frac{\delta A}{\delta I} \cdot \frac{\pi}{4}\left(\frac{D}{d}\right)^2 \cos^3\alpha\cos\theta$$

式中　L ——面元 δA 的面辐射强度；

D ——透镜的直径；

d ——面元 δA 到透镜的距离；

α——面元 δA 与光轴的夹角；

θ——面元 δA 相对于 α 的取向。

又因面元 δA 与面元 δI 对应的立体角 Ω 相等，即

$$\Omega = \delta I \cdot \cos\alpha / (f/\cos\alpha)^2 = \delta A \cdot \cos\alpha \cdot (d\cos\alpha)^2$$

式中　f——相机焦距。

可得照度 E 为：

$$E = L \cdot \frac{\pi}{4}\left(\frac{d}{f}\right)^2 \cos^4\alpha$$

由上式可知，光轴附近的物体表面面元的 α 接近于零，照度 E 与面辐射强度 L 呈线性关系。但当面元与光轴的夹角较大时，照度 E 与面辐射强度 L 呈非线性关系，在使用相机时需要对相机进行标定和校准，以消除物体表面面元 δA 与相机光轴的夹角 α 的影响。

双向反射分布函数描述了入射方向辐照度 L 与出射方向辐射度 E 之间的关系，即物体表面的反射特性。定义 $w_i = (\theta_i,\ \phi_i)$ 为光线入射方向，其中 θ_i 为极角，ϕ_i 为方位角；$w_o = (\theta_o,\ \phi_o)$ 为光线出射方向，其中 θ_o 为极角，ϕ_o 为方位角。光线入射方向与出射方向之间的角度关系如图 11-2 所示，则双向反射分布函数可以表示为：

$$f_{\mathrm{BRDF}}(w_i, w_o) = \frac{\mathrm{d}L_o(w_o)}{\mathrm{d}E_i(w_i)}$$

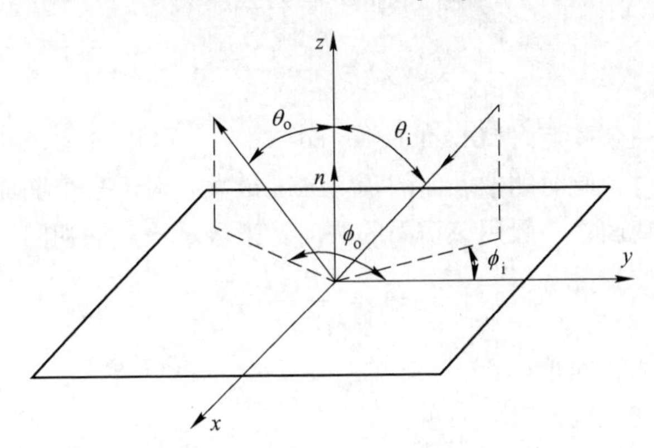

图 11-2　BRDF 角度度量关系示意图

对于物体表面上某一点，给定一个任意反射方向 w_o，$\mathrm{d}L_o(w_o)$ 和 $\mathrm{d}E_i(w_i)$ 形成的比例关系就是双向反射分布函数。

物体表面上一点的光线入射范围为由该点切面向外的空间内。假设扩展光源上的一个无穷小面元，其入射角度为 w_i，在 2 个方向上的宽度分别为 $\delta\theta_i$、$\delta\phi_i$，照度为 $E(w_i)$，由此可得扩展光源的总照度为：

$$E_0 = \int_{\pi}^{\pi/2} \int_0^2 E(w_i) \sin\theta_i \cos\theta_i \mathrm{d}\theta_i \mathrm{d}\phi_i$$

结合双向反射分布函数，可以得到物体表面的辐射强度：

$$L(w_o) = \int_{-\pi}^{\pi} \int_0^{\pi} f(w_i, w_o) E(w_i) \sin\theta_i \cos\theta_i \mathrm{d}\theta_i \mathrm{d}\phi_i$$

反射模型是双向反射分布函数的物理表达，理想漫反射模型被称为朗伯模型。在扩展光源照射下，对于漫反射表面，所有的出射方向都具有相同的辐射强度，物体表面本身不吸收光线。如果物体表面发生的是镜面反射，只有在特定的角度能观测到出射光。

朗伯反射模型的 BRDF 是常数，即：

$$f_{\mathrm{BRDF}}(w_i, w_o) = \frac{1}{\pi}$$

朗伯表面的辐射强度为：

$$L(w_o) = \int_{-\pi}^{\pi} \int_0^{\pi} \frac{1}{\pi} E(w_i) \sin\theta_i \cos\theta_i \mathrm{d}\theta_i \mathrm{d}\phi_i = \frac{E_0}{\pi}$$

所以对于一个远距离点光源，定义其入射方向与朗伯表面法向相对角度为 $w_s = (\theta_s, \phi_s)$，则其照度可以写为：

$$E(w_i) = E_0 \frac{\delta(\theta_i - \theta_s)\delta(\phi_i - \phi_s)}{\sin\theta_i}$$

可得在该点光源照射下，朗伯表面的辐射强度为：

$$L(w_o) = \frac{E_0}{\pi} \cos\theta_s$$

上式即为朗伯余弦定理（Lambertian-cos Law），可以看出，当光线入射方向和表面法向重合时，此时朗伯表面的辐射强度最大。对于一个曲面的任意一点都有其唯一的一个切面，一般用该切面的法向量来表示该点的朝向，则可知：

$$\cos\theta_s = \frac{\boldsymbol{n} \cdot \boldsymbol{l}}{|\boldsymbol{n}||\boldsymbol{l}|}$$

式中 $\boldsymbol{n}$——表面法向量；

$\boldsymbol{l}$——入射光线的方向向量。

镜面反射表面发生反射时光源入射方向与出射方向关于表面法线对称，即 $(\theta_e, \phi_e) = (\theta_i, \phi_i + \pi)$。镜面反射模型的双向反射分布函数可以表示为：

$$f_{\mathrm{BRDF}}(w_e, w_o) = \frac{\delta(\theta_e - \theta_i)\delta(\phi_e - \phi_i - \pi)}{\sin\theta_i \cos\theta_i}$$

入射的辐射强度被完全反射，出射的辐射强度为：

$$L(\theta_e, \phi_e) = E(\theta_i, \phi_i + \pi)$$

如果以入射相同的出射角作为当前观测视角，则会观察到很强的反射光。实际应用中一般材料都难以达到完全理想的漫反射或镜面反射情况，一般介质都同时存在两种反射。

11.2 光度立体基本原理

R. J. Woodhan 在 SFS 基础上建立了光度立体算法理论。该算法通过结合图像的光度信息、光源参数、表面平滑约束来实现三维场景恢复。其本质是通过采集物体表面同一视点在不同角度光源照射下的图像灰度值，利用图像灰度值和光源强度以及方向等信息恢复物体表面三维形貌。理想条件下的光度立体方法基于以下假设：

（1）假设光源距物体表面无穷远，采用平行光模型；

（2）假设物体表面为朗伯表面，表面反射系数为常数；

（3）假设相机模型为正交投影模型，像素间距与物理间距成比例关系。

经典的光度立体系统如图 11-3 所示。相机在整个系统中处于固定的视点，有至少 3 个处于不同平面光源从不同角度照射物体表面，相机采集频率与光源切换频率同步，以获取物体表面在不同光源照射下的图像。利用球状标定物对光源的亮度和光源方向进行标定，通过建立反射模型、采集图像信息以及标定得到光源信息，计算表面法向量并积分得到物体表面深度信息。

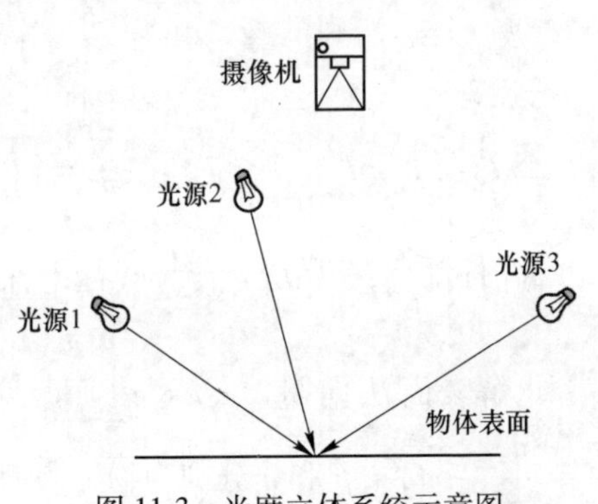

图 11-3 光度立体系统示意图

在三光源条件下图像亮度为：

$$I = \rho E \boldsymbol{l} \cdot \boldsymbol{n}$$

式中 $\boldsymbol{n}$——单位法向量；

$\boldsymbol{l}$——单位方向向量；

ρ——朗伯表面的反射系数。

在 3 个不同光源入射方向的图像方程为：

$$\begin{cases} I_1 = \rho' \boldsymbol{l}_1 \cdot \boldsymbol{n} \\ I_2 = \rho' \boldsymbol{l}_2 \cdot \boldsymbol{n} \\ I_3 = \rho' \boldsymbol{l}_3 \cdot \boldsymbol{n} \end{cases}$$

式中 I_1，I_2，I_3——分别为 3 个光源单独照明下的图像亮度；

ρ'——复合反射系数，$\rho' = \rho E$。

令 $\boldsymbol{I} = [I_1, I_2, I_3]^{\mathrm{T}}$，$\boldsymbol{L} = [\boldsymbol{l}_1, \boldsymbol{l}_2, \boldsymbol{l}_3]^{\mathrm{T}}$，$\widetilde{\boldsymbol{n}} = \rho' \boldsymbol{n}$，则有

$$\boldsymbol{I} = \boldsymbol{L}\,\widetilde{\boldsymbol{n}}$$

进而可以求解出 $\widetilde{\boldsymbol{n}}$：

$$\widetilde{\boldsymbol{n}} = \boldsymbol{L}^{-1}\boldsymbol{I}$$

将 $\widetilde{\boldsymbol{n}}$ 归一化即可求取单位法向量 $\boldsymbol{n}$：

$$\boldsymbol{n} = \frac{\widetilde{\boldsymbol{n}}}{|\widetilde{\boldsymbol{n}}|} = \frac{\widetilde{\boldsymbol{n}}}{|\rho'|}$$

则复合反射率 ρ' 等于 $\widetilde{\boldsymbol{n}}$ 的模：

$$\rho' = |\widetilde{\boldsymbol{n}}|$$

进而可以求解出反射系数 ρ：

$$\rho = \frac{\rho'}{E}$$

在实际应用中，通常采用的光源数量要大于 3，通过增加冗余的阴影变化信息来提高三维重建的精度。当 $N > 3$ 时：

$$\begin{cases} I_1 = \rho E \boldsymbol{l}_1 \cdot \boldsymbol{n} \\ \quad\vdots \\ I_N = \rho E \boldsymbol{l}_N \cdot \boldsymbol{n} \end{cases}$$

令 $\boldsymbol{I} = [I_1,\ I_2,\ \cdots,\ I_N]^{\mathrm{T}}$，$\boldsymbol{L} = [\boldsymbol{l}_1,\ \boldsymbol{l}_2,\ \cdots,\ \boldsymbol{l}_N]^{\mathrm{T}}$，则有

$$\boldsymbol{L}^{\mathrm{T}}\boldsymbol{I} = \boldsymbol{L}^{\mathrm{T}}\boldsymbol{L}\,\widetilde{\boldsymbol{n}}$$

此时可以通过矩阵广义逆求解上述矩阵方程：

$$\widetilde{\boldsymbol{n}} = (\boldsymbol{L}^{\mathrm{T}}\boldsymbol{L})^{-1}\boldsymbol{L}^{\mathrm{T}}\boldsymbol{I}$$

求解表面法向量 $\boldsymbol{n}$ 以及表面反射率 ρ 的方法：设向量 $(p,\ q,\ -1) = \left(\frac{n_x}{n_z},\ \frac{n_y}{n_z},\ -1\right)$，$p$ 和 q 分别为物体表面上某一点分别在 x 方向和 y 方向上的梯度值，该梯度为测量值，记为矩阵 $\boldsymbol{P}$ 和 $\boldsymbol{Q}$，对梯度矩阵 $\boldsymbol{P}$ 和 $\boldsymbol{Q}$ 进行积分即可恢复物体表面三维形貌。

传统光度立体方法的精度与光源的数量密切相关，光源数量越多，相机获取的不同视角图像越多，精度越高。由于光源需要逐一闪亮，故给在线应用带来了诸多问题，如实时性差等。但光度立体方法设备简单、不用进行立体匹配、重建精度高。多光谱光度立体使用三原色光源搭配彩色相机可以进行动态采集，同时获取三个不共面光源照射下的图像。但由于相机感光元件在响应不同频率的光线时存在频谱混叠现象，并且三幅图像所携带的信息不多，因此无法进行高精度的三维重建。

11.3 表面三维重构

在获取表面法向量后，常对表面法向的梯度进行积分来恢复表面形状。在实

际应用中，由于法向估计或处理的过程存在噪声，因此需要对表面可积性进行约束，并且假设重建结果与积分路径无关。常用的方法包括积分法、迭代优化法以及 Frankot-Chellappa 算法。

11.3.1 积分方法

根据表面法向量来进行三维重构是一个整体积分的过程。首先获取物体表面法向分别在 x 、y 方向的梯度（p，q），若物体表面满足可积条件：$\frac{\partial p}{\partial y}=\frac{\partial^2 z}{\partial x \partial y}=\frac{\partial^2 z}{\partial y \partial x}=\frac{\partial q}{\partial x}$，再对梯度场积分求得任意两点间的高度差：

$$z_p - z_{p0} = \int_L p \cdot \mathrm{d}x + q \cdot \mathrm{d}y$$

式中 L——p 和 p_0 之间的任意积分路径；

z_p——p 点处的深度值；

z_{p0}——p_0 点处的深度值；

p，q——点（x，y）的分别在 x 和 y 方向梯度值。

求得每一点（p，q）后，任意两点的深度差可以表示为 $\delta z = p\delta x + q\delta y$，为保证每一次重建误差方向一致并且形貌确定，以简化问题作为出发点，可直接选取坐标轴 x 方向和 y 方向作为路径，最后将路径平均化。图 11-4 所示为线积分路径示意图。

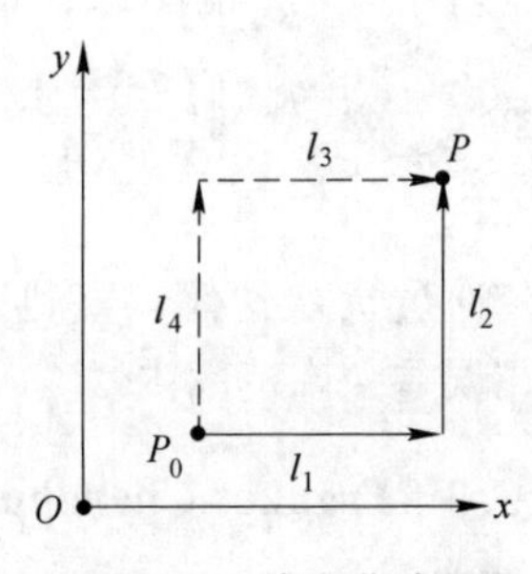

图 11-4 线积分路径

如图所示对路径 $l_1 + l_2$ 和 $l_3 + l_4$ 进行形貌积分，则点 $P(u,v)$ 的相对点 $P(u_0,v_0)$ 深度可以写成离散形式：

$$z_p(u,v) = z_{p0}(u_0,v_0) + \frac{1}{2}\sum_{v_0}^{v-1}[p(u_0,k) + p(u,k)] + \frac{1}{2}\sum_{u_0}^{u-1}[q(k,v) + q(k,v_0)]$$

11.3.2 全局迭代优化法

全局迭代优化法利用优化的思想，优化迭代梯度矩阵，直到误差在允许范围。迭代函数为：

$$C(\hat{p},\hat{q}) = \iint(|\hat{p}(u,v) - p(u,v)|^2 - |\hat{q}(u,v) - q(u,v)|^2)\mathrm{d}u\mathrm{d}v$$

式中 （$\hat{p}$，$\hat{q}$）——当前梯度矩阵；

（p，q）——前一步迭代的梯度矩阵。

每次迭代的深度变化函数为：

$$C(\hat{z}) = \iint (|\hat{z}(u,v) - z(u,v)|^2) \mathrm{d}u\mathrm{d}v$$

式中　$\hat{z}(u, v)$ ——当前深度矩阵；

$z(u, v)$ ——前一步迭代的深度矩阵。

对某点深度进行第 m 次迭代：

$$\begin{aligned} z^m(u, v) = & \frac{1}{4}[z^{m-1}(u, v-1) - p(u, v-1)] + \\ & \frac{1}{4}[z^{m-1}(u-1, v) - q(u-1, v-1)] + \\ & \frac{1}{4}[z^{m-1}(u, v+1) + p(u, v)] + \\ & \frac{1}{4}[z^{m-1}(u+1, v) + q(u, v-1)] \end{aligned}$$

式中　$z^m(u, v)$ ——第 m 次迭代点 (u, v) 处对应的深度值。

对于 $h \times w$ 的图像，其对应梯度误差函数为：

$$E = \frac{\iint \left(\frac{\partial z(u,v)}{\partial u} - p(u,v)\right)^2 + \left(\frac{\partial z(u,v)}{\partial v} - q(u,v)\right)^2 \mathrm{d}u\mathrm{d}v}{w \times h}$$

通过 m 次迭代，直到其深度矩阵对应的梯度矩阵与光度立体法求取的梯度矩阵在误差允许范围内。

11.3.3　Frankot-Chellappa 方法

Frankort-Chellappa 算法将梯度强制投影到一组可积的基函数集，以约束表面梯度为可积的。积分运算在频域中被简化为乘法运算，避免了积分过程中的误差累积。假设深度 $Z(x, y)$ 可以写成一系列基函数 $\phi(x, y, u, v)$ 的线性组合为

$$Z(x,y) = \sum_{(u,v)} C(w)\phi(x,y;w)$$

式中，$w = (w_x, w_y) = (u, v)$ 是图像的像素的坐标。

图像是离散的，维度为 $M \times N$ 。使用离散傅里叶变换来处理图像。首先假设基函数：

$$\phi(x,y;w) = \mathrm{e}^{2\pi \mathrm{j}\left(\frac{xu}{N} + \frac{yv}{M}\right)}$$

基函数的离散偏微分函数为：

$$\begin{cases} \phi_x(x,y;w) = \dfrac{2\pi u\mathrm{j}}{N}\phi(x,y;w) \\ \phi_y(x,y;w) = \dfrac{2\pi v\mathrm{j}}{M}\phi(x,y;w) \end{cases}$$

对应有：

$$\begin{cases} P_x(w) = \left(\dfrac{2\pi u}{N}\right)^2 \\ P_y(w) = \left(\dfrac{2\pi v}{M}\right)^2 \end{cases}$$

用最小化求得 $C(w)$ 最优解：

$$\hat{C}(w) = \frac{P_x(w)\ \hat{C}_1(w) + P_y(w)\ \hat{C}_2(w)}{P_x(w) + P_y v}$$

其中

$$\begin{cases} \hat{C}_1(w) = -\dfrac{\mathrm{j}N}{2\pi u} F^{-1}(p) \\ \hat{C}_2(w) = -\dfrac{\mathrm{j}M}{2\pi v} F^{-1}(q) \end{cases}$$

式中 F^{-1}——离散傅里叶逆变换。

$$Z = F^{-1}\left\{-\frac{\mathrm{j}}{2\pi}\frac{\dfrac{u}{N}F(p) + \dfrac{v}{M}F(q)}{\left(\dfrac{u}{N}\right)^2 + \left(\dfrac{v}{M}\right)^2}\right\}$$

式中 F——离散傅里叶变换。

11.3.4 水下三维成像实验平台搭建

本节设计的水下光度立体三维重建设备通常安装于水下机器人的末端执行器上，在确认目标区域后水下机器人末端执行器保持位置不变，通过控制器对相机和光源发送指令，将采集的图像实时回传至计算机。计算机执行水下光度立体三维重建算法对目标区域进行三维重建，根据三维重建的结果对待测表面进一步处理或者移动水下机器人至下一个感兴趣区域，系统总体设计如图 11-5 所示。

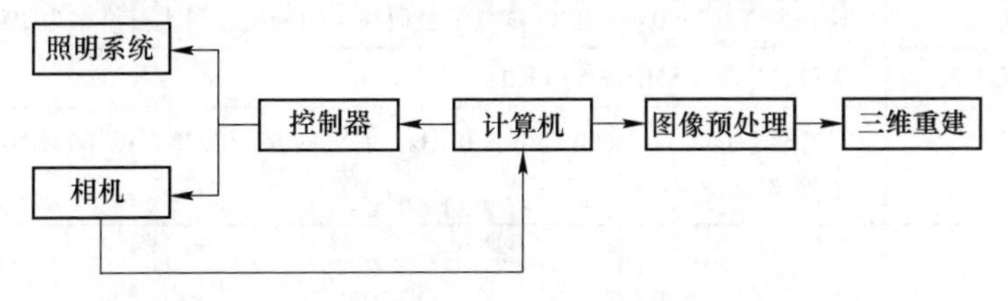

图 11-5 水下光度立体三维重建系统总体结构

理论上光度立体视觉三维重建仅需 3 张不共面光源条件下获取的图像，即可完成表面法向量的求解。但 3 幅图像所携带的明暗阴影变化信息过少，在三维重建时会丢失大量细节信息，会造成严重的误差。本节主要研究的小尺寸水下物体表面三维重建，测量范围小，为了在不增加成本的前提下提高精度，提出了增加光源数量的方案，建立多光源光度立体水下三维重建系统。

在本节设计的多光源光度立体测量系统中，光源阵列由 72 颗 LED 点光源组成，共分为 6 组，每组 12 颗分布在球面上，每组光源所在切面与相机主光轴平行且两两之间与所在球心的夹角相等。相机采用正投影布置，相机的光轴方向与光源系统 6 个横切面垂直并穿过光源所在球面的球心，检测平面为光源系统球面的赤道面。水下光度立体三维检测设备示意图及光源编号如图 11-6 所示。

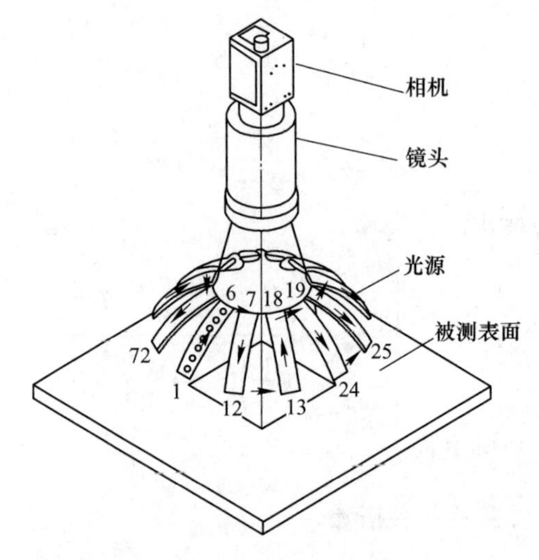

图 11-6　水下光度立体三维检测设备示意图

系统所采用的主要硬件参数见表 11-1。

表 11-1　系统硬件参数

名　称	参　　数
相机	HUARAY A7300M/G30 CCD 高清数码显微镜相机，最大分辨率为 2048×1536
光源	WS2812 全彩 SMD 5050 LED
计算机	处理器：Intel i7-4600u CPU 3. 0GHz，安装内存：12GB，操作系统：Windows 10 64 位操作系统

11. 4　光源位置标定结果

采用近场点光源模型，但单参考球标定法只能标定光源的入射方向并不能确定光源位置，而多参考球标定法弥补了单参考球标定法的不足，可以标定光源的位置，故采用多光球标定法标定光源位置。通过 4 个半径为 5mm 的镜面球体对光源位置进行标定，采集到标定球轮廓图如图 11-7（a）所示。将轮廓图二值化后进行数学形态学处理，提取出标定球区域，然后使用 canny 边缘检测算子提取出标定球的轮廓，如图 11-7（b）所示。

图 11-7 标定球轮廓
（a）原始图像；（b）轮廓图

根据标定球轮廓像素坐标以及球的特性来估算 4 个标定球球心的像素坐标。72 个光源依次闪亮，并采集光源照射下 4 个标定球的图像，采集高光区域的部分图像如图 11-8 所示，可以看到高光球在单个光源照射下会形成一个高光区域。

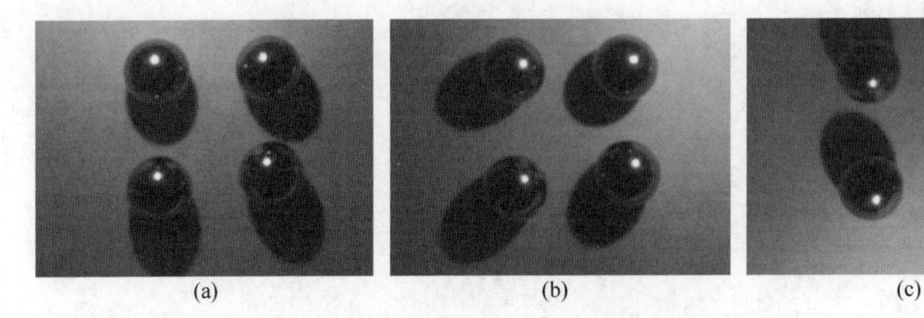

图 11-8 高光区域原始图像
（a）01 号光源；（b）13 号光源；（c）37 号光源

在对高光图像进行二值化后通过数学形态学将标定球上的高光区域提取出来，图 11-9 所示为标定球部分图像高光区域提取结果。

由于高光区域内包含多个点，故使用灰度重心法提取的高光区域的重心作为高光点的位置，原理如下：

$$\begin{cases} \bar{u} = \sum\limits_{(u,v)\in\Omega} u \cdot f(u,v) \Big/ \sum\limits_{(u,v)\in\Omega} f(u,v) \\ \bar{v} = \sum\limits_{(u,v)\in\Omega} v \cdot f(u,v) \Big/ \sum\limits_{(u,v)\in\Omega} f(u,v) \end{cases}$$

式中　$f(u, v)$ ——坐标为 (u, v) 的像素点的灰度值；

Ω ——目标区域集合；

$(\bar{u}, \bar{v})$ ——高光区域重心坐标。

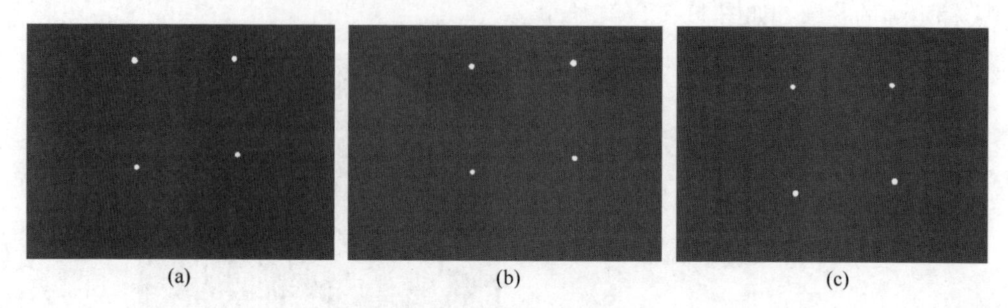

图 11-9　形态学处理后的高光区域

（a）01 号光源；（b）13 号光源；（c）37 号光源

多光球标定法计算光源在相机参考系中的位置坐标，由于机械安装不可避免地存在误差，通过标定的光源位置符合设计要求。光源位置分布如图 11-10 所示。

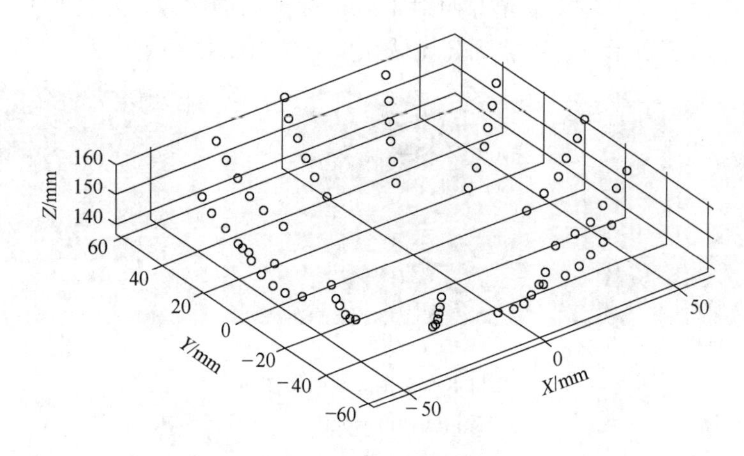

图 11-10　光源位置分布

11.5　水下平板样本三维重建实验

通过对平板样本用不同方法进行三维重建，验证本节提出的三维重建算法。对比经典光度立体方法（PS）、近场光度立体方法（NL-PS）、引入水下折射相机模型的近场光度立体方法（NR-PS）以及本节的方法（Ours），分别采用 4 种方法对清水环境中的平板样本进行三维重建，分析评价各方法的法向量以及三维重建效果。

在清水环境中采集了72个不同光源照射下的平板样本的图像，图11-11所示为同一高度间隔60°分布的一组光源照射下的原始图像，可以看出在近场点光源照射下，在同一距离下，图像的光照分布不均匀，离光源主光轴距离近的区域亮度越大，反之则越暗。

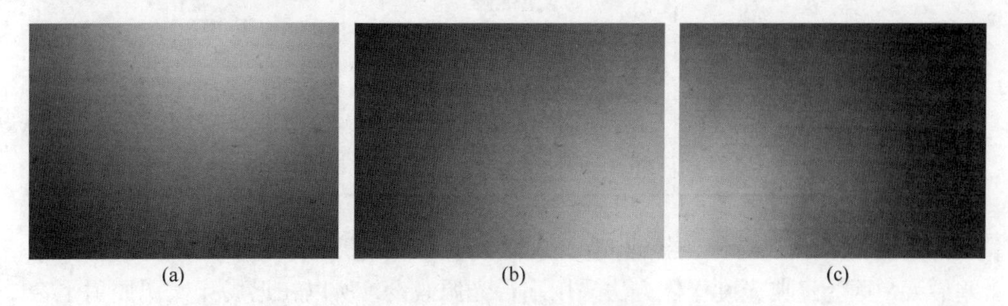

图11-11　平板样本原始图像

（a）01号光源；（b）25号光源；（c）49号光源

分别使用PS、NL-PS、NR-PS以及本节方法计算清水中的平板样本的表面法向量，结果可视化如图11-12所示。

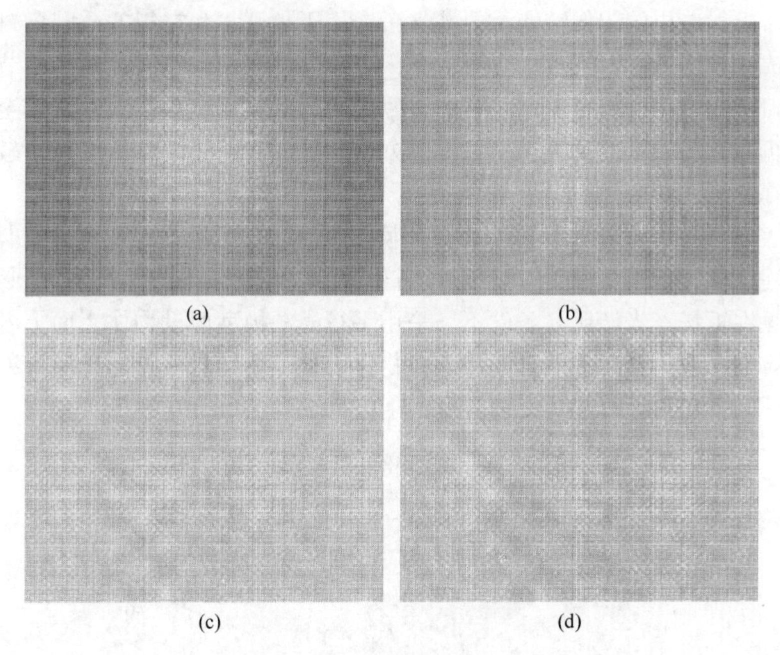

图11-12　平板样本法向量

（a）PS；（b）NL-PS；（c）NR-PS；（d）Ours

理想的平板样本的表面法向垂直于平面向上，并与平板所在平面夹角呈 90°角，方向向量为 $[0,\ 0,\ 1]^T$ 。将 4 种方法获取的表面法向量转化为与平面的夹角，并计算与理想表面法向量夹角之间的 MAE 以及 RMSE，结果见表 11-2。

表 11-2　法向量角度误差　(°)

方　法	RMSE	MAE
PS	20.7109	19.5346
NL-PS	12.3917	11.7092
NR-PS	3.9580	3.2081
Ours	0.7823	0.5560

由表 11-2 可以看出，经典光度立体方法（PS）获取的表面法向量的角度误差最大，因为经典光度立体方法采用平行光源假设，所以在近场点光源照射下会产生严重的误差。近场点光源光度立体方法（NL-PS）在经典光度立体的基础上引入了近场点光源光照模型，考虑到图像上每一点的光源入射方向均不同，通过逐像素计算光源入射方向，提高了表面法向量的计算精度。引入水下折射相机模型的近场光度立体方法（NR-PS）针对水下图像因折射导致的图像畸变现象，在近场照明模型的基础上引入了简化的水下光线折射模型，校正光线在水和空气之间传播时折射造成的图像畸变，但并未考虑用于隔开水和空气的透明窗口的折射导致的成像位置偏移，不过较之 NL-PS，法向量精度仍有较大提升。本节方法将透明窗口造成的折射畸变考虑了进去，并提出近似模型将水下图像恢复至空气中图像后再进行法向量的计算，通过本节方法获得的表面法向量角度误差较 NR-PS 有很大提升。

对表面法向量积分求取物体表面高度，图 11-13 所示为经典光度立体（PS）三维重建结果，可以看出，中心区域明显隆起，表面法向量呈现的变形趋势相同。可见在近场点光源照射条件下，采用平行光源模型假设物体表面上各处的光源入射方向一致，会导致严重的误差，物体表面上的任意一点的光源入射方向都不相同，需要单独计算物体表面光源入射方向。

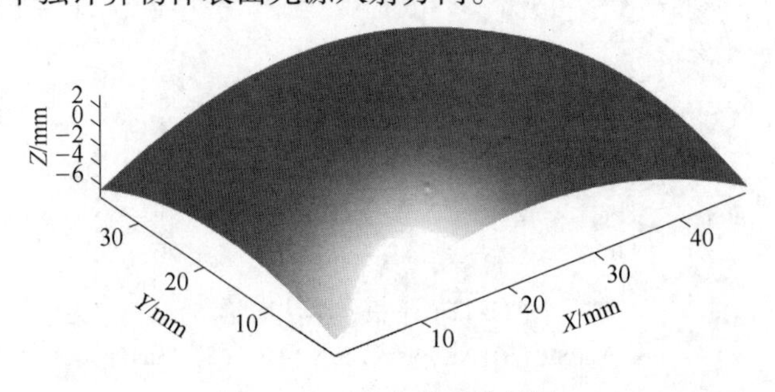

图 11-13　PS 三维重建结果

图 11-14 为近场点光源光度立体（NL-PS）的三维重建结果。由于考虑了近场光源照射条件下光照不均的问题，对目标物体表面各点的入射方向进行逐像素的计算，重建效果有很大的提升，但并未考虑水下环境中折射导致的图像畸变，误差导致三维重建表面仍呈现出中心隆起的现象。

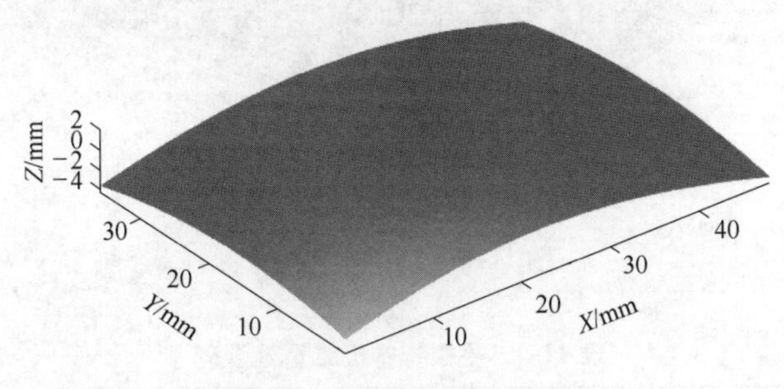

图 11-14 NL-PS 三维重建结果

引入简化折射模型的近场点光源光度立体方法（NR-PS）考虑水下折射效应对成像的影响，通过简化的水下折射相机模型对水下图像畸变进行校正，计算得到的表面法向量误差较 PS 和 NL-PS 更小。因此从表面法向量恢复三维形貌的过程中的累计误差较 PS 和 NL-PS 也要更小，三维重建结果如图 11-15 所示，无明显的形变。

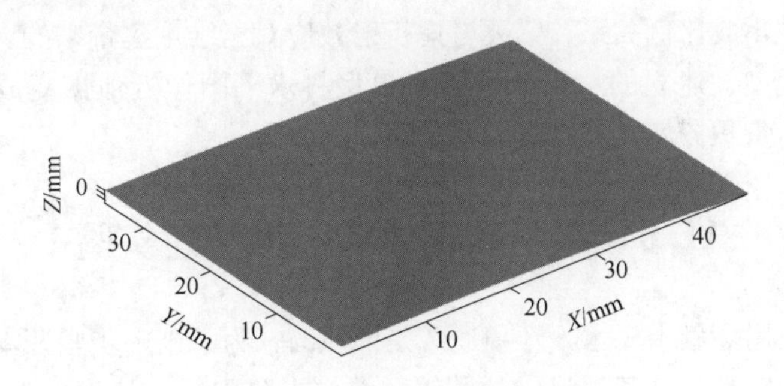

图 11-15 NR-PS 三维重建结果

本节方法采用的水下相机折射模型没有忽略透明窗口对成像的影响，因此通过本节方法计算的表面法向量误差在 4 种方法中角度误差最小，用表面法向量积分求解物体表面高度时的累计误差小，并且对三维重建后的表面进行形变校正，通过对背景区域进行曲面拟合，尽可能消除背景区域积分时的误差累计，校正后的三维重建效果如图 11-16 所示。

定制的平板样本的表面粗糙度为 $Ra = 1.6$，高度变化很小可以忽略不计，可以将其高度视为 $Z = 0$，计算三维重建表面高度的 RMSE 和 MAE，结果见表 11-3，可以看出本章方法的误差最小。

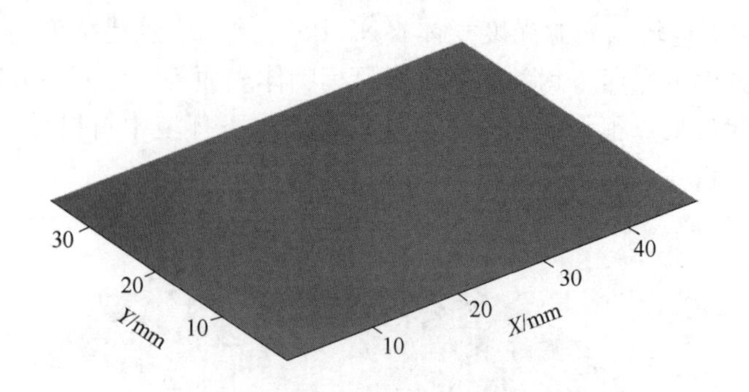

图 11-16　三维重建结果

表 11-3　平板样本三维重建误差　（mm）

方　法	RMSE	MAE
PS	2. 2330	1. 8591
NL-PS	1. 3209	1. 1023
NP-PS	0. 3413	0. 2889
Ours	0. 0068	0. 0041

在水下成像环境中，光线在不同介质中传播时的折射，导致像素间距离与实际物理距离并不成比例关系，需要考虑折射效应对三维重建带来的影响。根据水下光线传播模型，建立的水下光线折射模型将水下图像近似恢复成空气中的图像，在对法向量积分恢复三维形貌时的误差会累积。

11. 6　水下碳钢焊缝三维重建实验

在实际应用场景中，水下环境通常是浑浊的，为了进一步验证本节算法在水下环境中的稳定性，将某项目中的碳钢焊缝样本分别置于清水、浑浊度为 10mL 牛奶+10L 水（浊度 1）、浑浊度为 20mL 牛奶+10L 水（浊度 2）以及浑浊度为 20mL 牛奶+10L 水（浊度 3）的环境中进行三维重建。图 11-17 所示为清水中采集的 72 图像中的部分图像，在光源照射下，碳钢焊缝的细节特征清晰，有明显的明暗变化。

图 11-18 所示为浊度 1 环境中采集的 1 号光源照射下的碳钢焊缝样本原始图像及其去除后向散射后的复原图像，以及在清水环境中采集的 1 号光源照射下的碳钢焊缝样本原始图像。图 11-18（a）所示为原始图像，可以看出，原始图像的部分特征被后向散射所形成的遮挡覆盖，图像对比度有明显的下降。图 11-18（b）所示为去除后向散射后的复原图像，和原始图像相比较，对比度明显提高，

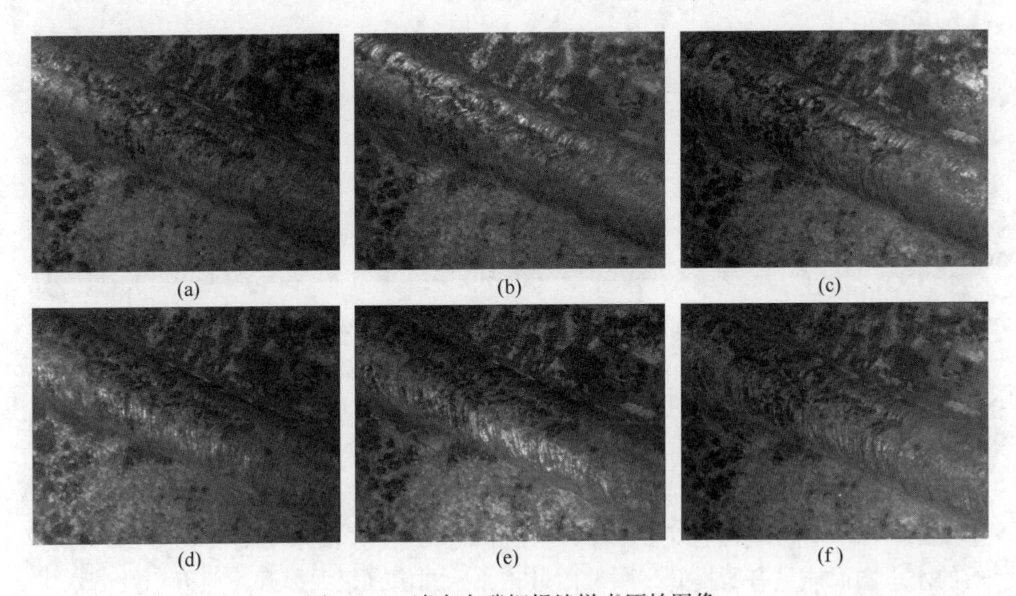

图 11-17 清水中碳钢焊缝样本原始图像

(a) 61 号光源；(b) 01 号光源；(c) 13 号光源；(d) 49 号光源；(e) 37 号光源；(f) 25 号光源

细节特征更加明显，但与图 11-18（c）中清水环境采集的图像相比较，细节部分有所缺失。

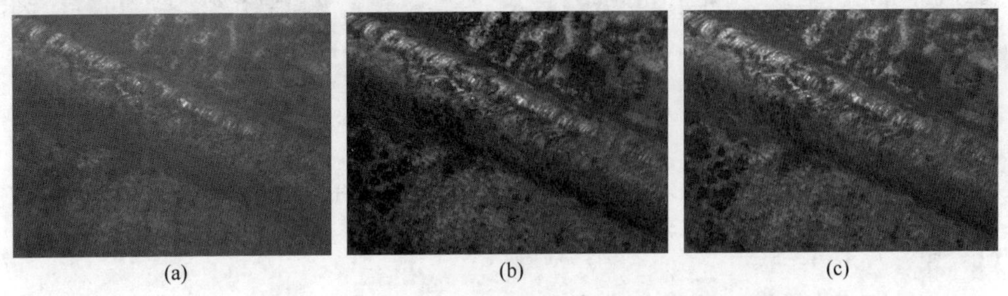

图 11-18 浊度 1 中碳钢焊缝样本部分原始图像

(a) 原图；(b) 复原图像；(c) 清水

图 11-19 所示为浊度 2 环境中采集的 1 号光源照射下的碳钢焊缝样本原始图像及其去除后向散射后的复原图像，以及在清水环境中采集的 1 号光源照射下的碳钢焊缝样本原始图像。图 11-19（a）所示为原始图像，较之图 11-18（a）可以看出，图像中更多的特征被后向散射形成的雾状遮挡覆盖，图像退化更严重。图 11-19（b）所示为复原后的图像，与图 11-19（c）清水中的图像相比，复原后的水下图像质量有所提升，图像的主体细节较原始图像清晰明显。

图 11-20 所示为浊度 3 环境中采集的 1 号光源照射下的碳钢焊缝样本原始图像及去除后向散射的复原图像，以及在清水环境中采集的 1 号光源照射下的碳钢

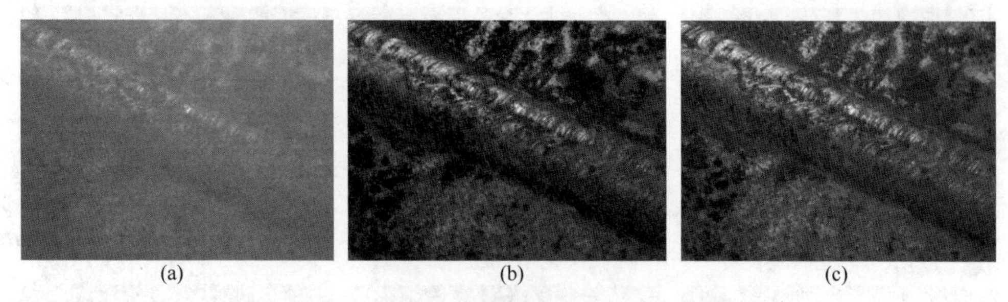

图 11-19　浊度 2 中碳钢焊缝样本部分原始图像
（a）原图；（b）复原后；（c）清水

焊缝样本原始图像。图 11-20（a）所示为原始图像，较之图 11-18（a）、图 11-19（a），图像几乎被后向散射形成的雾状遮挡淹没，碳钢焊缝主体依稀可见。图 11-20（b）所示为复原后的图像，与图 11-20（c）清水中的图像相比，复原后的水下图像质量有所提升，图像质量较原始图像有很大提升，但远不及清水中采集的图像。

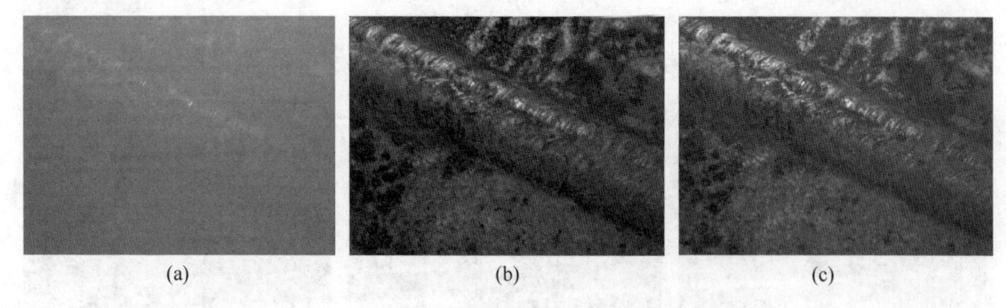

图 11-20　浊度 3 中碳钢焊缝样本部分图像
（a）原图；（b）复原后；（c）清水

对水下图像进行复原以及折射恢复之后，通过本节提出的光度立体方法获得的表面法向量如图 11-21 所示。图 11-21（a）~（d）分别为清水、浊度 1、浊度 2 以及浊度 3 的水下环境中采集的图像通过本节提出的光度立体方法获取的表面法向量。可以看出，随着浑浊度的增加，碳钢焊缝表面法向量的细节逐渐模糊，特征逐渐减少，这导致在积分过程中误差累计，造成三维重建的精度下降。

由于从法向量恢复三维形貌过程中，随着浑浊度的增加，积分过程中误差的累计会导致三维重建细节的缺失，表现为缺陷细节变得平滑，中间部分会出现隆起。图 11-22（a）为清水中水下碳钢焊缝的三维重建结果，焊缝区域细节明显，趋势平坦；图 11-22（b）~（d）分别为浊度 1、浊度 2 以及浊度 3 水下环境中碳钢焊缝样本的三维重建结果。较之清水中的结果可以看出，随着浑浊度的增加三维重建的变形会更加明显，符合前文的分析。

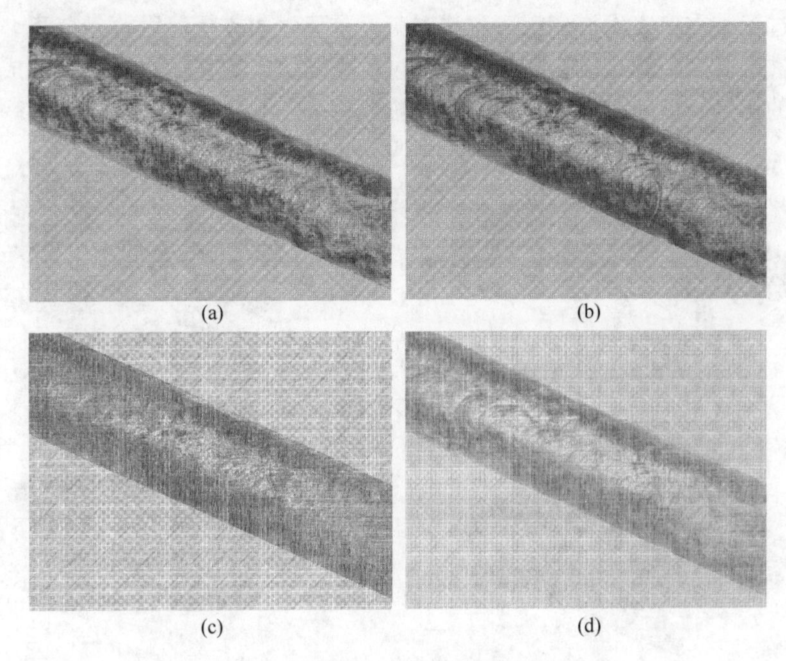

图 11-21 不同环境的碳钢焊缝样本法向量
（a）清水；（b）浊度 1；（c）浊度 2；（d）浊度 3

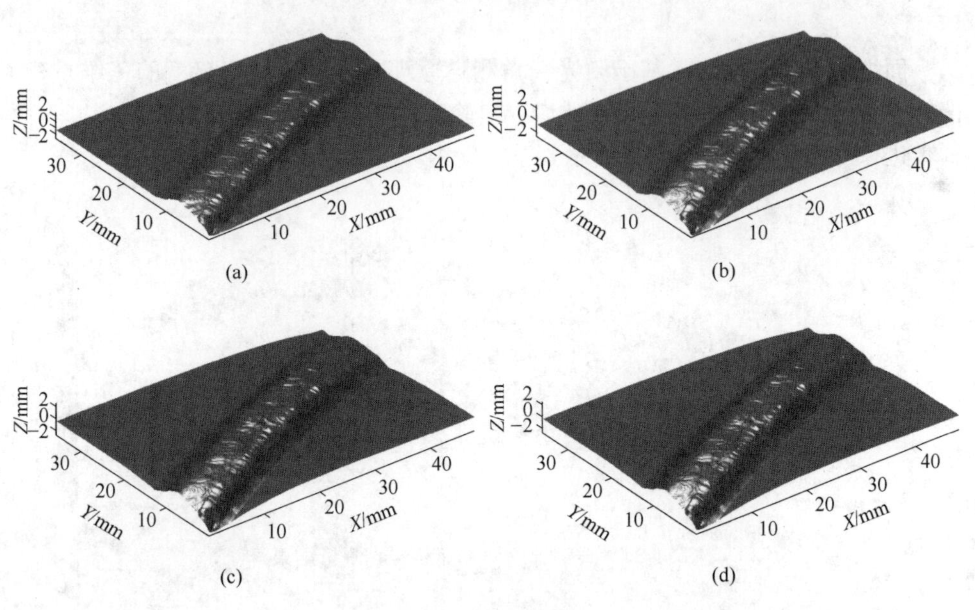

图 11-22 不同环境的碳钢焊缝样本三维重建结果
（a）清水；（b）浊度 1；（c）浊度 2；（d）浊度 3

通过三维重建表面形变校正方法对三维重建表面进行前后背景分离，并对背景区域进行曲面拟合，以去除三维重建过程中的引入的其他误差，比如成像过程中噪声的污染、后向散射分量影响等。校正后的三维重建结果如图 11-23 所示。

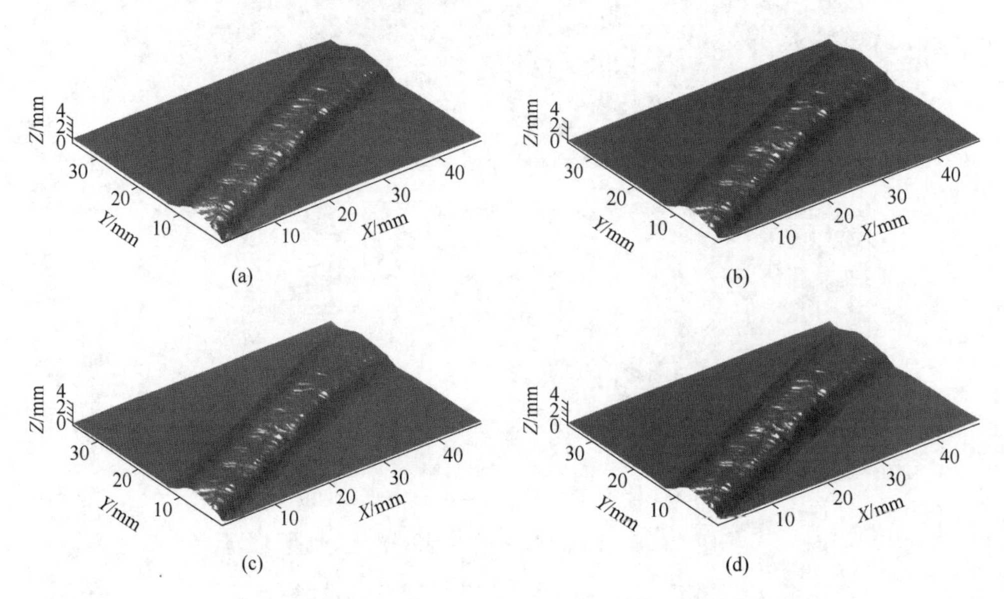

图 11-23　不同环境的碳钢焊缝样本三维重建形变校正结果

（a）清水；（b）浊度 1；（c）浊度 2；（d）浊度 3

面结构光法三维测量基于激光三角测量原理，可以进行高精度的三维重建，能够用作基准值与本节方法作对比。在实验室中搭建结构光系统对碳钢焊缝表面样本进行三维重建，图 11-24 所示为整块碳钢焊缝样本的点云。

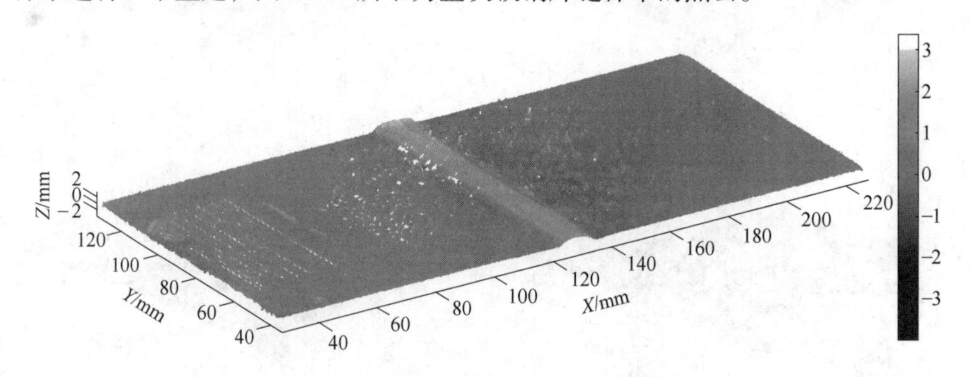

图 11-24　碳钢焊缝样本面结构光测量结果

将通过结构光三维重建方法得到的结果做基准值，分别计算本节方法在清水、浊度 1、浊度 2 以及浊度 3 的水下三维重建结果的误差，结果见表 11-4。

表 11-4 碳钢焊缝样本三维重建误差 (mm)

浑浊度	RMSE	MAE
清水	0. 0326	0. 0187
浊度 1	0. 1281	0. 0826
浊度 2	0. 1629	0. 1063
浊度 3	0. 2536	0. 1658

由表 11-4 可以看出，随着浑浊度的增加，碳钢焊缝样本的三维重建误差随之增加。这表明在水下环境中，光线在传播过程中被水中介质吸收、折射及散射，导致成像质量下降。由于后向散射分量未经目标物体表面反射，并不携带被测表面的信息，会造成图像中产生雾状遮挡，导致阴影变化比较明显。随着浑浊度的增加，后向散射趋于饱和，成像质量会随之下降，直至无法观察到目标物体表面，由此也会造成三维重建精度的下降。

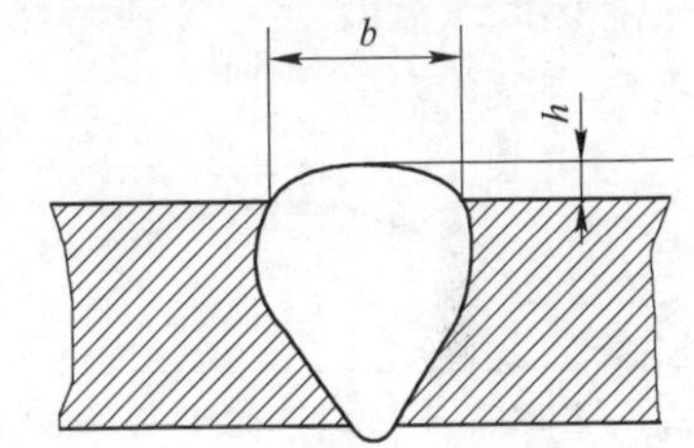

图 11-25 焊缝余高尺寸示意图

根据对接类型焊缝的特点，需要对碳钢焊缝样本横截面轮廓的高度 h 与宽度 b 进行测量，以进行焊缝质量的评级。图 11-25 所示为焊缝余高尺寸示意图。

实验前在碳钢焊缝样本上，在 4cm 的长度上等间隔取标记 6 个横截面进行测量。图 11-26 所示为碳钢焊缝样本的实物图以及横截面位置示意图。

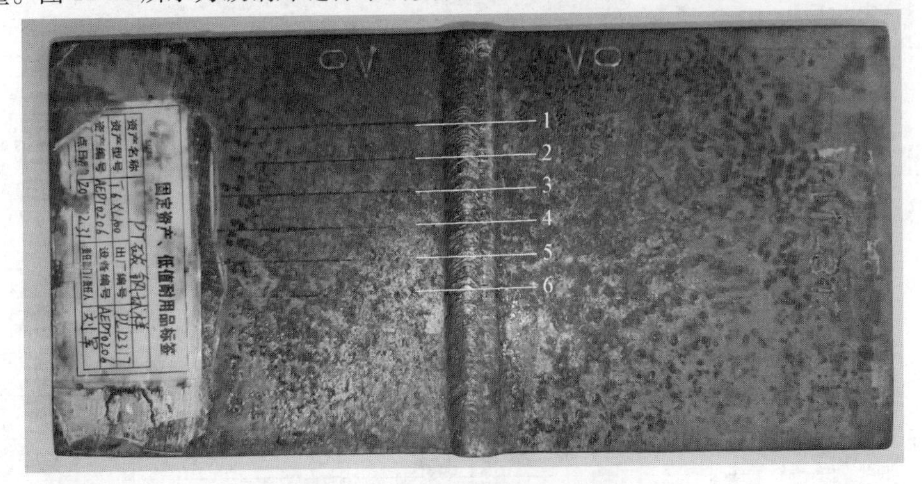

图 11-26 碳钢焊缝样本实物图

图 11-27（a）~（f）所示分别为图 11-26 中位置 1 到位置 6 处的横截面的轮廓图。

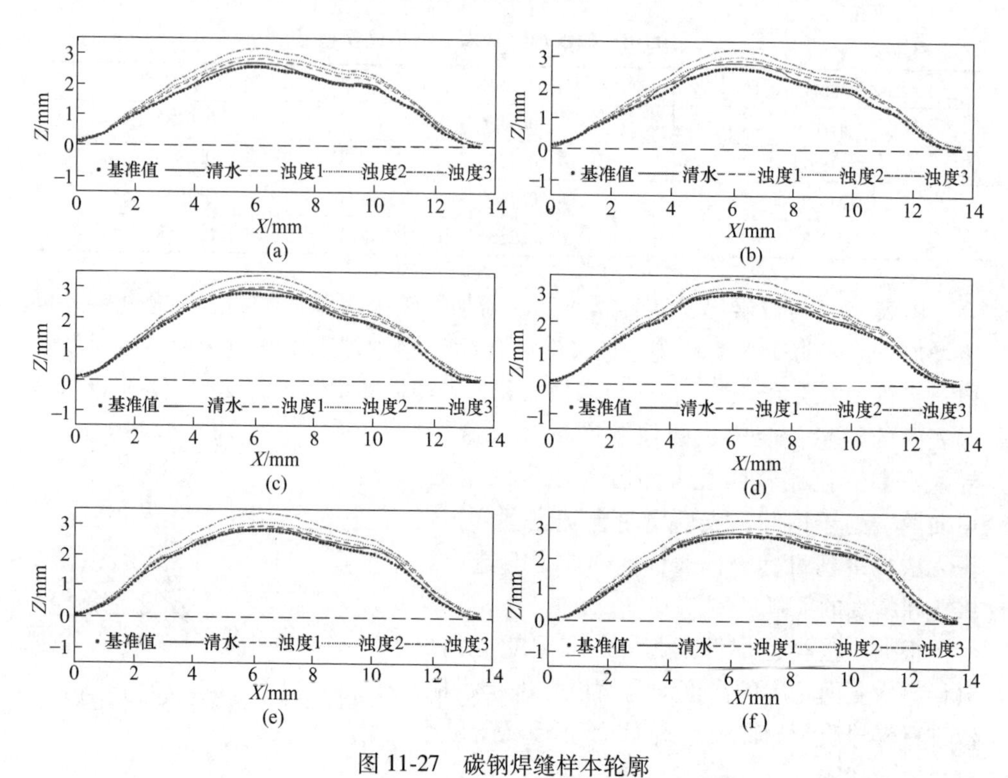

图 11-27　碳钢焊缝样本轮廓

（a）位置 1；（b）位置 2；（c）位置 3；（d）位置 4；（e）位置 5；（f）位置 6

经计算可以求得每个位置轮廓的高度 h 与宽度 b，见表 11-5。

表 11-5　碳钢焊缝轮廓余高与宽度测量值　（mm）

类型		结构光	清水	浊度 1	浊度 2	浊度 3
1	b	13.5280	13.5278	13.5276	13.5276	13.5274
	h	2.5579	2.6735	2.7911	2.8815	3.1846
2	b	13.5278	13.5277	13.5278	13.5278	13.5274
	h	2.5956	2.7617	2.8478	2.9397	3.2232
3	b	13.4828	13.4827	13.4836	13.4837	13.4826
	h	2.8000	2.9170	3.0226	3.1234	3.4066
4	b	13.5275	13.5274	13.5285	13.5287	13.5274
	h	2.8739	2.9525	3.0347	3.1413	3.4359
5	b	13.5274	13.5273	13.5287	13.5291	13.5276
	h	2.8121	2.8613	2.9936	3.1035	3.4004
6	b	13.5273	13.5273	13.5291	13.5296	13.5279
	h	2.7338	2.8251	2.9154	3.0344	3.3212

由表 11-5 可以看出，碳钢焊缝样本的宽度误差不大，但是在不同的水下环境中，三维重建的高度存在误差，计算各个轮廓的高度的相对误差见表 11-6。

表 11-6 碳钢焊缝样本余高 h 相对误差 (%)

项目	清水	浊度 1	浊度 2	浊度 3
1	4.52	9.12	12.65	24.50
2	6.40	9.71	13.26	24.18
3	4.18	7.95	11.55	21.66
4	2.73	5.60	9.30	19.55
5	1.75	6.45	10.36	20.92
6	1.75	6.45	10.36	20.92

可以看出，随着浑浊度的增加，碳钢焊缝样本的余高误差越大。对于焊缝余高的评级，有经验指标 k，如下式所示。

$$k = \frac{h - 1}{b}$$

分别计算碳钢焊缝样本采用结构光法的测量值和采用光度立体方法在清水、浊度 1、浊度 2 以及浊度 3 的水下环境中的测量值，结果见表 11-7。

表 11-7 碳钢焊缝评级经验指标

项目	结构光	清水	浊度 1	浊度 2	浊度 3
1	0.1152	0.1237	0.1324	0.1391	0.1615
2	0.1180	0.1302	0.1366	0.1434	0.1643
3	0.1335	0.1422	0.1501	0.1575	0.1785
4	0.1385	0.1443	0.1504	0.1583	0.1801
5	0.1340	0.1376	0.1474	0.1555	0.1774
6	0.1282	0.1349	0.1416	0.1504	0.1716

对接类型焊缝外观质量余高检验标准见表 11-8。

表 11-8 对接型焊缝评级规则

等级	严格 B	中等 C	一般 D
k	$k \leqslant 0.1$	$0.1 < k \leqslant 0.15$	$0.15 < k \leqslant 0.25$

超出范围内的焊缝，需要进行修磨或重焊。分别对 6 个横截面在结构光方法以及本节方法在清水、浊度 1、浊度 2 以及浊度 3 的水下环境三维重建结果的横

截面进行评级，评级结果见表 11-9。

表 11-9　碳钢焊缝样本余高评级

项目	结构光	清水	浊度 1	浊度 2	浊度 3
1	C	C	C	C	D
2	C	C	C	C	D
3	C	C	D	D	D
4	C	C	D	D	D
5	C	C	C	D	D
6	C	C	C	D	D

由表 11-9 可以看出，随着浑浊度的增加，三维重建的误差变大，对应评级结果的可信度降低。

12　表面质量评级原理及应用

针对第 8 章表面温度检测和第 10 章表面缺陷结果，形成表面质量等级评定，以下以热轧带钢为例，说明表面梁评级结果及应用。根据热轧带钢表面缺陷类型（裂纹、气泡、夹杂、结疤、重皮、划伤、麻点、压入氧化铁皮、压痕、折叠）、形成原因（冶炼缺陷、轧制缺陷等）、分布、大小、位置、数量、形态（纵裂、横裂等）等，建立层次结构模型，构造成对比较矩阵，计算热轧带钢缺陷单特征排序权向量并做一致性检验，最后计算热轧带钢缺陷所有特征的总排序权向量并做一致性检验，结合 MES 生产管理系统，实现热轧带钢表面质量分级判定功能。

12.1　层次分析法

层次分析法 AHP（Analytic Hierarchy Process）是美国运筹学家 T. L. Saaty 教授于 20 世纪 70 年代提出的一种实用型多方案或多目标的决策方法，是一种定性与定量相结合的决策分析方法。常被运用于多目标、多准则、多要素、多层次的非结构化的复杂决策问题，特别是战决策问题，具有十分广泛的实用性。项目构建的层次分析法是综合采用上述单个病害的分类标准，进行钢箱梁选定区域的涂层等级评价的专家决策系统。

12.1.1　标度选取

从 AHP 创立伊始，创始人 T. L. Saaty 教授就对比较判断中比率标度的选择问题极为重视，并进行了大量深入的理论分析研究和实际心理测试实验工作。在综合对比了 27 标度方法之后，最终他为层次分析法的标度问题选择了形式上最为简明的 1~9 比率标度法并沿用至今。表 12-1 所示为层次分析法 5 标度含义。

表 12-1　层次分析法 5 标度含义

标度	含　义
1	表示两个因素相比，具有同等重要性
3	表示两个因素相比，前者比后者稍微重要
5	表示两个因素相比，前者比后者明显重要
7	表示两个因素相比，前者比后者强烈重要
9	表示两个因素相比，前者比后者极端重要

12.1.2　选择比率标度的思想原则

T. L. Saaty 提出了在 AHP 中选择比率标度方法应该加以遵循的三条基本原则。

（1）选用的比率标度方法要满足与感知判断相关的心理物理学基本定律；

（2）用“9”作为表达人们感知差异判断的比率标度上限，在实际中是合理和够用的；

（3）用“9”个序列值或标度点表达人们对差异的感知判断，在实际中合理且够用。

12.1.3　1~9 比率标度的心理物理学依据

1834 年，Weber（Ernest Heinrich Weber，1795—1878）给出了人对事物差异性物理刺激的感觉反应定理，即著名的 Weber 感知定理。Weber 感知定理认为，人可觉察到的感觉反应变化取决于差异性物理刺激的按固定比率的增长变化。1860 年，Fechner（Gustav Theodor Fechner，1801—1887）利用 Weber 感知定理研究可觉察刺激增长序列变化的问题，得到了联系物理刺激量与感觉反应量的 Weber-Fechner 定理，按照该定理，联系物理刺激量 S_1 和 S_2 与对应感觉反应量 M_1 和 M_2 的关系为下式，式中，a 为常数。

$$M_1 - M_2 = a\log(s_1/s_2), \quad a > 0$$

上式表明，按等比几何级数序列增长变化的物理刺激量导致按等差算术级数序列增长变化的感觉反应量。

1955 年，Stevens（Stanley Smith Stevens 1906—1973）又给出了联系物理刺激与感觉反应的 Stevens 幂定理，依据 Stevens 幂定理联系物理刺激量 S_1 和 S_2 与对应感觉反应量 M_1 和 M_2 的关系为下式，式中，a 为常数。

$$\lg M_1 - \lg M_2 = a\log(s_1/s_2), \quad a > 0$$

上式表明，按等比几何级数序列增长变化的物理刺激量导致按等比几何级数序列增长变化的感觉反应量。

T. L. Saaty 在为 AHP 选用比率标度方法时首先认为，应该采用感觉反应量的变动规律作为比率标度值的确定依据。其次，T. L. Saaty 认为 Stevens 幂定理并不具有普遍的适用性，应该采用 Weber-Fechner 定理。于是 T. L. Saaty 依据感觉反应量的等差算术级数序列变动规律为 AHP 确定了 1~9 的等差算术级数序列标度值。也就是说，按等差算术级数序列变动的 1~9 比率标度是 T. L. Saaty 应用相关心理物理学定律的结果。

12.1.4 1~9比率标度的有效性

人们在长期的实际运用中已经适应了1~9比率标度法的特点，在前人丰富经验的积累下，其实际有效性是毋庸置疑的。一个好的标度系统，既要有好的应用特征，也要有良好的内部结构。

标度系统的有界封闭性的概念是基于这样的考虑：如果标度系统中两个标度值的乘积不超过标度系统的最大值，那么其乘积也应该属于该标度系统，只有满足这个性质，该标度系统所构造的一致的判断矩阵数量才能达到最大，否则难以构造完全一致的判断矩阵。自治性的含义是，根据标度系统本身，将其各个重要性等级作为判断因素构造的判断矩阵，形成自治矩阵，再导出其排序权值，考查排序权值与标度的吻合程度。如果排序权值（特征向量）恰好等于各重要性等级对应标度值所组成的向量，则说明该标度系统本身是没有矛盾的、一致的、自治的。一致性容量的概念是从标度系统所能构造的完全一致的判断矩阵的个数及比率，来刻画标度系统的优劣。综上可知，国内外桥梁及隧道等安全等级评价所应用的一般为1~9比率标度法。因此本系统选用相对成熟的1~9比率标度法，使用了1、3、5、7、9共5个标度量化各种钢结构表面病害相对重要程度。

层次分析方法能够将模糊、复杂、不易量化的因素通过其科学严谨的模型进行量化，通过评价指标的量化能更加清晰、明了地掌握系统影响因素在体系中的重要程度，同时亦能让评价者在评价过程中做到有的放矢。模糊综合评判是基于现场统计，长期从事评价对象的业内专家以及相关的工程技术人员对系统的现状通过分值的形式进行打分，这就将模糊的事物以数字的形式表征出来，使得评价对象的安全现状更为直观，同时也对评价对象做出较为科学、合理、贴近实际的定量化评价。结合层次分析和模糊综合评判的优点，将两种方法集成的评价模型应用到桥梁安全评价当中，以求更好地对桥梁安全现状做客观、公正的评价。评价结果可为桥梁安全管理者做出科学化的管理决策，从而实现桥梁的系统化、动态化的安全管理，确保桥梁的安全运营。层次分析法把复杂的多目标决策问题作为一个系统，将目标分解为多个目标或准则，和多个指标或规则、约束的若干层次，通过定性指标模糊量化方法计算层次单排序权数和总排序，用来作为目标多指标、多方案优化决策。它可以用有序阶梯层次结构去表示复杂的问题，通过在同一个层次中每个评估指标初始权重的确定，去定量化定性因素，这样就在一定程度上降低了主观的影响，使评估的结果更加科学。对那些很难完全用定量分析法分析的复杂问题，就可以用层次分析法，将问题分解成若干层次，在这些层次结构上逐步分析，而这些层次比原问题简单得多，并且可以用数量的形式去表述和分析人的主观判断。这种方法结合了定量和定性两种分析法，更容易掌握和应用。

12.2　决策步骤及结构设计

12.2.1　决策步骤

层次分析法的基本思路与人对一个复杂的决策问题的思维、判断过程大体上是一样的，根据问题的性质和要达到的总目标，可将问题分解为不同的组成因素，并按照因素间的相互关联影响以及隶属关系将因素按不同层次聚集组合，形成一个多层次的分析结构模型，从而最终使问题归结为最低层（供决策的方案、措施等）相对于最高层（总目标）的相对重要权值的确定或相对优劣次序的排定，其决策过程包括以下几个步骤。

（1）构建层次结构模型。在深入分析实际问题的基础上，将需要决策的目标、有关的各个因素按照不同属性自上而下地分解成若干层：最高层、中间层、最低层，并绘制出层次结构图（图 12-1）。同一层的诸因素从属于上一层的因素或对上层因素有影响，同时又支配下一层的因素或受到下层因素的作用。最高层为目标层，通常只有 1 个因素，最低层通常为方案或对象层，中间可以有一个或几个层次，通常是指考虑的因素、决策的准则、对象特征等。当准则或者特征过多时应进一步分解出子准则层。

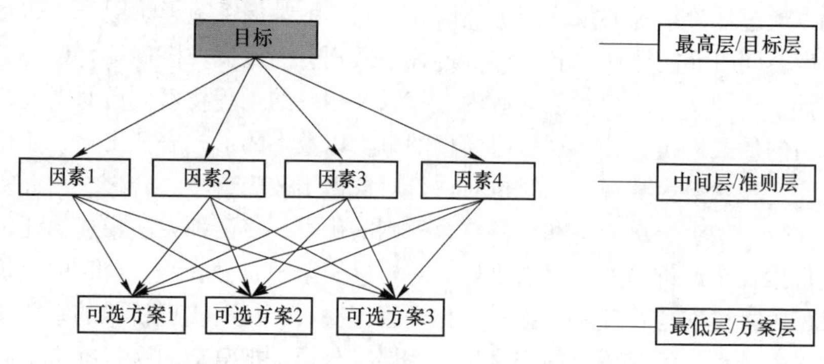

图 12-1　决策层次结构模型

（2）构造各层次的判断矩阵。构造判定矩阵是层次分析法的关键所在。在确定各层次各因素之间的权重时，如果只是定性的结果，则常常不容易被别人接受，因此采用相对尺度进行两两相互比较，以尽可能减少性质不同的诸因素相互比较的困难，提高准确度。如对某一准则，对其下的各方案进行两两对比，并按其重要性程度评定等级。

若因素 i 和 j 的只要性之比为 a_{ij}，那么因素 j 与因素 i 重要性之比为：$a_{ji} = \frac{1}{a_{ji}}$，判定矩阵元素 a_{ij}的标度方法见表 12-2、表 12-3。

表 12-2 标度的含义

标度	含义
1	表示两个因素相比，具有同等重要性
3	表示两个因素相比，前者比后者稍微重要
5	表示两个因素相比，前者比后者明显重要
7	表示两个因素相比，前者比后者强烈重要
9	表示两个因素相比，前者比后者极端重要
2，4，6，8	表示上述相邻间的中间值

表 12-3 根据扩展的标度含义

标度	含义
1	表示两个因素相比，具有同等重要性
2	介于 1 和 3 之间
3	表示两个因素相比，前者比后者稍微重要
4	介于 3 和 5 之间
5	表示两个因素相比，前者比后者明显重要
6	介于 5 和 7 之间
7	表示两个因素相比，前者比后者强烈重要
8	介于 7 和 9 之间
9	表示两个因素相比，前者比后者极其重要

(3) 针对某一个标准，计算备选元素的权重，并做层次单排序和一致性检验。

定义一致性的指标：$CI=\dfrac{\lambda-n}{n-1}$，$CI$ 值越大，一致性越差，误差就会越大。为衡量 CI 的大小，引入随机一致性指标 RI，随机模拟得到 a_{ij} 形成 $\boldsymbol{A}$，计算 CI 得到 RI（表 12-4）。

表 12-4 Saaty 平均随机一致性指标值

矩阵阶数 n	1	2	3	4	5	6	7	8	9	10
RI	0	0	0.58	0.90	1.12	1.24	1.32	1.41	1.45	1.49

如果构造 100 个成对比较矩阵 $\boldsymbol{A}_1$，$\boldsymbol{A}_2$，$\boldsymbol{A}_3$，…，$\boldsymbol{A}_{100}$ 即可得到一致性指标 CI_1，CI_2，CI_3，…，CI_{100}。则定义随机一致性指标：

$$RI=\frac{CI_1+CI_2+CI_3+\cdots+CI_{100}}{500}=\frac{\dfrac{\lambda_1+\lambda_2+\lambda_3+\cdots+\lambda_{100}}{500}-n}{n-1}$$

一般情况，当一致性比率 $CR = \frac{CI}{RI} < 0.1$ 时，认为 $\boldsymbol{A}$ 矩阵的不一致性在可接受范围内，即通过一致性验证，否则就是不具满意一致性，要重新构造成对对比矩阵对 $\boldsymbol{A}$ 加以调整。对于不一致的成对对比矩阵 $\boldsymbol{A}$，可采用简化计算，即用对应于最大特征值 λ 的特征向量做权向量 $\boldsymbol{w}$，即 $\boldsymbol{Aw}=\lambda\boldsymbol{w}$。

（4）计算当前一层元素总目标的权重排序，并做层次总排序和一致性检验。

12.2.2 结构设计

（1）目标层。带钢质量分级评估，是根据现场实际应用情况，做质量分级评估评分。以客户和生产技术、质检技术人员的角度为中心，用其观点来评价得分。

（2）准则层。准则层为根据现场实际情况，把最常出现的缺陷类型中，对带钢生产和质控影响最大的几类缺陷作为准则层设计，且以某一些缺陷的大小、数量、面积等做子准则。

（3）方案层。方案层就是根据层次分级后，得到符合使用的带钢质量等级。

（4）总结结构设计。热轧带钢生产，对带钢质量分级的定义为：划伤、横裂、纵裂、结疤、折叠等几种对带钢质量严重影响的，按照出现长度、单个缺陷的面积计算品级；对压痕、辊印、氧化铁皮压入等容易出现片状及连续性的缺陷按照出现占带钢总面积计算，表 12-5 为带钢质量分级判定规则。

表 12-5 带钢质量判定规则

序号	缺陷类型	判定方法	判定准则	质量品级
1	横裂	按长度 L	$L \geqslant 0.5\text{m}$	5 级品
2	纵裂		$0.2\text{m} \leqslant L < 0.5\text{m}$	4 级品
3	划伤		$L < 0.2\text{m}$	3 级品
4	结疤	总缺陷面积 S	$S \geqslant 4\text{cm}^2$	5 级品
5	折叠		$1\text{cm}^2 < S < 4\text{cm}^2$	4 级品
6	异物压入		$S \leqslant 1\text{cm}^2$	3 级品
7	压痕	按占带钢总面积判定 S	$S \leqslant 1\%$	0 级品
8	辊印		$1\% < S \leqslant 3\%$	1 级品
9	氧化铁皮压入		$3\% < S \leqslant 5\%$	2 级品
10	麻点		$5\% < S \leqslant 7\%$	3 级品
11	麻坑		$7\% < S \leqslant 9\%$	4 级品
12	粘接压痕		$S > 9\%$	5 级品

12.3 质量分级评估应用实现过程及结果

结合缺陷的判定规则，制定了如图 12-2 所示的层次分析质量评估结构。

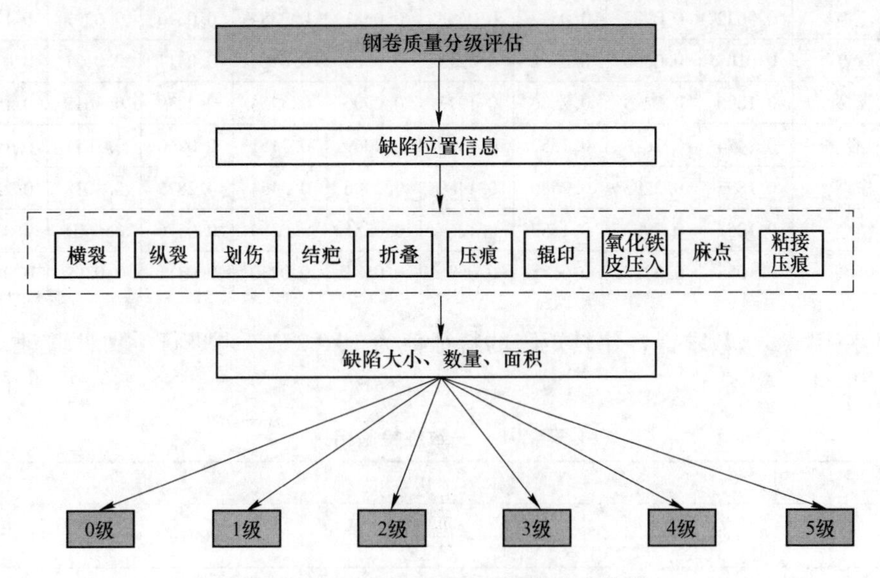

图 12-2 热轧带钢缺陷质量评估结构分析

取各个缺陷两两对比矩阵，构建了如表 12-6 所示的缺陷两两对比矩阵。表 12-7 为单位化列向量比较结果。

表 12-6 构建缺陷两两对比矩阵

	氧压	辊印	压痕	麻点	纵裂	划伤	横裂	结疤	折叠
氧压	1	1/3	1/3	2	1/9	1/7	1/9	1/5	1/5
辊印	3	1	1/3	5	1/7	1/5	1/7	1/3	1
压痕	3	3	1	3	1/5	1/3	1/5	1/3	3
麻点	1/2	5	1/3	1	1/9	1/7	1/7	1/5	1/3
纵裂	9	7	5	9	1	3	1	5	5
划伤	7	5	3	7	1/3	1	1/3	3	5
横裂	9	7	5	7	1	3	1	5	7
结疤	5	3	3	5	1/5	1/3	1/5	1	2
折叠	5	1	3	3	1/5	1/5	1/7	1/2	1

表 12-7　单位化列向量比较结果

	氧压	辊印	压痕	麻点	纵裂	划伤	横裂	结疤	折叠
氧压	0.0211	0.0109	0.0172	0.0426	0.0323	0.0164	0.0320	0.0121	0.0073
辊印	0.0632	0.0328	0.0172	0.1064	0.0415	0.0230	0.0411	0.0201	0.0363
压痕	0.0632	0.0983	0.0517	0.0638	0.0581	0.0384	0.0576	0.0201	0.1090
麻点	0.0105	0.0066	0.0172	0.0213	0.0323	0.0164	0.0411	0.0121	0.0121
纵裂	0.1895	0.2293	0.2586	0.1915	0.2906	0.3454	0.2879	0.3018	0.1816
划伤	0.1474	0.1638	0.1552	0.1489	0.0969	0.1151	0.0960	0.1811	0.1816
横裂	0.1895	0.2293	0.2586	0.1489	0.2906	0.3454	0.2879	0.3018	0.2542
结疤	0.1053	0.0983	0.1552	0.1064	0.0581	0.0384	0.0576	0.0604	0.0726
折叠	0.1053	0.0328	0.0172	0.0638	0.0581	0.0230	0.0411	0.0302	0.0363

使用 eig 函数求得各比较矩阵的特征值为 10.8271，再进行一致性验证，验证结果见表 12-8。

表 12-8　一致性检验结果

$n=10$	
$CI=\frac{\lambda-n}{n-1}$	0.0919
RI	1.49
一致性比率 CR	$0.0617<0.1$
结果通过一致性检验	

根据现场工艺判定准则，把出现的缺陷严重情况做了一个质量级别表，见表 12-9，我们把带钢质量按照 0~5 级划分，0 级为合格品，5 级是废品次，每一级设定的级别权重一一对应。

表 12-9　质量等级权重

质量评级	0 级	1 级	2 级	3 级	4 级	5 级
级别权重	1	3	5	7	9	11

计算出各缺陷权重以后，使用现场讨论的工艺判定标准，计算得到表 12-10 的结果。其中缺陷辊印、压痕是必须出现 2 个以上才算周期性，所以计算时候，需要乘以 2；氧化铁皮压入、麻点之类缺陷都是片状出现较多，所以按 4 个缺陷以上进行计算。

热轧产线质量评估系统意在将在线检测的缺陷结果和 MES 生产管理系统相结合，根据缺陷产生成因、缺陷大小程度、缺陷位置坐标，形成带钢在线质量分级（图 12-3）。该系统通过读取表面缺陷在线检测系统的检测缺陷数据，按照热轧工艺要求指定的分级标准对带钢表面质量进行分级。系统在监测到表面缺陷在线检测系统中出现新的带钢缺陷检测结果信息时，读取 MES 系统发送的分表信息，根据钢种信息读取用户预设的带钢分级标准信息，在带钢完成检测过程后的 10s 内完成对产品的分级过程，将数据通过 MES 系统及时发送到对应的检测点，通过 MES 和表面缺陷在线检测系统判定结果，形成全产线多点质量监控和数据可查。同时，根据在线检测的结果和 MES 生产管理系统结合，评估出某些钢种的生产所产生的工艺问题，达到某些钢种轧制前的质量预判目的。

表 12-10 基于层次分析的热轧带钢缺陷质量评级

判定准则	缺陷权重	缺陷长度 L			缺陷面积 S			缺陷占带钢总面积 S					
		$L<0.2\text{m}$	$0.2\text{m}\leqslant L<0.5\text{m}$	$L\geqslant 0.5\text{m}$	$S<1\text{cm}^2$	$1\text{cm}^2<S<4\text{cm}^2$	$S\geqslant 4\text{cm}^2$	$S\leqslant 1\%$	$1\%<S\leqslant 3\%$	$3\%<S\leqslant 5\%$	$5\%<S\leqslant 7\%$	$7\%<S\leqslant 9\%$	$S>9\%$
横裂	0.2624	26.28	33.78	41.29									
纵裂	0.2712	27.16	34.92	42.68									
划伤	0.1463	14.65	18.83	23.01									
结疤	0.0788				7.89	10.15	12.40						
折叠	0.0393				7.87	10.12	12.37						
异物压入	0.0699				7.00	9.00	11.00						
压痕	0.0598							0.86	2.57	4.28	5.99	7.70	9.42
辊印	0.0364							1.04	3.12	5.20	7.28	9.36	11.44
氧压	0.0188							1.08	3.23	5.38	7.53	9.68	11.83
麻点	0.0171							0.98	2.94	4.90	6.87	8.83	10.79

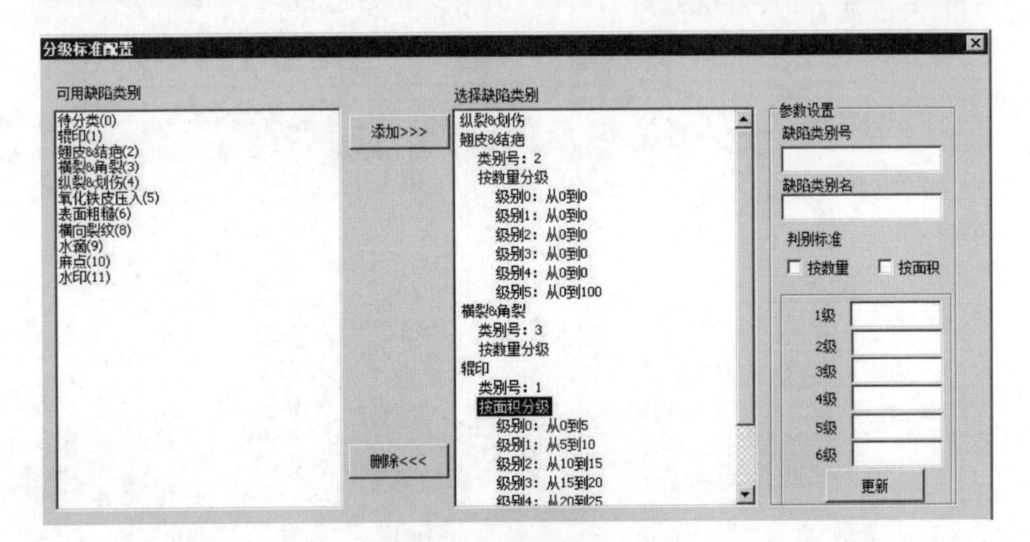

图 12-3 质量分级结果

根据在线生产钢卷的缺陷检测结果，获取其缺陷大小、类型、位置等信息。通过在自动分级程序上输入生产线对各类缺陷的分级标准，按缺陷数量、缺陷大小、缺陷产生原因、钢种等分级标准，将 MES 生产管理系统连接，读取钢卷等信息，将钢卷的缺陷数量、位置信息等根据钢卷位置信息，实现自动分离。信息分级完成过后，表面质量在线检测系统会将分级信息上传到 MES 生产管理系统，形成双向结果显示。